MINISTÈRE DE L'AGRICULTURE ET DU COMMERCE.

EXPOSITION UNIVERSELLE INTERNATIONALE DE 1878
A PARIS.

# RAPPORTS DU JURY INTERNATIONAL.

## Groupe VI. — Classe 64.

# LE MATÉRIEL DES CHEMINS DE FER,

PAR

M. F. JACQMIN,

INGÉNIEUR EN CHEF DES PONTS ET CHAUSSÉES,
DIRECTEUR DE LA COMPAGNIE DES CHEMINS DE FER DE L'EST.

PARIS.
IMPRIMERIE NATIONALE.

M DCCC LXXX.

# RAPPORT

SUR

# LE MATÉRIEL DES CHEMINS DE FER.

MINISTÈRE DE L'AGRICULTURE ET DU COMMERCE.

EXPOSITION UNIVERSELLE INTERNATIONALE DE 1878

À PARIS.

GROUPE VI. — CLASSE 64.

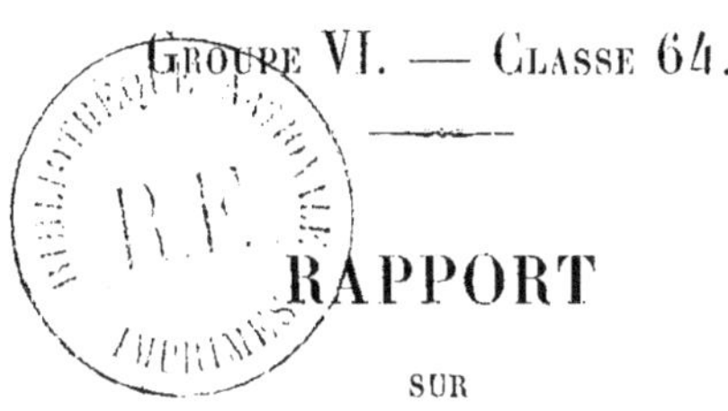


# RAPPORT

SUR

# LE MATÉRIEL DES CHEMINS DE FER,

PAR

M. F. JACQMIN,

INGÉNIEUR EN CHEF DES PONTS ET CHAUSSÉES,

DIRECTEUR DE LA COMPAGNIE DES CHEMINS DE FER DE L'EST.

PARIS.

IMPRIMERIE NATIONALE.

M DCCC LXXX.

# RAPPORT

SUR

# LE MATÉRIEL DES CHEMINS DE FER.

## COMPOSITION DU JURY.

| | | |
|---|---|---|
| MM. | Colche, *président*, inspecteur général des mines | France. |
| | le capitaine Douglas Galton, R. E., C. B. F. R. S., *vice-président*. | Angleterre. |
| | Jacqmin, *rapporteur*, ingénieur en chef des ponts et chaussées, directeur des chemins de fer de l'Est, membre du comité d'admission à l'Exposition universelle de 1878 | France. |
| | Delaplain (R.-M.) | États-Unis. |
| | Almgren (A.), ingénieur en chef du service du trafic aux chemins de fer de l'État | Suède et Norwège. |
| | Hornbostel (C.), directeur du matériel de la Kaiserin-Elisabeth-bahn, à Vienne | Autriche-Hongrie. |
| | de Szent-Györgyi (A.), ingénieur en chef de la société des chemins de fer de l'État, à Buda-Pesth | Autriche-Hongrie. |
| | Belpaire, administrateur des chemins de fer de l'État, membre de la commission belge | Belgique. |
| | Delaître, ingénieur en chef des ponts et chaussées, directeur de la compagnie des chemins de fer de l'Ouest | France. |
| | Solacroup, ingénieur des ponts et chaussées, directeur de la compagnie d'Orléans | France. |
| | Mathieu, ingénieur en chef des travaux et de la surveillance à la compagnie des chemins de fer du Nord, professeur à l'École centrale des arts et manufactures, membre du comité d'admission à l'Exposition universelle de 1878 | France. |
| | Marié, ingénieur en chef du matériel et de la traction à la compagnie des chemins de fer de Paris-Lyon-Méditerranée, membre du comité d'admission à l'Exposition universelle de 1878 | France. |
| | Mathieu, ingénieur en chef des chemins de fer du Midi | France. |

Gr. VI. — Cl. 64.

| | |
|---|---|
| Banderali, *suppléant*, ingénieur, inspecteur du service central du matériel et de la traction au chemin de fer du Nord, membre des comités d'admission et d'installation à l'Exposition universelle de 1878 | France. |
| Ollivier (A.), *suppléant*, ingénieur civil, membre des comités d'admission et d'installation à l'Exposition universelle de 1878 | France. |

## OBSERVATIONS PRÉLIMINAIRES.

Le matériel des chemins de fer a-t-il été, depuis l'Exposition universelle de 1867, l'objet d'améliorations importantes, recherchées et réalisées en vue d'augmenter, soit la sécurité et le bien-être des voyageurs, soit la puissance des moyens de traction?

Telle est la question générale qui nous paraît devoir être placée en tête du présent Rapport, et à laquelle nous nous efforcerons de rattacher toutes les considérations que nous avons à présenter. Hâtons-nous de le dire, toutes les nations ont fait à cette question générale les réponses les plus satisfaisantes.

Les progrès réalisés dans chaque pays, pour ainsi dire au jour le jour, frappent peu l'esprit du public, toujours plus disposé au blâme qu'à l'éloge; mais si l'on veut bien regarder un peu en arrière, on est frappé du résultat considérable obtenu. Il faut cependant embrasser un espace de temps un peu considérable. Nous nous proposons, à cet effet, de prendre les onze années qui se sont écoulées entre les deux Expositions universelles de Paris, 1867 et 1878. Sans aucun doute, on a constaté, soit à Vienne, soit à Philadelphie, des résultats intéressants; mais, en prenant pour point de départ l'une ou l'autre de ces Expositions, on avait d'abord une période un peu courte; on se plaçait ensuite dans des conditions de comparaison trop dissemblables, au point de vue du lieu de réunion des objets exposés.

Parmi les progrès incontestablement réalisés, nous aurons à signaler : la substitution de l'acier au fer dans la construction des voies, la connexion des aiguilles et des signaux, l'emploi des appareils électriques en vue d'augmenter la sécurité de la circulation, l'augmentation de la puissance des locomotives, le chauffage des voitures de toutes classes, l'établissement de freins continus à la disposition du mécanicien.

Sur la première question il n'y a plus de doute, et nous estimons que partout le fer disparaîtra devant l'acier, dans la construction des voies.

Sur les dernières questions, on n'est point arrivé à des solutions uniques ayant sur les solutions rivales une supériorité indiscutable. Nous devons nous en applaudir. Rien ne prouve *a priori* qu'il n'y ait pour chaque problème qu'une solution. Des études considérables ont été faites dans des ordres d'idées très différents, et la recherche du progrès a été ardemment poursuivie. En France, les compagnies se sont, en quelque sorte, partagé la besogne à accomplir. Sur un réseau, on s'est préoccupé des moyens d'asservir l'électricité aux besoins si divers de l'exploitation; sur un autre, on a expérimenté tous les systèmes connus pour le chauffage des voitures; ailleurs, on a étudié les freins à vide ou les freins à air comprimé. Ces recherches, si intéressantes, n'ont point empêché la réalisation de progrès considérables dans la construction des machines et de tout le matériel roulant.

En dehors du matériel des chemins de fer, nous avons aussi à constater, dans l'industrie des transports en Europe, un fait nouveau d'une importance extrême : nous voulons parler des tramways.

Nous devrons, à ce sujet, entrer dans des détails d'autant plus nécessaires que, dans les rapports sur les Expositions antérieures, le nom même des tramways est à peine prononcé. La France, il faut le reconnaître, a été longue à adopter un mode de transport appelé à rendre des services aussi considérables, et, pendant de longues années, on s'est bien peu occupé de l'omnibus américain circulant, entre la place de la Concorde et Versailles, sur des rails spéciaux. Nous estimons que notre pays regagne rapidement le temps perdu ; les tramways s'établissent dans un grand nombre de villes : à Paris, la compagnie générale des Omnibus a créé

Gr. VI. — Cl. 64.

en quelques mois un service qui a pu desservir un immense mouvement de voyageurs.

Enfin la machine locomotive subit des transformations nouvelles. Nous aurons à l'examiner comme machine à petite voie pour le transport des hommes et des choses à l'intérieur ou dans les mines, comme machine d'entrepreneur pour l'exécution des terrassements, comme machine de manœuvres dans l'intérieur d'un atelier, enfin comme machine routière.

Quelques-unes des machines exposées, *Mignonne* et *Lilliput,* attiraient l'attention des visiteurs par l'exiguïté de leurs dimensions, et nous avons vu plusieurs personnes considérer ces machines presque comme des jouets d'un prix élevé. Elles commettaient une grave erreur. Ces petites machines peuvent rendre de très grands services, et elles sont déjà utilisées dans plusieurs usines pour transporter d'un point à un autre des pièces lourdes, des lingots, des canons, etc. L'industrie produit aujourd'hui des objets d'un poids considérable, qui ne peuvent être maniés qu'au moyen d'engins mécaniques. Les petites locomotives remplacent les hommes, dans un grand nombre de manœuvres n'exigeant que la force brutale, et l'on ne peut que se féliciter des efforts tentés dans cette voie.

Notre travail comprendra deux grandes divisions :

1° *Chemins de fer à voie normale;*

2° *Chemins de fer à voie étroite, tramways, machines routières et objets divers.*

Dans chacune de ces divisions, nous examinerons successivement : les voies et le matériel fixe, les locomotives et les appareils de traction, les voitures et wagons.

L'industrie des chemins de fer a une importance si considérable qu'une des plus grandes difficultés de notre travail a été de le limiter. De grands établissements métallurgiques ont demandé que le jury de la classe 64 voulût bien examiner leurs produits, presque exclusivement destinés aux chemins de fer. Nous n'avons pu que très exceptionnellement déférer à ce désir, et nous avons fait tous nos efforts pour borner nos appréciations à ce qui se rattachait exclusivement au matériel des chemins de fer. Gr. VI. — Cl. 64.

Ces appréciations ont été présentées dans la partie de notre travail embrassant les *Objets divers*. Sous ce nom nous avons compris la fabrication des pièces détachées pour machines, la question générale des freins, les appareils d'éclairage, de pesage, les horloges, etc., les appareils d'étude et de contrôle, les dynamomètres.

La traction des trains, les consommations des machines, donnent naissance à des problèmes physiques et chimiques d'une certaine importance, et toutes les compagnies de chemins de fer français ont été conduites à constituer des laboratoires dont l'importance croît chaque jour. Nous aurons à signaler le caractère élevé des recherches poursuivies dans quelques-uns de ces laboratoires.

Enfin, nous terminerons notre Rapport par des tableaux statistiques résumant, par nation, le nombre de kilomètres exploités, le nombre de locomotives, de voitures à voyageurs, de wagons à marchandises, au 1er janvier 1866 et au 1er janvier des années 1877 ou 1878.

Bien que l'empire d'Allemagne n'ait point pris part à l'Exposition universelle de 1878 pour la partie industrielle, M. le Ministre des travaux publics de l'Empire a bien voulu nous donner les chiffres relatifs à l'Allemagne.

Ces divers états résument en quelques pages, presque en quelques lignes, les progrès de l'outillage industriel de chaque nation accomplis dans la période de dix à douze ans, période cependant très agitée, que nous venons de traverser.

### NOMBRE DES EXPOSANTS.

Le nombre des exposants de la classe 64 a été considérable : il s'est élevé à 354 ; il n'était, en 1867, que de 235.

Mais ces nombres représentent fort mal la valeur comparative de la classe, parce qu'ils comprennent comme de simples unités des expositions collectives de la plus haute importance.

Les six grandes compagnies françaises sont portées au Cata-

Gr. VI. — Cl. 64.

logue comme six exposants. Chacune d'elles avait cependant envoyé au moins une machine locomotive, des voitures et wagons de divers types, et de très nombreux appareils, des machines-outils, des spécimens de voie avec tous les accessoires, changements, croisements, plaques, signaux, etc., enfin des collections de dessins.

Toutes les compagnies de l'empire Austro-Hongrois formaient également une exposition collective, représentée par un seul numéro et ne comportant qu'une seule récompense.

Le jury de la classe 64 a été frappé du mérite de ces grandes expositions collectives, et il a pensé que chacune d'elles devait obtenir la plus grande récompense qu'il puisse proposer dans cet ordre d'idées. Il a proposé les grands prix ou diplômes d'honneur aux expositions ci-après désignées :

Ateliers de construction des chemins de fer de l'État de Buda-Pesth (Autriche-Hongrie);

Compagnie des chemins de fer de l'Est (France);

Compagnie des chemins de fer de l'Ouest (France);

Compagnie des chemins de fer de Paris-Lyon-Méditerranée (France);

Compagnie des chemins de fer d'Orléans (France);

Compagnie des chemins de fer du Midi (France):

Compagnie des chemins de fer du Nord (France);

Exposition collective des chemins de fer de l'Autriche (Autriche-Hongrie);

Ministère des travaux publics (Belgique);

Ministère I. R. des travaux publics à Buda-Pesth (Autriche-Hongrie).

Le jury eût été heureux de pouvoir donner un nombre de médailles d'or supérieur à celui qui a été accordé; il avait basé ses propositions sur le chiffre général de mille médailles d'or, primitivement indiqué.

# PREMIÈRE PARTIE.

## CHEMINS DE FER À VOIE NORMALE.

## CHAPITRE PREMIER.

### CHEMINS DE FER À VOIE NORMALE. — VOIE ET MATÉRIEL FIXE. SIGNAUX.

#### § 1er. — RAILS ET TRAVERSES.

Le Rapport du jury de l'Exposition universelle de 1867 signalait les essais tentés depuis dix ou douze ans pour substituer l'acier au fer dans la fabrication des rails destinés d'abord aux changements et croisements de voies, puis aux sections sur lesquelles circulaient un grand nombre de trains.

On estimait, à ce moment, que l'intérêt du renouvellement des voies en acier ne s'étendrait pas à plus de 2 ou 3,000 kilomètres de voie simple pour le réseau français, et que les usines suffiraient pour cette transformation; on exprimait, en même temps, l'espoir que le prix de l'acier irait en s'abaissant et que, dans peu d'années, ce prix ne dépasserait pas celui de la fabrication des rails en fer.

Cet espoir s'est réalisé et, on peut le dire, plus vite et plus largement qu'on n'aurait osé le supposer en 1867. Quelques chiffres montreront la transformation qui s'est effectuée.

La production totale de l'acier Bessemer avait été, dit le Rapport de 1867 :

En 1863, de 1,856 tonnes ; en 1864, de 6,650; en 1865, de 9,751 ; en 1866, de 10,790, et, pour les sept premiers mois de 1867, les commandes s'élevaient déjà à 28,000 tonnes.

Gr. VI.
—
Cl. 64.

Voici maintenant comment les choses se sont passées depuis sept ans : le tableau ci-après donne les quantités des rails en fer et en acier reçues par les compagnies françaises[1].

| ANNÉES. | FER. | ACIER. | TOTAL. |
|---|---|---|---|
| | tonnes. | tonnes. | tonnes. |
| 1871 | 44,495 | 15,075 | 59,571 |
| 1872 | 101.687 | 52.195 | 153,882 |
| 1873 | 124,717 | 64,098 | 188,815 |
| 1874 | 125,667 | 102,228 | 227,895 |
| 1875 | 96,889 | 120,661 | 217,550 |
| 1876 | 57,935 | 130,682 | 188,617 |
| 1877 | 48,888 | 136,549 | 185,437 |

La consommation des rails en fer va sans cesse en décroissant, et l'on peut prévoir le moment où elle sera limitée aux besoins de l'entretien des sections à faible fréquentation, sur lesquelles rien ne commande la substitution de l'acier au fer.

Pour l'acier, au contraire, la progression est véritablement extraordinaire :

En 1866 .......... 10,790 tonnes.
1876 .......... 130,682

Il n'y a plus à discuter aujourd'hui sur les avantages comparatifs du fer et de l'acier. Avec l'acier, on n'a plus à redouter les défauts dans la soudure des pièces composant les paquets ; on n'a plus rien à spécifier sur la qualité des fers destinés à former ces paquets ; la fusion obtenue par les procédés Bessemer ou Martin assure la parfaite homogénéité du métal. La puissance de fabrication des usines françaises et étrangères atteint des limites que

[1] Les chiffres de ce tableau ne comprennent pas, par conséquent, l'exportation, qui, pour les sept années de 1871 à 1877, s'est élevée à 302,000 tonnes, c'est-à-dire à plus de 40,000 tonnes par an, en moyenne.

personne ne pouvait prévoir, et les ingénieurs ont pu admirer à l'Exposition des rails ayant plus de 50 mètres de longueur[1].

Sans aucun doute, on ne saurait employer en voie courante des rails de 50 mètres de longueur, mais les usines qui les fabriquent réalisent sur les déchets une économie considérable. Pour obtenir autrefois 8 rails de 6 mètres de longueur chacun, il fallait fabriquer 8 barres ayant plus de 7 mètres, et couper deux déchets à chaque extrémité, en tout 16 morceaux perdus et à faire entrer dans une nouvelle fabrication.

Avec une barre unique de 49 à 50 mètres, on coupe successivement 8 rails, et on n'a en tout que deux bouts à affranchir, huit fois moins que par l'ancien procédé.

La substitution de l'acier au fer a été, en quelque sorte, précipitée par l'abaissement extraordinaire du prix de l'acier. Voici les prix payés par les compagnies en France de 1866 à 1878 :

| | |
|---|---|
| En 1866 | 385f la tonne. |
| 1867 | 346 |
| 1868 | 347 |
| 1869 | 320 |
| 1870 | 269 |
| 1871 | 280 |
| 1872 | 305 |
| 1873 | 429 |
| 1874 | 345 |
| 1875 | 268 |
| 1876 | 246 |
| 1877 | 220 |

Selon toute apparence, ces prix s'abaisseront encore; en Angleterre, en Belgique, en Allemagne, on a cité des marchés pour l'exportation à 150 francs la tonne.

[1] Voici les longueurs exactes de ces rails, spécimens d'un outillage puissant :

| | | |
|---|---|---|
| *Belgique* | John Cockerill et Cie, à Seraing | 55m,00 |
| *Angleterre* | Cammell et Cie, à Sheffield | 43 ,00 |
| *Autriche* | Société des chemins de fer de l'État | 22 ,50 |
| *France* | Aciéries de Saint-Chamond | 18 ,00 |
| | Aciéries du Creusot | 17 ,00 |
| | Aciéries de Terre-Noire | 16 ,00 |

Gr. VI. — Cl. 64.

Sans aucun doute, les consommateurs doivent désirer le plus large abaissement possible dans les prix; mais on tomberait dans un grand péril si cet abaissement de prix ne s'obtenait qu'aux dépens de la qualité du métal. Des rails mous, s'écrasant sous le poids des roues motrices, s'usant rapidement, ne tarderaient pas à donner une voie mauvaise d'abord, puis rapidement dangereuse. Espérons que nos usines françaises, en conservant des prix rémunérateurs, sauront unir le bon marché à la qualité, et qu'elles pourront toujours montrer ce qu'expose la compagnie de l'Ouest : un rail d'acier en service depuis 18 ans sur la ligne d'Auteuil.

*Longueur des rails.* — Pendant longtemps, on a considéré comme normale, comme répondant aux conditions à réaliser, soit pour le transport sur chemin de fer, soit pour la manutention par les hommes, une longueur de 6 mètres. Mais, depuis quelques années, imitant l'exemple donné par les États-Unis, on a demandé aux usines des rails de 8 mètres et même de 9 mètres; on diminue ainsi le nombre des joints et, par conséquent, celui des points faibles. Faut-il aller au delà? Nous ne le pensons pas; les hommes manieraient difficilement des barres devenues bien lourdes; on ne pourrait plus composer les courbes avec des éléments droits, et il faudrait courber les rails; enfin, il faudrait augmenter notablement le jeu à réserver à l'extrémité des rails pour la dilatation.

*Section et poids des rails.* — Les ingénieurs sont toujours divisés en deux camps bien tranchés. En Angleterre, le rail à double champignon symétrique est employé d'une manière à peu près exclusive; inversement, le rail Vignoles est adopté aux États-Unis, en Allemagne, en Autriche, en Russie, en Italie et en Espagne. Les compagnies françaises ont maintenu les deux types : l'Ouest, l'Orléans et le Midi conservent le modèle anglais à double champignon; le Nord, l'Est et Paris-Lyon-Méditerranée donnent la préférence au rail à un seul champignon, avec base élargie.

Au point de vue du poids, on a pensé que les rails d'acier offrant une résistance aux chocs et à la flexion qui dépasse de beaucoup la résistance des rails en fer, presque dans le rapport de 3 à 2, on pouvait, sans inconvénient, réduire le poids des rails. Gr. VI. — Cl. 64.

Les compagnies du Nord et de l'Est ont adopté pour toutes leurs voies un rail d'acier de 30 kilogrammes par mètre. La compagnie de Paris-Lyon, après avoir terminé sa grande artère de Paris à Marseille en rails de 38$^{k}$,400, a réduit ce poids à 33 kilogrammes pour toutes ses autres lignes. La compagnie de l'Ouest a exposé deux spécimens de voie en rails d'acier : le premier à double champignon, pesant 38$^{k}$,75 le mètre; le second à patin, pesant 30 kilogrammes.

Le prix relativement élevé de l'acier, il y a quelques années, a été certainement pris en considération, lorsqu'on s'est décidé à descendre de 35 à 30 kilogrammes. Si la qualité du métal devait accompagner l'abaissement que nous avons constaté dans les prix, peut-être conviendrait-il de revenir aux anciens poids.

*Espacement des traverses.* — La question de la résistance des voies est, du reste, intimement liée à celle de l'espacement des traverses: on peut, avec des rails de 30 kilogrammes, avoir une voie aussi résistante qu'avec des rails de 35 kilogrammes, si l'espacement des traverses est plus faible dans un cas que dans l'autre. En multipliant les traverses, on augmente la surface de pose et, par suite, la stabilité de la voie. Les compagnies du Nord et de l'Est français emploient dix traverses par rail de 8 mètres de longueur, ce qui réduit à 80 centimètres l'espacement moyen des traverses d'axe en axe.

*Entaillage et perçage des traverses.* — L'entaillage et le perçage des traverses doivent être faits avec une très grande précision. La compagnie de l'Est a exposé les dessins d'une machine dont elle se sert aujourd'hui pour toutes ses voies, et dont elle déclare être complètement satisfaite.

*Semelles en feutre.* — On a proposé, en vue de donner de la douceur et de l'élasticité aux voies, d'interposer entre le rail et la traverse une surface élastique. M. Bopp du Pont a exposé des se-

Gr. VI. — Cl. 64.

melles en feutre goudronné destinées à obtenir ce résultat. L'expérience n'a pas encore prononcé d'une manière définitive. Ces semelles, sous la pression des trains, se compriment fortement et elles doivent singulièrement perdre de leur élasticité première. Lorsque les traverses sont injectées au sulfate de cuivre, les semelles interposées entre le bois et le fer empêchent l'oxydation de celui-ci, et elles rendent à cet égard un service que l'on n'avait peut-être pas prévu.

*Éclissage des rails.* — Aujourd'hui, on n'a plus le moindre doute sur les avantages que présente l'éclissage des rails : on l'admet en porte à faux entre deux traverses, ce qui supprime la traverse de joint, dont le prix est plus élevé que celui des traverses ordinaires. Pour les rails à double champignon, cette méthode est générale; pour les rails Vignoles, il y a encore quelque hésitation. La compagnie du Nord a conservé les joints sur traverse, mais elle a croisé ces joints d'une file à l'autre, de façon qu'ils ne se correspondent pas sur une même traverse. La compagnie de l'Est a combiné les deux dispositions : les joints sont éclissés en porte à faux et en même temps croisés. Un spécimen de cette voie était posé dans le parc de la classe 64.

La compagnie Paris-Lyon-Méditerranée a exposé une éclisse coudée permettant de raccorder un rail d'acier neuf avec un rail usé, sans produire de dénivellation dans les surfaces de roulement.

*Arrêts de glissement.* — On sait que, sur les longues rampes, les rails ont une tendance très marquée au glissement. Pour arrêter ce mouvement sur les rails Vignoles, on a proposé de pratiquer, le long de la base du patin, des encoches dans lesquelles se placent des crampons ou tire-fonds. Cette disposition affaiblit les rails, et il y a lieu d'y renoncer. La compagnie de Lyon a adopté des éclisses spéciales, dont le prolongement inférieur s'appuie contre une selle fixée sur la traverse contre-joint. La compagnie de l'Est emploie une cale maintenue par les tire-fonds de la traverse contre-joint, et contre laquelle viennent buter les éclisses ordinaires.

*Traverses en bois.* — Les six grandes compagnies françaises ont eu besoin pour l'entretien et les réfections de leurs voies, en 1877, de *2,563,000 traverses.* Gr. VI. — Cl. 64.

Rapporté à la longueur totale des voies principales exploitées, ce chiffre énorme représente par kilomètre 93 traverses et *par jour une consommation moyenne de plus de 7,000 traverses.*

En supposant qu'un arbre donne en moyenne dix traverses (ce nombre est faible pour le hêtre et trop fort pour le chêne), il faut, pour le service de l'entretien des voies du réseau actuel français, *abattre par jour plus de 700 beaux arbres.*

Lorsque le réseau projeté sera construit, on peut prévoir que ce chiffre s'élèvera à 1,000 arbres par jour.

A cette énorme consommation vient s'ajouter celle qui est exigée pour l'entretien du matériel roulant, que l'on ne saurait évaluer à moins de 140,000 mètres cubes par an.

Enfin, il faut prévoir que, d'ici à dix ou quinze ans, la construction de 20,000 kilomètres de voies nouvelles exigera la fourniture de *vingt millions de traverses nouvelles.*

Les chemins de fer doivent donc être considérés comme le plus grand consommateur de bois d'un pays, et, dans le public, on ne s'est peut-être pas assez préoccupé de l'importance de cette question.

*Injection des bois.* — Les compagnies françaises ont cherché depuis longtemps à prolonger la durée des bois par l'injection de substances antiseptiques, qui paraissent aujourd'hui se réduire à deux : le sulfate de cuivre et l'huile lourde de goudron.

Les compagnies du Midi et de l'Ouest ont exposé des traverses et des poteaux télégraphiques injectés à l'aide de ces deux substances et dans un état parfait de conservation. Une traverse en hêtre créosotée de la compagnie de l'Ouest a été retirée des voies après dix-neuf ans de service. Ce résultat est considérable et, sur tous les réseaux, on pourrait présenter des échantillons semblables; mais on ignore encore quelle est la durée moyenne des traverses injectées.

Après de très longues expériences, la compagnie de l'Est, préfère, à toutes les autres matières antiseptiques, l'huile lourde de goudron, la créosote, et elle l'emploie même pour le chêne, dont l'aubier s'injecte très bien, ainsi que les parties tendres du cœur. Les traverses ne sont introduites dans les chambres de créosotage que taillées et percées, de manière que le goudron pénètre par toutes les surfaces qui doivent être en contact avec le métal.

Soumises à des pressions de 6 à 7 atmosphères, les traverses en chêne absorbent 7 à 8 kilogrammes de créosote; mais les traverses en hêtre ou en sapin en absorbent de 30 à 35 kilogrammes. On peut espérer qu'imbibées d'une quantité aussi importante d'huile, les traverses offriront une grande résistance à toutes les causes de destruction provoquées par leur enfouissement.

*Procédé Blythe.* — En vue de diminuer cette énorme consommation d'une matière dont le prix va sans cesse croissant, M. Blythe a proposé de «soumettre le bois en grume ou débité, dans une chambre close, à l'action de vapeurs hydrocarburées, c'est-à-dire de vapeur d'eau à haute pression qui tient en suspension des hydrocarbures liquides à l'état de vapeur sphéroïdale.

«De cette manière, ajoute M. Blythe, toute essence de bois sec ou de fraîche coupe, en grume ou débité, est promptement pénétrée dans toutes ses parties, cœur ou aubier; de nouveaux composés sont formés avec les matières incrustantes du bois; une contraction des fibres s'ensuit, et le durcissement du bois en est la conséquence.»

Nous avons reproduit ce programme séduisant, mais peut-être trop affirmatif; en fait de conservation, rien ne vaut l'expérience, et il faut attendre les enseignements précis qu'elle donnera avant de formuler une conclusion sur la valeur de tel ou tel procédé, sur l'emploi de telle ou telle substance antiseptique.

*Traverses en pierre.* — L'Exposition a vu reparaître les traverses en pierre, en béton, en briques soudées les unes aux autres. Rappelons une fois de plus que ces matières ne présentent pas les conditions d'élasticité, de possibilité d'attache qui sont indispensables, et qu'il n'y a rien à espérer de leur emploi

*Traverses métalliques.* — Les chiffres que nous avons donnés pour la consommation annuelle des traverses en bois montrent l'importance qui s'attache à la question des traverses métalliques. Si l'on arrivait à un modèle répondant aux données du problème, nos grands établissements métallurgiques trouveraient dans la fourniture des traverses un aliment nouveau, et nos forêts cesseraient d'avoir à répondre à des besoins si impérieux. Malheureusement, on n'a jusqu'ici rien trouvé, et aucune des traverses métalliques qui ont été expérimentées sur les différents réseaux n'a donné des résultats satisfaisants. Il faut en effet qu'une traverse métallique réalise d'abord toutes les conditions de résistance transversale, d'assiette sur le ballast, de solidité dans le mode d'attache que présente une bonne traverse en bois, et ce n'est point déjà chose facile; il faut ensuite que les dépenses d'entretien de la voie restent les mêmes. Ce point de vue a été oublié ou méconnu par tous les inventeurs de traverses métalliques. Il ne suffit pas de construire une voie, parfaite le lendemain du jour où elle est livrée à la circulation; il faut la conserver en cet état pendant des années; il faut, en langage technique, *tenir la voie.* Or, si, pour tenir une voie sur traverses métalliques, il faut dépenser notablement plus que pour une voie sur traverses en bois, la question se complique singulièrement. Au surplus, les résultats constatés, — nous donnons ceux de la compagnie de l'Est, — sont bien défavorables.



Les essais sur le réseau de l'Est ont commencé en 1865; ils portaient sur 99 traverses fournies par les usines de Fraisans et 2,146 fournies par les forges d'Hayange, appartenant à MM. de Wendel.

Les traverses de Fraisans étaient, les unes à section trapézoïdale, les autres à section demi-ronde, dites type Zorès. Ces dernières, bien que l'on eût pris la précaution de ne pas les employer aux joints, se sont toutes brisées; *leur durée moyenne n'a pas dépassé 6 ans et 2 mois.* Les traverses à section trapézoïdale ont mieux résisté; cependant, *au bout de 8 ans,* on en avait remplacé 37 sur 59, et 10 étaient fendues longitudinalement. L'essai n'a pas été continué.

Gr. VI.
—
Cl. 64.

Pour les traverses de Wendel, les choses vont mieux. Posées en 1865 et en 1868, elles ont parfaitement résisté jusqu'à ce jour, c'est-à-dire *après 13 ans* et *10 ans*, à l'exception cependant des traverses munies de cales d'arrêt; 17 sur 20 ont été brisées après 8 ans de pose; la déchirure a eu lieu au trou recevant les cales d'arrêt.

Mais, en ce qui concerne l'entretien, on a tenu des attachements très minutieux pour comparer les dépenses faites sur les quatre sections de voie sur traverses en fer avec les quatre sections parallèles de voie sur traverses en bois, les unes et les autres se trouvant ainsi placées dans des conditions identiques de tassement et d'humidité de ballast.

La main-d'œuvre d'entretien pour la voie sur traverses en bois étant prise pour unité, cette main-d'œuvre pour les voies sur traverses en fer a été de 1 fr. 53 cent., 1 fr. 68 cent., 1 fr. 82 cent., 1 fr. 53 cent.

En fait, les traverses en fer manquent de stabilité; elles exigent de fréquents bourrages. A la suite de grandes pluies, l'eau pénètre à l'intérieur de la traverse et désagrège le ballast, qui ne forme plus un noyau plein adhérant à la traverse.

On s'est beaucoup préoccupé du mode d'attache des rails sur les traverses en fer. Sans doute, ce problème est difficile et il faut redouter le ferraillement; mais on a présenté de bonnes attaches : celles de Fraisans sont satisfaisantes. L'écueil n'est pas là; il est, selon nous, tout entier dans le défaut de stabilité et dans l'élévation des dépenses d'entretien.

En présence des résultats défavorables que nous venons de citer, le jury eût été très heureux de trouver un genre de traverse métallique meilleur que les modèles connus, et il a consacré à cette question si importante la plus sérieuse attention; malheureusement, tous les modèles présentés diffèrent peu des anciens.

Dans la section belge, nous avons retrouvé la traverse proposée par l'usine de Pouillet, qui se compose d'un fer double T posé à plat, avec fourrures en bois boulonnées sous les rails.

La France a présenté les traverses Vautherin, Vidal, Brunon, Papin et Giessner.

Le modèle de la traverse Vautherin ne diffère du modèle ancien que par une attache à ressort; cette modification ne fait pas disparaître le défaut de résistance que nous avons signalé.

La traverse Vidal, assez semblable à la traverse Pouillet, remplace les fers double T par des fers en U; ce fer est recourbé à ses extrémités pour former arrêt de ripage. Avantageuse si la voie tient bien, cette disposition devient un obstacle grave dès qu'il s'agit de modifier de quelques millimètres seulement la position du rail. La traverse Vidal serait résistante, mais elle pèse 70 kilogrammes, et ce poids comporte un prix élevé.

La traverse Giessner se compose d'un fer Zorès renversé; elle offrirait, comme la précédente, une résistance suffisante, mais pénétrerait dans le ballast, comme le faisaient les traverses demi-rondes en bois, lorsqu'on les employait avec la face demi-circulaire en-dessous; l'assiette de la voie serait très défectueuse.

La traverse Papin n'offre pas à la flexion une résistance suffisante pour l'entretoisement des rails et la répartition des pressions sur le ballast; le mode d'attache est très compliqué.

La traverse Brunon, en tôle de fer ou d'acier emboutie, rappelle, sauf le mode d'attache du rail, qui est assez ingénieux, le type proposé en 1862 par M. Tardieu, ingénieur à Valenciennes. Cette forme est bonne, mais à la condition d'augmenter les épaisseurs et, par suite, le prix de revient. L'expérience seule permettra de juger la valeur du mode d'attache; on peut redouter le ferraillement des boulons.

Nous ne mentionnerons que pour mémoire une traverse mixte en fonte et bois, présentée par M. Lenoir. La fonte, à moins de l'employer sous des dimensions qui entraînent une grande dépense, se prête fort mal au travail demandé à une traverse; une semelle plate en fonte mise sous les rails n'aurait aucune résistance, et son emploi constituerait une cause de danger.

*Traverses à tables de pression.* — Théoriquement, les traverses à tables de pression semblent irréprochables; mais là encore l'expérience n'a pas été satisfaisante; les traverses Pouillet, employées en France sur plusieurs chemins de fer il y a une vingtaine d'an-

Gr. VI. — Cl. 64.

nées, ont complètement disparu. Il en serait certainement de même de la traverse Lévêque, composée de tables de pression plus petites que les tables de la traverse Pouillet, réunies transversalement par des rondins de 13 à 15 centimètres de diamètre, qui, entaillés à leurs extrémités et pleins d'aubier, n'auraient qu'une résistance et une durée très limitées.

On peut concevoir les mêmes craintes au sujet de la traverse Massadier, formée de deux billes en bois, constituant les tables de pression réunies par un fer Zorès entaillé trop profondément.

L'exposition anglaise présente des traverses composées de deux cloches en tôle de fer ou d'acier embouties, et réunies par une assez faible entretoise en fer. Ces cloches s'empilent très exactement les unes dans les autres, et cette disposition a été indiquée comme très avantageuse pour le chargement des navires qui portent ces matériaux en Égypte et dans l'Inde. On doit se demander si ces cloches peuvent se remplir bien exactement d'un noyau de ballast suffisant pour empêcher les déplacements latéraux. Aucun renseignement n'a été fourni au jury sur le service rendu par ces appareils; on a dit seulement qu'ils étaient très employés dans les deux contrées que nous venons de désigner.

Enfin, la section autrichienne renfermait une traverse à tables de pression dont l'entretoise, formée par un vieux rail Vignoles. offrirait une grande résistance. Les tables se composaient chacune de deux larges équerres boulonnées sur l'âme du vieux rail, et retournées pour recevoir les platines et boulons destinés à attacher le rail. Il n'y a pas moins de 14 boulons par traverse. En supposant que l'on arrive à éviter le ferraillement, on serait à coup sûr arrêté par le prix. — La traverse C. Œsterreicher doit, d'après un métré fait sur dessin, peser plus de 120 kilogrammes.

En résumé, l'Exposition de 1878 n'aura point donné la solution de la traverse métallique. Plusieurs modèles sont admissibles, mais à la condition d'être exécutés avec des dimensions plus grandes, c'est-à-dire à des prix qui en rendent l'emploi à peu près impossible.

*Voies sur longrines en fer.* — S'il devient si difficile de se procurer des traverses, pourquoi ne pas les supprimer tout à fait? La voie sur longrines en fer sera la solution cherchée. On l'a dit en 1867 et on le répète un peu en 1878; mais là encore l'expérience est intervenue.

Préconisée en 1867, la voie Hartwich semble aujourd'hui complètement abandonnée; la compagnie de l'Est l'a essayée pendant dix ans, et ce n'est qu'au prix d'un entretien très dispendieux, — le double du prix normal, — que l'on a pu conserver les sections qui avaient été construites dans ce système.

Nous trouvons à l'Exposition de 1878 trois voies sur longrines : la voie Hilf, dans la section belge, et, dans la section autrichienne, les voies Hohenegger et de Serres-Battig.

*Voie Hilf.* — La voie Hilf a été adoptée en Allemagne par plusieurs administrations des chemins de fer de l'État. Cette faveur a été motivée plus peut-être par le désir de donner du travail à l'industrie métallurgique que par la valeur technique absolue du système. Quoi qu'il en soit, l'expérience se poursuit sur une échelle considérable.

On peut reprocher à la voie Hilf l'insuffisance de l'entretoisement, la difficulté de trouver un arrêt dans le ballast pour s'opposer au glissement en long, enfin sa faible hauteur au-dessus du ballast.

Dans ces conditions, on doit redouter ce que nous avons constaté en France pour la voie Hartwich, un entretien permanent et par suite très coûteux; mais, nous l'avons dit, et nous le répéterons bien souvent encore, il faut attendre ce que diront les faits.

*Voie Hohenegger.* — Essayée sur le chemin de fer Nord-Ouest de l'Autriche, la voie Hohenegger ne diffère de la voie Hilf que par le profil des longrines; ce profil est obtenu par le laminage direct et sans paquetage de deux vieux rails Vignoles juxtaposés à plat tête à tête. D'après l'auteur de la Note, ce mode de fabrication produirait une économie de 60 p. 0/0 sur le mode de fabrication par paquetage; mais on peut redouter une soudure imparfaite des deux rails juxtaposés et, par suite, la production de fentes longitudinales.

Gr. VI. — Cl. 64.

Les longrines n'ont que $4^{m},85$; elles sont reliées à chaque extrémité par une traverse de même profil, plus solide que l'entretoise en fer rond de la voie Hilf. En somme, si l'expérience est décidément favorable à la voie Hilf, la modification Hohenegger doit être considérée comme un progrès.

*Voie de Serres-Battig.* — Depuis longtemps, on a proposé de former les rails de trois pièces principales : une barre ayant la section d'un champignon formant table pour le roulement, et soutenue à droite et à gauche par deux pièces longitudinales reposant sur le ballast; la durée de ces deux pièces latérales serait indéfinie, et l'on n'aurait à remplacer que la table de roulement.

Barlow a fait breveter, il y a longtemps, un rail formé de trois pièces rivées, qui n'a point tardé à être remplacé par le rail si connu qui a été l'objet, il y a vingt-cinq ou trente ans, d'un véritable engouement.

Les rails Barlow furent, à leur tour, remplacés par les rails Köstlin-Battig, expérimentés au Wurtemberg et en Bavière, mais sur une échelle modeste.

La voie de Serres-Battig est composée des mêmes éléments longitudinaux, mais réunis transversalement d'une façon nouvelle : l'effort exercé par le poids d'un train se transmet à des entretoises en fer laminé qui traversent les ailes et obligent celles-ci à serrer le rail; plus l'effort vertical est grand, plus le serrage est énergique. Cet assemblage, efficace dans le sens de la charge, est complété par des goupilles horizontales fendues, qui passent à travers les trois pièces du rail et les empêchent de se réunir lorsqu'elles se relèvent après avoir fléchi.

On peut redouter que ce mode d'assemblage ne se fatigue et que, sous l'action répétée des trains, on n'arrive, au bout d'un certain temps, au ferraillement, cet écueil de tous les appareils métalliques assemblés.

La surface en contact avec le ballast est faible, et si celui-ci n'est pas d'excellente qualité, on aura des tassements inégaux; enfin, nous redoutons les effets du mouvement de lacet dans les courbes.

Au point de vue du prix, la voie de Serres-Battig pèse un peu moins que la voie Hilf : 119 kilogrammes par mètre de voie, au lieu de 123. Si on la compare à une voie en rails d'acier, posée sur traverses en chêne créosoté espacées de 80 centimètres, cette dernière coûtera encore notablement moins cher, et nous lui donnerons la préférence. La voie de Serres-Battig néanmoins mérite une expérience prolongée; le point de départ étant admis de composer un rail de pièces différentes, le mode d'assemblage est ingénieux, et les craintes que nous avons formulées ne se réaliseront peut-être pas.

*Appareils à cintrer les rails.* — Nous ne quitterons pas les rails sans dire un mot de l'appareil Schrabetz et de celui de MM. Reisbaner et Bluntschli, qui est analogue.

Ces appareils, très portatifs, sont destinés à cintrer les rails pour la pose en courbe. Chaque rail à cintrer est soumis, près de ses extrémités fixées contre des appuis, à l'effort d'une petite presse à vis qui produit un mouvement de flexion constant sur presque toute la longueur de la barre et l'infléchit suivant une courbe sensiblement circulaire. Les points d'appui sont obtenus en se servant d'une série de rails rangés côte à côte, tels qu'ils se trouvent sur le dépôt et réunis entre eux par des brides et des cales qui les rendent solidaires.

L'appareil Schrabetz paraît d'un emploi commode et pratique; mais, comme il n'est pas encore essayé en France, nous ne savons pas s'il donne réellement les résultats qu'on peut en espérer. Jusqu'ici on s'est borné, en France, à régulariser la pose en courbe au moyen de la pince à dresser. Cette pratique laisse à désirer, car les rails ont une tendance à se redresser qui produit assez souvent des jarrets dans les courbes. L'emploi de l'appareil Schrabetz ou de tout autre équivalent serait probablement une amélioration.

Gr. VI.
—
Cl. 64.

§ 2. — APPAREILS POUR PASSER D'UNE VOIE SUR UNE AUTRE. — CHANGEMENTS, PLAQUES TOURNANTES ET CHARIOTS TRANSBORDEURS.

*Changements et croisements de voies.* — Nous ne parlerons ici que des changements et croisements de voies considérés isolément comme appareils mécaniques; nous traiterons plus loin la question importante de la conjugaison des signaux et des aiguilles.

Les changements de voie sont peu nombreux à l'Exposition: on peut, en effet, considérer comme définitive la forme générale donnée à ces appareils. Les progrès réalisés consistent dans la qualité des pièces qui les composent et dans la précision de leur assemblage. On peut dire qu'à ce double point de vue, on est arrivé à des résultats très satisfaisants : les ruptures des aiguilles, l'écrasement des cœurs, fréquents il y a vingt ans, sont aujourd'hui de plus en plus rares.

La compagnie de l'Ouest français expose une traversée à aiguilles, dans laquelle toutes les aiguilles sont manœuvrées simultanément par un seul levier. Usitées depuis longtemps en Allemagne et en Angleterre, les traversées à aiguilles commencent à être employées dans les gares françaises; elles rendent de bons services dans les gares de triage.

La compagnie de l'Ouest expose également un croisement d'une seule pièce en acier fondu et martelé, dans lequel les ornières qui doivent guider les roues sont creusées avec la machine à raboter. La compagnie de l'Est forme ces croisements avec des rails d'acier assemblés, et elle se loue beaucoup du résultat obtenu.

Nous retrouvons aussi des croisements en fonte trempée et durcie dans les sections autrichienne (Société Ganz), suédoise (Administration des chemins de fer de l'État), française (compagnie du Midi).

Le croisement suédois, fabriqué à l'usine d'Ankarsreem, a été employé pendant dix ans dans la gare d'Arwika sans éprouver d'altération notable, tandis que des croisements semblables de provenance anglaise étaient profondément détériorés au bout de trois ans.

Le croisement de la compagnie du Midi a supporté le passage de 408,000 trains ou machines en huit ans, soit 140 passages par jour. Gr. VI. — Cl. 64.

*Plaques tournantes.* — Il y a peu de plaques tournantes à l'Exposition. Les dimensions toujours croissantes des voitures et des wagons exigeraient des plaques d'un diamètre de plus en plus grand, à la pose desquelles s'oppose, soit le voisinage des bâtiments, soit surtout la largeur de l'entrevoie. Aussi arrive-t-on à remplacer les anciennes plaques de $3^{m},40$ de diamètre par des plaques de $4^{m},50$ à 5 mètres de diamètre, et ces dernières, à leur tour, par des chariots roulants.

On n'avait, en dehors des plaques tournantes destinées au service des wagons de l'Exposition, et qui ont été recouvertes de sable, on n'avait, disons-nous, que trois plaques :

Une de $4^{m},40$, type Paris-Lyon-Méditerranée, construite par MM. Capitain Gény et C^ie^;

Une de $4^{m},80$, type de la Société des chemins de fer de l'État autrichien;

Une de $6^{m},20$ de diamètre, type de la compagnie d'Orléans, construite par l'usine de Fourchambault.

Si, pour les voitures et les wagons, on prévoit le moment où l'emploi des plaques tournantes sera, sinon abandonné, du moins de beaucoup diminué, il n'en est pas de même pour les machines locomotives, qu'il faut toujours tourner après chaque voyage. Il y a vingt-cinq ans, on découplait la machine et son tender pour les tourner séparément sur une plaque ordinaire. Pour éviter cette manœuvre, on a construit, dans tous les dépôts un peu importants, des plaques de 11 mètres de diamètre, dans lesquelles le mouvement de rotation est commandé par une machine à vapeur. La fondation du pivot et de la couronne entraînent toujours des dépenses assez élevées; aussi devons-nous considérer comme un progrès réel le *pont tournant sans fondation, de 14 mètres de longueur, pour locomotives et tenders accouplés*, présenté par la compagnie de l'Ouest français.

Le massif de maçonnerie de fondation du pivot et le mur circulaire sont remplacés, le premier par un plateau en fonte, le second par un cuvelage en fonte semblable à celui des petites plaques. Si, malgré le poids qu'elle doit supporter, la plaque de fondation ne tasse pas, si, malgré son grand diamètre, le cuvelage ne subit aucune déformation, la disposition étudiée par la compagnie de l'Ouest ne comporte aucune critique.

*Chariots roulants.* — Nous avons dit que, sur bien des points, on remplace les plaques par des chariots roulants. Cette substitution présente de grands avantages, lorsqu'elle peut s'appliquer à une file de plaques placées sur un nombre important de voies parallèles, un seul chariot faisant le travail fourni auparavant par huit ou dix plaques tournantes. Pour les remises à voitures et à machines, les chariots sont exclusivement employés; on les complète par une petite machine à vapeur, qui se meut avec chacun d'eux, et le travail s'accomplit à l'aide d'un très petit nombre d'hommes.

On a étendu l'application d'un moteur à vapeur aux chariots placés dans les gares de triage, et, là encore, nous devons signaler un appareil nouveau : nous voulons parler du chariot transbordeur à vapeur.

Les manœuvres, dans les gares de triage, s'effectuent en général à l'aide de machines spéciales, qui distribuent ou prennent, sur des voies formant faisceau, soit des trains entiers, soit des fractions de train, soit des wagons isolés. Pour faciliter le déplacement des wagons isolés, les voies sont réunies en un ou plusieurs points par de longues files de plaques tournantes, manœuvrées par des hommes et des chevaux.

Depuis quelques années, en Allemagne, on a remplacé les files de plaques par un chariot à vapeur avec treuils à câbles. Ces chariots réalisent une grande économie, en supprimant l'emploi des chevaux, et en permettant de diminuer le nombre des équipes d'hommes et même celui des machines de gare. Frappée des résultats obtenus en Allemagne, la compagnie de l'Est a fait construire, pour sa gare frontière de Petit-Croix, près Belfort, le premier chariot de ce genre qui ait été appliqué en France. Les résultats ont été si satisfaisants qu'en ce moment on construit un second chariot pour la même gare de Petit-Croix; le dessin de ce chariot a été placé dans la galerie des machines.

La compagnie de l'Ouest a exposé un chariot transbordeur; le moteur est très puissant et très bien construit. Cette compagnie, en comparant ce chariot avec ceux qui sont en usage en Allemagne, signale quelques différences et, entre autres, l'indépendance du chariot et du moteur, qui sont simplement attelés, au lieu d'être établis sur une même charpente. Cette modification, qui a été réalisée à Brunswick, ne nous paraît pas avoir grande utilité. Dans les chariots d'Alsace-Lorraine et dans celui de l'Est français, la séparation peut se faire en démontant quelques boulons; depuis deux ans que le premier chariot de l'Est fonctionne à Petit-Croix, on n'a jamais eu besoin de dételer le moteur.

La compagnie de l'Ouest se sert de câbles en chanvre, au lieu des câbles en acier, si usités en Allemagne; il y a, à ce sujet, une question de dépenses d'entretien sur laquelle l'expérience seule pourra prononcer d'une manière précise.

### § 3. — APPAREILS ACCESSOIRES. — PONTS À BASCULE. — GRUES. BARRIÈRES. — HEURTOIRS. — GABARITS, ETC.

Nous devons signaler ici un double progrès : d'une part, la suppression des maçonneries de fondation et leur remplacement, pour les ponts à bascule et les grues, par un cuvelage en fonte que l'on pose sur du ballast; d'autre part, la substitution du fer au bois pour beaucoup de constructions accessoires, telles que les barrières, les heurtoirs, les gabarits, les poteaux indicateurs, etc.

Nous n'avons pas besoin d'insister sur les avantages de ces deux modifications. La seconde assure une durée presque indéfinie à des ouvrages dont le renouvellement était incessant; la première, plus importante, permet la mise en place rapide et en tout temps d'appareils dont le service de l'exploitation réclame la pose. Avec les fondations en maçonnerie, il fallait exécuter des fouilles considérables, s'abstenir de tout travail en hiver à cause des gelées, puis donner au mortier le temps de prendre. Tout cela deman-

Gr. VI. — Cl. 64.

dait des journées, souvent des semaines; puis, si les nécessités du service exigeaient le déplacement d'un pont à bascule ou d'une grue, la dépense de fondation était absolument perdue. Avec les cuvelages en fonte, rien de semblable; on déblaye rapidement l'emplacement de l'ouvrage, on met une couche de sable et on descend la plaque de fondation, sur laquelle, en quelques heures, l'appareil est monté. Si la convenance d'un déplacement se fait sentir, le tout est démonté, et la plaque ou son cuvelage est reporté sur un autre point.

*Ponts à bascule.* — La compagnie de Paris-Lyon-Méditerranée a exposé un pont à bascule à cuve en fonte, destiné à recevoir des poids de 20 tonnes, et qui, en dehors des dispositions communes à tous les instruments de pesage, réalise une amélioration qui mérite d'être citée. Tant que le pont repose sur ses couteaux, l'accès du pont lui-même est fermé par des verrous solidaires qui commandent le jeu des couteaux; il faut absolument que le pont soit calé pour qu'un wagon puisse y être amené. On sait combien le passage des wagons et, à plus forte raison, celui des machines fatiguent les appareils de pesage; il est donc prudent de ne permettre ce passage qu'après avoir pris les précautions nécessaires à la conservation de la justesse des indications de l'appareil.

*Grues de chargement.* — Dans les grandes gares anglaises, on trouve un nombre considérable d'engins pour le chargement et le déchargement rapides des wagons. Les appareils à pression hydraulique d'Armstrong sont bien connus et rendent d'immenses services. L'usage en est si général que le matériel roulant a dû y être approprié d'une manière spéciale; c'est ainsi que tous les wagons fermés ont un panneau du toit mobile, pour permettre aux grues de saisir les colis qui y sont chargés. On rencontre aussi fréquemment des grues roulantes à vapeur pour le service des gares de second ordre.

Les conditions de l'exploitation anglaise permettent l'emploi de ces moyens perfectionnés; mais il n'en est pas de même en France, où le destinataire peut se faire adresser les marchandises en gare sur wagons et jouit d'un délai pour en opérer lui-même, s'il le veut, le déchargement et l'enlèvement. Aussi nos gares ne possèdent-elles généralement que des grues à bras, et l'essai tenté à la gare de Bercy, par la compagnie de Lyon, de l'application du système Armstrong n'a pas réussi.

On ne trouve à l'Exposition qu'un très petit nombre de grues roulantes à vapeur. Celle de MM. Appleby frères, dans la section anglaise, est remarquable par sa construction solide, peu coûteuse, et par le bon arrangement des organes, qui permet au mécanicien de voir, sans obstacle, tous les détails de la manœuvre. Elle possède seulement les mouvements de levage et d'orientation, tandis que la plupart des autres grues roulantes ont une volée variable et un mouvement de translation par la vapeur. Mais ces complications paraissent inutiles dans le service ordinaire des gares, où les appareils à vapeur doivent s'appliquer à des fardeaux d'un poids moyen, et non à de rares charges exceptionnelles pour lesquelles les grues à bras sont bien suffisantes.

Dans la section française, MM. Caillard frères ont une grue roulante qui se distingue par la simplicité des diverses manœuvres, réunies dans un seul levier; cette grue, paraît-il, a fait un bon service pendant deux mois, pour les montages de la galerie des machines.

Comme grues à bras, les appareils les plus commodes, au point de vue du service des gares, se rapportent au type général des grues sans fondation, dont les premières ont été construites en 1866 par la compagnie de l'Est. Cette compagnie expose une de ces grues de 10 tonnes, et divers constructeurs ont exposé des grues de 6 tonnes de l'Est et de l'Ouest, ainsi que des appareils étudiés par eux-mêmes. Comme détail de construction spécial aux grues et appareils de levage à bras, on trouve un assez grand nombre de dispositions destinées à assurer la sécurité des manœuvres en obligeant à débrayer les manivelles pour la descente au frein.

*Barrières pour passages à niveau.* — Les barrières sont établies dans deux conditions très différentes. Elles sont roulantes ou pivotantes; pour les grandes ouvertures, il faut adopter les barrières roulantes, mais pour les faibles ouvertures les barrières tournantes nous paraissent suffire.

Gr. VI. — Cl. 64.

Depuis 1867, la compagnie de l'Est a construit 1,540 barrières pivotantes avec poteaux en vieux rails, qui font un excellent service.

La compagnie du Midi a exposé une barrière roulante en fer de 4 mètres d'ouverture.

*Gabarit de chargement.* — La compagnie de l'Ouest a présenté un gabarit de chargement avec charpente en fer et fondations en fonte. Cette construction est élégante et très solide.

*Heurtoirs.* — Nous retrouvons, dans l'exposition de la compagnie du Midi, la substitution du métal au bois appliquée à la construction d'un heurtoir, fabriqué avec de vieux rails à double champignon. Ce heurtoir paraît très solide. Il convient de noter toutes les constructions dans lesquelles on a pu tirer des vieux rails un mode d'emploi judicieux.

### § 4. — SIGNAUX.

*Signaux ordinaires.* — Les gares et stations et certains points spéciaux des voies sont couverts par des signaux manœuvrés à distance au moyen de transmissions en fils de fer. En général, on se sert de disques ronds pour les signaux de jour, et de lanternes à feu rouge ou blanc pour ceux de nuit. Cependant, en Angleterre, le disque est abandonné comme signal de jour et remplacé par le sémaphore, qui donne des indications plus nettes. Le sémaphore a été adopté par les compagnies d'Orléans et de Lyon pour les signaux placés aux points mêmes qu'il s'agit de couvrir, et ils sont alors doublés par des disques manœuvrés à distance.

La compagnie de Lyon expose un sémaphore à six ailes, dont les leviers de manœuvre peuvent être enclenchés à distance par des postes commandeurs.

La manœuvre des disques ou sémaphores à grande distance exige des appareils spéciaux pour compenser les variations de longueur des fils de transmission, qui s'allongent ou se contractent selon la température. Les modèles exposés n'offrent, sous ce rapport, rien de remarquable; ils rentrent en général dans les types connus. Sur certaines lignes d'Autriche-Hongrie, on a récemment essayé de manœuvrer les signaux à distance au moyen de l'électricité. Dans le modèle exposé par M. Cajetan Banowitz, inspecteur de l'Administration hongroise, le commutateur qui sert à la manœuvre peut être placé dans le bureau et sous le contrôle immédiat du chef de gare. Mais la construction du signal est extrêmement compliquée, puisque le moteur est un mécanisme d'horloge à poids. Si les signaux à distance avaient été primitivement construits sur ce principe, on eût considéré comme un grand progrès de pouvoir les faire fonctionner mécaniquement, sans le secours de l'électricité.

En général, les disques ne commandent pas l'arrêt au point où ils sont placés, et lorsqu'ils sont fermés, les trains doivent même les dépasser d'une quantité suffisante pour s'en faire couvrir. Sur les points où l'on veut obtenir l'arrêt absolu, on emploie, soit des sémaphores, soit des disques d'une forme spéciale, généralement carrée, qui sont précédés de disques ordinaires à grande distance. Les compagnies de Lyon et de l'Ouest exposent des disques d'arrêt absolu qui présentent, comme signal de nuit, un double feu rouge obtenu au moyen d'une lanterne unique munie de réflecteurs spéciaux.

La compagnie de l'Ouest expose un signal à distance dont la construction est très simple : le mât est formé de deux fers en [ entretoisés et fixés sur une cloche de fondation en fonte; ils servent en même temps à supporter les coussinets de l'arbre du disque et à guider le porte-lanterne.

Depuis un grand nombre d'années, la compagnie de l'Est fait usage, pour la défense de quelques souterrains, de disques à pédale tournés à l'arrêt par le train qu'ils doivent couvrir. Ils ont été inventés par feu Limouse, chef de section de cette compagnie. M. Pignel, inspecteur au chemin de fer du Nord, expose, dans la section française, le modèle d'un disque à pédale qui ne paraît présenter aucun avantage sur le précédent. Ce disque est même inférieur, sous le rapport de la netteté des signaux de jour, à ceux généralement employés.

M. Ollivier expose, également dans la section française, un signal d'arrêt à distance muni d'un appareil de compensation nou-

Gr. VI. — Cl. 64.

veau et peu coûteux; le montant du mât sert de guide au chariot de la lanterne. Ce signal est en usage depuis plusieurs années sur diverses compagnies de chemins de fer d'intérêt local.

*Conjugaison des signaux avec les changements de voie.* — Il y a plus de vingt-cinq ans que M. Vignier, ingénieur aux chemins de fer de l'Ouest, imagina et appliqua aux bifurcations de Viroflay et d'Auteuil un système d'enclenchement réciproque des leviers d'aiguilles et de signaux, rendant impossible toute erreur de l'aiguilleur. Cette invention fut reprise ultérieurement par MM. Saxby et Farmer, qui l'ont combinée, en modifiant heureusement les dispositions de détail, avec un système de transmission en tubes de fer creux, pour la manœuvre des aiguilles à distance, de manière à réunir, dans un seul poste et sous la main d'un seul agent, un nombre quelquefois considérable de changements de voie et de signaux solidarisés par enclenchements réciproques. Le poste de la gare de Cannon Street a 109 leviers; celui de la gare de Bruxelles Nord en a 113. Dans les appareils du dernier modèle exposé, l'enclenchement est opéré, avant tout mouvement du levier, par la levée du verrou, qu'il faut dégager préalablement, de sorte qu'un enclenchement imparfait par suite de manœuvre incomplète d'un levier est devenu impossible. Cette dernière disposition, que MM. Saxby et Farmer ont imaginée en 1867, constitue un perfectionnement important.

La transmission du mouvement aux aiguilles au moyen de tubes en fer creux ne s'applique avec sécurité qu'aux distances inférieures à 200 ou 250 mètres. Encore faut-il avoir soin de compenser les dilatations et contractions des tubes au moyen de balanciers placés au milieu de l'intervalle entre les leviers et les aiguilles. Le poste exposé par MM. Saxby et Farmer est muni d'un appareil électrique permettant d'enclencher, à une distance quelconque, tel ou tel levier d'un autre poste. Si cette ingénieuse disposition réussit pratiquement, elle complétera la sécurité des manœuvres dans les gares importantes, où il est nécessaire d'installer deux ou plusieurs postes en correspondance l'un avec l'autre ou avec un poste avancé de *block-system.*

La serrure Annett, exposée aussi par MM. Saxby et Farmer, est une très ingénieuse disposition d'enclenchement réciproque, ce que les Anglais nomment *interlocking-system,* qui permet de solidariser les leviers d'aiguilles et de signaux, sans qu'il soit nécessaire de les réunir dans un même poste. Chacun des leviers à enclencher est muni d'une serrure, et toutes les serrures du même groupe n'ont qu'une seule clef.

Supposons, par exemple, qu'on veuille faire une manœuvre exigeant l'ouverture en déviation d'une aiguille de voie principale: cette aiguille étant fixée sur voie directe par le pêne de la serrure engagé dans une ouverture de la tringle de manœuvre, on devra aller chercher la clef au disque qui doit couvrir le train en manœuvre; mais cette clef ne peut être retirée de la serrure du disque que lorsque, celui-ci étant tourné à l'arrêt, il est possible de tourner la clef de manière à faire entrer le pêne dans une tige liée au levier du disque; le disque reste donc enclenché à l'arrêt tant que la clef en est retirée, et celle-ci ne peut elle-même être reportée au levier du disque que lorsque, la manœuvre étant terminée, l'aiguille est replacée sur la voie directe.

Si l'on doit manœuvrer sur une jonction réunissant les deux voies principales, les deux changements de cette jonction sont réunis sur un seul levier enclenché par deux serrures, dont l'une correspond au disque de la voie montante et l'autre au disque de la voie descendante; les deux disques doivent donc être fermés avant qu'on puisse engager la jonction.

La serrure Annett paraît susceptible d'être avantageusement appliquée dans toutes les stations ordinaires, où l'établissement des postes d'enclenchement serait beaucoup trop coûteux et ne donnerait pas plus de sécurité.

La manœuvre des aiguilles à distance n'est pas exempte de certains dangers. Il peut se faire qu'un corps étranger tombé accidentellement entre une aiguille et son contre-rail empêche leur parfait contact, sans que l'aiguilleur placé à distance s'en aperçoive, l'élasticité de la transmission étant suffisante pour absorber la différence de course. Un train abordant cette aiguille en pointe déraillerait infailliblement. Le même accident se produirait si, par

Gr. VI. — Cl. 64.

inadvertance, l'aiguilleur manœuvrait l'aiguille avant que le train tout entier l'eût franchie. On peut accepter l'éventualité d'un déraillement pour un train en manœuvre; mais il n'en serait pas ainsi lorsqu'il s'agit, par exemple, de l'aiguille en pointe d'une bifurcation, qui peut être franchie par les trains en vitesse. Dans ce cas, MM. Saxby et Farmer assurent les deux positions normales des aiguilles au moyen d'un verrou pénétrant dans deux ouvertures pratiquées sur la tringle d'écartement qui réunit les pointes d'aiguilles. Ce verrou est manœuvré depuis le poste, où il aboutit à un levier spécial qui enclenche les signaux; il est en outre rendu solidaire d'une longue pédale placée avant l'aiguille et qui s'oppose à son déclenchement tant qu'une portion quelconque du train reste engagée sur le tronc commun.

Dans la section autrichienne, M. Rothmüller expose le modèle d'un poste à enclenchements, dans lequel les transmissions pour manœuvre d'aiguilles à distance sont composées d'arbres de couche, ce qui évite les balanciers compensateurs de la dilatation; mais cette disposition, évidemment plus coûteuse que les tubes en fer creux, aurait l'inconvénient de ne pouvoir s'appliquer à d'aussi grandes distances, à cause de la perte de course résultant de la torsion des arbres.

Les mêmes exposants préconisent aussi, pour les aiguilles à distance, des transmissions formées de deux fils de fer tendus entre balanciers; la tension peut être suffisante pour que les effets dus aux variations de température soient compensés par l'élasticité des fils; mais la résistance d'une telle transmission serait évidemment insuffisante en cas de résistances anormales, qu'il est toujours prudent de prévoir.

Le chemin de fer de l'Ouest a repris, en les améliorant, les dispositions imaginées par M. Vignier. Il expose un poste de ce nouveau modèle, dont les leviers commandent seulement des signaux à distance, et qui, pour cette destination spéciale, est construit judicieusement et avec une grande économie. La même compagnie expose le dessin d'un poste de bifurcation plus complet, à installer dans une cabine élevée comme celles des postes Saxby et Farmer; la construction en est très solide, mais coûteuse, et la disposition d'enclenchement ne remplit pas d'ailleurs l'importante condition signalée plus haut, qui est spéciale aux constructeurs anglais.

Comme application très simple se rapportant au type Vignier, on peut citer encore la disposition exposée par la compagnie du Midi, dans laquelle les deux leviers des disques défendant une station en voie unique s'enclenchent mutuellement, de manière que ces disques ne peuvent être ouverts simultanément.

## § 5. — QUESTION GÉNÉRALE DE L'EMPLOI DE L'ÉLECTRICITÉ DANS LES CHEMINS DE FER.

Le télégraphe est un auxiliaire tellement indispensable de l'exploitation des chemins de fer, qu'il est impossible de comprendre comment on pourrait aujourd'hui s'en passer. Sur les lignes à double ou simple voie, les demandes de secours, les annonces de retard ou de changements accidentels dans la marche des trains, la répartition du matériel roulant; sur les lignes à voie unique, les demandes de voie libre de station à station pour chaque train, exigent l'emploi incessant des appareils de correspondance télégraphique. L'étude de ces appareils ne rentre plus dans le cadre de la classe 64; mais il est utile de dire que la pratique de l'exploitation a conduit à substituer de plus en plus à l'ancien télégraphe alphabétique Bréguet le télégraphe Morse perfectionné par Hugues, dont le principal avantage est de laisser une trace écrite des dépêches et d'écarter ainsi de nombreuses chances d'erreur.

Mais on ne s'est pas contenté d'employer l'électricité pour l'échange des dépêches; on a pensé qu'on pouvait lui demander un autre genre de services, et l'on a cherché à l'utiliser d'abord pour mettre en marche les sonneries liées à des signaux, et qui tintent dès que le signal a été fait, puis pour actionner directement les signaux.

Beaucoup d'ingénieurs, cependant, estiment qu'on demande à l'électricité plus qu'elle ne peut donner, et, selon eux, ce serait s'exposer aux plus graves accidents que de lancer des trains sur ses

Gr. VI. — Cl. 64.

seules indications. Nous partageons cette opinion : nous pensons que l'électricité ne doit être employée que comme un moyen d'ajouter une indication nouvelle à celles que l'on possède en vertu de règles anciennes et immuables sur la sécurité. L'électricité peut servir à dire que la voie est libre, mais elle ne dispense personne de prendre toutes les mesures nécessaires pour que la voie soit véritablement libre.

Nous rencontrons, au sujet des appareils électriques, une tendance que nous avons bien des fois combattue. On propose des appareils automatiques, *self-acting,* — peu importe le nom ; — ils marcheront seuls, ils dispenseront les hommes d'agir, de penser même.

On ne se demande pas ce qui arrivera si ces appareils, de plus en plus compliqués, s'arrêtent, ou seulement se dérèglent. L'agent, déshabitué de toute initiative, sera fort embarrassé et pourra ne pas prendre à temps une mesure utile.

Une des sections étrangères contenait un plan figurant en relief toutes les voies d'une gare, avec des aiguilles mobiles ; ce plan était relié télégraphiquement à toutes les aiguilles de la gare : si une de celles-ci était mal faite, le plan l'indiquait immédiatement. « *De son lit,* disait l'inventeur de cette disposition ingénieuse, le chef de gare pouvait suivre des yeux ce qui se passait sur ses voies. » Ce n'est pas dans son lit qu'un chef de gare doit remplir ses fonctions difficiles, et nous n'avons cité cet exemple que pour blâmer la voie suivie par quelques personnes, étrangères le plus souvent au service des chemins de fer.

En France, la compagnie du Nord a entrepris une série d'expériences sur l'emploi de l'électricité. Nous avons demandé à celui de ses ingénieurs qui y a pris la plus grande part, M. Lartigue, de vouloir bien rédiger sur cette question une note un peu détaillée, et nous reproduisons presque *in extenso* le travail qu'il a eu l'obligeance de nous remettre.

Les appareils électriques exposés dans la classe 64 peuvent se diviser de la manière suivante :

I. Appareils de contrôle ;

II. Appareils de communication dans les trains ;

III. Appareils pour la communication des trains en marche;
IV. Signaux;
V. Appareils divers.

I. — APPAREILS DE CONTRÔLE.

Les appareils dont la manœuvre doit être principalement contrôlée, à cause des inconvénients qui pourraient résulter d'un imparfait fonctionnement, sont les signaux d'arrêt avancés et les aiguilles de changement de voie manœuvrées à distance.

*Sonneries des signaux avancés.* — On n'a rien trouvé de plus simple et de meilleur que l'appareil essayé pour cet usage, il y a plus de vingt ans, par M. Poirée, c'est-à-dire la sonnerie trembleuse ordinaire. Sur quelques disques exposés, on a seulement ajouté un galvanomètre, pour joindre une indication optique à l'avertissement acoustique. Mais on a perfectionné les piles et aussi les commutateurs servant à fermer le circuit quand le signal est mis à l'arrêt.

Au chemin de fer du Midi, sur les sections à voie unique, les disques sont maintenus à l'arrêt, excepté au moment où l'on engage un train. Pour éviter le fonctionnement continu de la sonnerie, sans toutefois changer la valeur des indications de l'appareil, on applique un commutateur dont une des pièces est à charnière. Lorsque, le disque étant tourné à l'arrêt, la sonnerie s'est fait entendre et a, par conséquent, permis de constater le bon fonctionnement du signal, le garde peut, en soulevant cette pièce, interrompre la communication. En effaçant le disque, on rétablit automatiquement dans sa position normale la pièce articulée, de telle sorte que tout soit en état pour une nouvelle manœuvre.

*Contrôleurs d'aiguilles manœuvrées à distance.* — Deux types ont été présentés à l'Exposition. Le premier, appliqué à la compagnie de l'Ouest, consiste en un commutateur installé en dehors de la voie, et dont la pièce mobile est actionnée par un levier articulé sur la tringle qui réunit les deux lames de l'aiguille. Le circuit électrique d'une sonnerie trembleuse est établi aussitôt que la tringle est manœuvrée, et cesse lorsqu'elle a été amenée à une

Gr. VI. — Cl. 64.

position fixe; par conséquent, si l'ajustement de la tringle avec les lames est bon, s'il n'y a pas de jeu dans les articulations, la sonnerie se fera entendre tout le temps que les lames ne seront pas exactement appliquées sur le contre-rail.

Dans le système de M. Lartigue, inspecteur chargé du service électrique au chemin de fer du Nord, le contrôleur est actionné par l'extrémité de la lame de l'aiguille elle-même. Il consiste en une bascule adaptée au contre-rail vis-à-vis de chacune des lames, et sur laquelle est fixée une boîte étanche dans laquelle le circuit de la sonnerie est établi, au moyen de mercure, lorsque la bascule est horizontale. Une tige articulée avec la bascule traverse l'âme du contre-rail et fait une légère saillie. La lame de l'aiguille, en s'appliquant sur le contre-rail, refoule la tige et incline la bascule, ce qui interrompt le circuit. Un écrou de réglage permet de déterminer, à moins d'un demi-millimètre près, l'écart toléré, qui a été fixé à 3 millimètres au chemin de fer du Nord, où l'appareil est en usage.

La compagnie des chemins de fer de la Haute-Italie a exposé un système qui fournit moins un contrôle de la bonne position des lames d'aiguilles que des indications sur la direction de l'appareil de changement de voie.

### II. — COMMUNICATION DES VOYAGEURS AVEC LES AGENTS D'UN TRAIN.

Le système de M. Prudhomme, exposé déjà en 1867, est encore le seul type d'intercommunication qui figure à l'Exposition, soit dans sa forme primitive et tel qu'il est employé d'une façon générale au Nord depuis 1862 et, ultérieurement, au chemin de fer de Paris-Lyon-Méditerranée, soit avec quelques modifications de détail.

Des sonneries électriques trembleuses et des piles sont installées dans les fourgons de tête et de queue des trains; les véhicules sont reliés par des câbles souples, et les moyens d'attache consistent, soit en crochets articulés (modèle Prudhomme), soit en bouchons à baïonnette (wagons des expositions italienne et suédoise; modèle de M. Martin, section anglaise). Les appels se font au moyen de poussoirs ou de commutateur à levier.

Au chemin de fer du Nord, le système pour l'appel des voyageurs consiste en une tringle traversant les parois de séparation des compartiments et faisant saillie de part et d'autre ; des ailettes peintes en blanc sont adaptées aux deux bouts de la tringle, qui peut faire un quart de tour ; l'ailette, horizontale habituellement, prend alors la position verticale. C'est dans cette situation de la tringle que le circuit est établi. L'ailette indique donc quel est le compartiment d'où émane l'appel. Pour manœuvrer la tringle, on exerce une traction sur une chaîne munie d'un anneau renfermé entre deux glaces, qu'il faut briser préalablement. Cette précaution est prise pour éviter l'abus que les voyageurs pourraient faire des appels. Ils ne peuvent, du reste, remettre l'ailette à l'horizontale, de l'intérieur de la voiture.

L'ailette manœuvrée à la main sert aussi aux visiteurs pour constater le bon état des communications électriques de chaque véhicule.

### III. — COMMUNICATION DES TRAINS EN MARCHE AVEC LES GARES.

La possibilité d'établir des relations avec les trains à tous les moments de leur marche a occupé l'esprit de tous les inventeurs, depuis l'origine de la télégraphie électrique, c'est-à-dire presque dès le début de l'exploitation des chemins de fer. Ce résultat, qui serait probablement intéressant dans quelques circonstances, est considéré néanmoins comme secondaire par les ingénieurs des compagnies. Au point de vue de la sécurité en particulier, ils doutent qu'on puisse faire fond sur un système qui exige une vraie correspondance pour la transmission des avis, et qui, en cas d'accident, c'est-à-dire lorsqu'il deviendrait le plus utile, pourrait fréquemment faire défaut, parce que les appareils auraient été avariés dans l'accident lui-même.

Si l'on considère l'extrême difficulté, pour ne pas dire l'impossibilité, d'assurer les communications permanentes entre des organes portés sur des véhicules animés de vitesse considérable et les pièces fixées sur la voie, les difficultés non moins grandes pour maintenir l'isolement de conducteurs métalliques placés très près du sol, les causes incessantes de bris ou de détérioration,

Gr. VI. — Cl. 64.

l'entretien très dispendieux et enfin le prix énorme d'installation, on se demande s'il vaut bien la peine de poursuivre des recherches pour un résultat très hypothétique et, en tout cas, d'une utilité restreinte.

Néanmoins, le nombre des personnes qui poursuivent la solution de ce problème a été considérable, avant et depuis Bonelli, dont les expériences firent tant de bruit en 1854; et, encore maintenant, il n'est pas d'année où les compagnies de chemins de fer ne reçoivent plusieurs propositions relatives à cette question.

Divers systèmes ont figuré à l'Exposition; mais, à vrai dire, ils ne présentent rien de bien nouveau ou de pratiquement réalisable : dans la section française, celui de M. de Baillehache, dont la compagnie de l'Ouest a autorisé quelques essais sur l'embranchement de Grenelle au Champ de Mars, celui de M. Sauvajon, celui de MM. Ducousso frères; dans la section suédoise, celui de M. Brunius.

Quelques autres avaient été acceptés par le jury d'admission, mais ils n'ont pas été exposés.

Le problème poursuivi présente tant de difficultés que l'on a renoncé même à établir une communication entre les gares et *un train arrêté*. Les essais qui ont été tentés à cet égard n'ont pas réussi, et l'on s'est contenté de placer des postes fixes pour couper les intervalles trop grands qui pouvaient exister entre deux gares.

## IV. — SIGNAUX MUS PAR L'ÉLECTRICITÉ.

Jusqu'à présent, à moins d'employer des piles ou des appareils d'induction très énergiques et de les faire agir dans des circuits restreints, on n'est pas parvenu à faire produire à l'électricité des efforts un peu considérables.

Mais, au moyen de divers artifices, on peut lui faire déclencher des poids ou des mécanismes, et c'est ainsi que l'on arrive à mettre en jeu à distance, par l'intermédiaire de cet agent, des forces que l'on utilise et que l'on restitue ensuite, en employant soit le bras de l'homme, soit le mécanisme lui-même.

C'est sur ce principe que sont fondés les appareils de signaux dont nous avons à parler.

*Disques électriques.* — On a essayé, en France, divers disques à distance mus par l'électricité, et l'on y a généralement renoncé. En Autriche, au contraire, ils paraissent en faveur auprès de plusieurs ingénieurs, qui admettent qu'au delà d'une certaine distance entre le disque et le point d'où il est manœuvré, il y a avantage, au point de vue de la régularité et du bon fonctionnement, à employer des mécanismes déclenchés par l'électricité.

La Société I. R. P. des chemins de fer de l'État autrichien a exposé le disque de M. Langée, qu'elle emploie. Le voyant est actionné par un mécanisme très ingénieusement combiné, qui détermine un mouvement de va-et-vient sur un secteur de 90 degrés. Un courant électrique de nom quelconque déclenche le mécanisme soit dans un sens, soit dans l'autre : la position du disque, effacé ou à l'arrêt, est donc accusée uniquement par l'appareil de contrôle (galvanomètre et sonnerie).

Dans la section hongroise, le chemin de fer royal de l'État a présenté un appareil de M. Cajetan Banovicz, dans lequel le mécanisme est déclenché et maintenu à la position correspondant à l'effacement par un courant permanent; la rupture du courant ramène le disque à l'arrêt. Sauf les inconvénients des courants continus, c'est une garantie contre les chances d'erreur ou les dérangements imprévus.

Dans la section française, MM. Digney frères ont placé un modèle réduit d'un disque dont le système se rapproche de celui de M. Langée.

*Signaux du block-system.* — Le mode d'exploitation désigné sous le nom de *block-system* est celui dans lequel les trains sont distancés les uns des autres, en tenant compte, non du temps écoulé entre les départs successifs, mais de l'espace parcouru sur la voie; il nécessite l'emploi d'appareils spéciaux. Ceux qui ont été imaginés jusqu'à présent peuvent se diviser en trois groupes :

1° Systèmes dans lesquels l'appareil électrique donne des indications que l'on répète aux mécaniciens, au moyen d'appareils de signaux à vue entièrement séparés et distincts;

2° Systèmes dans lesquels l'appareil électrique est solidarisé

Gr. VI. — Cl. 64.

avec le signal à vue, de telle sorte qu'on ne puisse manœuvrer l'un que lorsque l'autre est dans une position déterminée ;

3° Systèmes dans lesquels l'appareil électrique est réuni au signal à vue, tous deux alors actionnés par une même manœuvre.

1. Les appareils du premier groupe sont les plus anciens et ont figuré aux précédentes Expositions (systèmes Tyer, Preece, du type primitif, et leurs dérivés, système Regnault). Il n'en a été présenté aucun à l'Exposition de 1878.

2. Les inconvénients reconnus dans les systèmes du premier groupe comme résultant de la séparation des appareils électriques et des signaux à vue, les dangers que font naître la fausse interprétation ou l'oubli de la répétition des indications électriques, ont conduit à l'invention des systèmes du deuxième groupe. Un type très remarquable est celui de MM. Siemens et Halske, qui, sans l'abstention de l'Empire allemand, aurait probablement figuré à l'Exposition.

Le groupe y était représenté par quelques appareils de M. Tyer du type modifié, dans lequel les indications sont fournies, sur un cadran où est peint un sémaphore en miniature, par des aiguilles représentant les bras, comme dans le système Preece. Il y a ainsi moins de chances d'erreur d'interprétation pour les agents chargés de manœuvrer les signaux à vue; de plus, ces indications ne peuvent plus être modifiées par l'agent du poste, sans l'intervention du poste correspondant. Enfin, les signaux électriques ne peuvent être échangés que dans certaines positions des signaux à vue et réciproquement, parce que, d'une part, le passage du courant est subordonné à la position du levier de manœuvre des sémaphores, et que, d'autre part, ce levier est verrouillé par une pièce que la palette de l'électro-aimant peut caler, selon qu'elle est attirée ou écartée.

Les appareils de M. Tyer étaient annexés au remarquable système de leviers de changement de voie à enclenchements réciproques de MM. Saxby et Farmer, et fonctionnaient plutôt comme moyen de communication entre les divers groupes de leviers que comme appareil du *block-system.*

Dans la même exposition figurait le modèle de l'*electric-slot-and-lock-signal* de MM. Tyer et Farmer. C'est un sémaphore dont le levier, au moment de la mise à l'arrêt, établit le circuit permanent d'une pile qui actionne un électro-aimant dont l'armature retient un marteau ; le levier est enclenché en même temps par un verrou et ne peut plus être manœuvré. Si le circuit vient à être interrompu, le marteau, en tombant, écarte le verrou, et le levier devient libre. La sûreté du procédé dépend donc du parfait fonctionnement des organes électriques.

3. Jusqu'à présent, les seuls appareils de *block-system* remplissant le programme indiqué par le titre du troisième groupe sont les électro-sémaphores de MM. Lartigue, Tesse et Prudhomme. La compagnie des chemins de fer du Nord a exposé trois mâts de ce système du type, pour l'application aux lignes exploitées à double voie; le constructeur, M. Mors, successeur de M. Prudhomme, a, de son côté, exposé aussi trois mâts disposés pour l'exploitation à voie unique.

Les électro-sémaphores ont été l'objet d'un rapport officiel, présenté à la Commission des inventions et règlements des chemins de fer par M. Clérault, ingénieur des mines, attaché au service du Contrôle, et publié, sous forme de note descriptive, dans les *Annales des ponts et chaussées* et dans les *Annales des mines* (1877). Nous nous contenterons d'indiquer les principes de leurs dispositions.

La manœuvre des ailes des sémaphores est faite par la manivelle des appareils électriques eux-mêmes, construits dans des conditions particulières de simplicité et de solidité; mais la mise et le maintien à l'arrêt des signaux de sécurité sont complètement indépendants de l'électricité, qui n'intervient en rien alors et n'est employée que pour l'effacement de ces signaux; elle sert, en outre, pour des avis accessoires et d'un autre ordre.

Toutes les opérations se font par une seule manœuvre (un demi-tour de manivelle, toujours dans le même sens), et des verrous d'enclenchement ne permettent pas à l'agent d'effacer ou de modifier les signaux de son propre poste, de faire de fausses manœuvres ou d'omettre celles qui sont nécessaires. Les signaux à vue

Gr. VI. — Cl. 64.

sont donnés par des pièces de grande dimension, et leurs indications, qui persistent, peuvent être distinguées dans un large périmètre par les agents intéressés. En outre, un accusé de réception de tout signal, produit au poste correspondant, est fourni à l'agent qui l'a envoyé, par un coup de timbre et l'apparition d'un voyant.

Rien n'est donc laissé à la mémoire, puisque, à un moment quelconque, on peut se rendre compte de la circulation des trains sur les sections avoisinantes dans tous les sens, et même de la situation des signaux aux postes en correspondance.

Dans les applications sur les lignes à double voie, au moment où l'on expédie un train sur une section, l'agent, par une manœuvre unique, le couvre et l'annonce au poste en avant. Lorsqu'il est arrivé à ce second poste, s'il continue, l'agent le couvre et l'annonce au troisième poste; puis, par une seconde manœuvre, il efface le signal d'annonce qu'il avait reçu, et en même temps le signal de protection du poste en arrière, et ainsi de suite. C'est là que se borne le rôle des agents.

Sur les lignes à voie unique, où les sections sont toujours fermées par les signaux à l'arrêt, l'effacement de l'aile qui permet l'admission des trains dans la section est opéré par le fait même de la mise à l'arrêt, au poste vers lequel le train est envoyé, d'un second signal remplaçant celui d'annonce des doubles voies; il confirme celui qui existait déjà et empêche absolument de modifier celui-ci, en verrouillant l'aile dans sa position. Il y a donc une première manœuvre pour l'envoi du courant qui provoque l'apparition de ce signal. Après cela, tout se fait comme sur les lignes à double voie.

Des électro-sémaphores très simplifiés, dont un modèle était joint à l'exposition de M. Mors, sont destinés à être placés intermédiairement aux postes d'origine des sections, et, en informant les agents de la voie du départ et du sens de la marche des trains, à augmenter encore les conditions de sécurité de l'exploitation.

Le principal organe électrique des appareils de MM. Lartigue, Tesse et Prudhomme, est l'électro-aimant Hugues, qui permet de mettre en action des forces aussi intenses qu'on le désire, et donne aussi la faculté de manœuvrer directement à distance des pièces très lourdes et de grande dimension. Tout le mécanisme consiste d'ailleurs en leviers et en contrepoids, sans engrenages ni ressorts.

Les électro-sémaphores de double voie sont en usage sur les chemins de fer du Nord et d'Orléans et, en Russie, sur la ligne de Saint-Pétersbourg à Moscou. Ceux des voies uniques sont installés sur la ligne de Saint-Pétersbourg à Varsovie.

*Sonneries d'annonce.* — Sur les chemins de fer de l'Allemagne, de l'Autriche et de la Haute-Italie, et sur les réseaux français du Nord et de Lyon, on emploie de grosses sonneries, mues par un mécanisme que déclenche un courant électrique, pour prévenir les gardes de passages à niveau de la marche des trains.

Le Nord a compris dans son exposition deux sonneries d'annonce, construites par M. Vérité, de Beauvais. La source d'électricité qui les actionne est un appareil d'induction du modèle de Siemens, fabriqué par MM. Digney frères.

Dans la section autrichienne étaient exposées des sonneries modèle de Leopolder, analogues à celles qu'emploie le chemin de fer de Lyon; elles sont manœuvrées au moyen de piles à courant continu, dont l'interruption provoque le déclenchement du mécanisme.

*Pédales des passages à niveau.* — Pour prévenir de l'arrivée d'un train les gardes des passages à niveau les plus fréquentés, la compagnie des chemins de fer du Nord emploie des pédales, dont elle a exposé un modèle.

Ces pédales consistent en une bascule fixée parallèlement au rail, et que le boudin des roues des véhicules fait incliner au passage. Un commutateur à mercure, du système de M. Lartigue, placé sur cette bascule, établit le circuit momentané d'une pile au travers des bobines d'une sonnerie disposée de façon à tinter jusqu'au moment où, en appuyant sur une manette, le garde en interrompt le fonctionnement.

Gr. VI. — Cl. 64.

*Sifflet électromoteur.* — *Crocodile.* — L'emploi de l'électro-aimant Hugues, dont nous avons parlé à l'occasion des électro-sémaphores, a permis à MM. Lartigue, Forest et Digney de trouver une solution longtemps cherchée, et qui intéresse au plus haut point la sécurité de l'exploitation des chemins de fer : confirmer par un signal acoustique le signal à vue donné aux mécaniciens par un disque tourné à l'arrêt, et, par conséquent, supprimer les chances de collision qui existent lorsque, pour une raison quelconque, ce signal n'est pas aperçu.

MM. Digney frères ont exposé un sifflet, avec les accessoires disposés pour la démonstration du système. La compagnie des chemins de fer du Nord, qui emploie l'appareil depuis plus de cinq ans, en présentait un monté sur sa locomotive à grande vitesse, dans les conditions ordinaires de l'usage.

Le sifflet à vapeur, dont la valve est manœuvrée par un levier que retient en repos un électro-aimant Hugues, est installé sur la machine et relié par un câble isolé ou une brosse métallique fixée derrière le foyer, à quelques centimètres plus haut que les rails.

Dans l'axe de la voie, une poutre garnie d'une armature métallique est installée sur les traverses et peut être frottée énergiquement par les brins de la brosse. Ce contact fixe, qui est aussi désigné sous le nom de crocodile, est relié par un fil au pôle positif d'une pile disposée auprès du disque et qui sert aussi pour actionner la sonnerie de contrôle du signal.

Le commutateur, manœuvré par l'arbre du disque, établit ou interrompt la communication du pôle négatif de la pile avec la terre.

On conçoit dès lors que, lorsque cette relation est établie, c'est-à-dire quand le signal est tourné à l'arrêt, le crocodile puisse, au moment du passage, envoyer dans la brosse et, par suite, dans les bobines de l'électro-aimant Hugues, un courant positif très court, mais suffisant pour faire déclencher l'appareil et provoquer l'ouverture de la valve du sifflet, que le mécanicien referme ensuite à la main en replaçant l'armature de l'électro-aimant au contact.

V. — APPAREILS DIVERS.

Au premier rang des appareils divers, figurent les appareils destinés à la mise en marche des freins. Nous traiterons à part cette question si importante des freins, et nous supprimons à regret cette partie du travail de M. Lartigue.

*Tachymètre électrique.* — Sur la locomotive du chemin de fer du Nord était installé aussi un appareil de MM. Delebecque et Banderali, destiné à constater le moment du passage vis-à-vis de points déterminés.

Un mécanisme d'horlogerie conduit un cylindre entouré d'une feuille de papier sur laquelle, au moyen d'un électro-aimant et d'un style, sont pointées les minutes.

Un second style, à côté du premier, pique un point toutes les fois que la brosse du sifflet électro-automoteur, relié au tachymètre par un câble, rencontre des crocodiles spéciaux fournissant un courant inverse de celui qui aurait fait siffler.

Nous ne parlerons que pour mémoire de quelques autres appareils électriques exposés, qui ne sont pas d'une application spéciale à l'exploitation proprement dite des chemins de fer, mais y sont utilisés néanmoins.

Tels sont : le *télégraphe imprimeur* de M. Chambrier (classe 65) et celui de M. d'Arbincourt (classe 65); la *sonnerie d'urgence* de MM. Tesse et Lartigue (classe 65), qui sert à envoyer à un poste télégraphique un appel spécial, auquel il doit être répondu, toute affaire cessante; les *indicateurs de niveau des cuves à eau,* de M. Hardy (classe 15), de M. Lartigue (classe 65) et de la Société I. R. P. du chemin de fer Charles-Louis (section autrichienne); l'*horloge électrique* de M. Barbey (Est); le *contrôleur des rondes* de M. Napoli (Est); la *machine* de M. Gramme *pour servir à l'éclairage des locomotives, des gares, et pour l'usage des freins* (exposée par la Société des machines magnéto-électriques Gramme).

Gr. VI.

—

Cl. 64.

# CHAPITRE II.

## MACHINES LOCOMOTIVES POUR CHEMINS DE FER À VOIE NORMALE.

—

**Nombre et provenance des locomotives exposées à Vienne en 1873, et à Paris en 1878.**

L'Exposition universelle de Vienne renfermait 40 locomotives et 7 machines de manœuvre, réparties de la manière suivante :

| | |
|---|---|
| Allemagne et Autriche | 33 |
| Angleterre | 2 |
| France | 3 |
| Italie | 1 |
| Belgique | 6 |
| Russie | 2 |
| Total | 47 |

L'Exposition de 1878 contient 59 machines locomotives de diverses espèces : locomotives proprement dites, locomoteurs pour tramways, voitures automobiles, qui se répartissent comme suit, d'après leur pays de provenance :

| | |
|---|---|
| Angleterre | 7 |
| Autriche et Hongrie | 4 |
| Belgique | 8 |
| États-Unis d'Amérique | 1 |
| France | 32 |
| Italie | 1 |
| Suède | 2 |
| Suisse | 4 |
| Total | 59 |

Presque toutes ces machines ont été construites pour la voie normale de 1$^{m}$,44 entre les bords intérieurs des rails; une d'elles cependant était destinée aux chemins de fer espagnols à voie de

$1^{m},72$; quelques autres étaient faites en vue de chemins à voie étroite jusqu'à 50 centimètres.

Au point de vue du poids et de la puissance de traction, l'écart était considérable : le diamètre des roues variait de $2^{m},30$ à 28 centimètres; le poids en ordre de marche de 52,000 kilogrammes à 1,390 kilogrammes; la grosse machine pouvait remorquer, en palier, 2,330 tonnes de poids brut, à 15 kilomètres à l'heure; la petite, 10 à 15 tonnes seulement, à 6 kilomètres à l'heure.

Entre ces limites extrêmes se placent des locomotives pour tous les écartements de voie et pour tous les degrés de puissance.

Presque toutes étaient conçues d'après les idées adoptées depuis longtemps; nous devons cependant signaler immédiatement quatre types nouveaux :

1° La locomotive Riggenbach, pour traction par crémaillère;
2° La locomotive *compound*, de M. Mallet;
3° Les locomotives sans foyer Francq;
4° Les locomotives à air comprimé Mekarski.

En outre, de nombreux albums envoyés par divers États, notamment par la Belgique et l'empire Austro-Hongrois, des photographies, des collections de dessins, permettaient d'étudier un nombre considérable de machines, de voitures et de wagons en service régulier.

Malheureusement, — et on nous permettra de formuler ici un regret, — toutes les machines exposées étaient disséminées, cachées presque, dans des annexes dont les entrevoies étroites ne recevaient que de rares visiteurs. Nous estimons que la France eût ressenti une légitime fierté si ses 32 locomotives, rangées en bataille dans une halle de vastes dimensions, eussent donné à tous les visiteurs une idée de la valeur de cette partie de notre outillage industriel.

Nous avons enfin à placer ici une observation générale, qui nous permettra d'éviter des redites nombreuses. La presque totalité des machines exposées présentait un caractère spécial, celui d'un fini

Gr. VI.
—
Cl. 64.

parfait dans l'exécution. Un grand nombre de pièces avaient un éclat tel que, devant le jury, plusieurs exposants ont cru devoir presque s'excuser et expliquer que ce poli inusité était l'œuvre de gardiens inoccupés, jaloux de donner aux machines qui leur étaient confiées un aspect irréprochable.

Le jury a parfaitement su faire la part de *brillant* qui pouvait être mise au compte des nécessités de l'Exposition; mais il n'était pas possible de passer sous silence la question de la perfection extérieure dans l'exécution.

Deux systèmes, en effet, ont été préconisés : on a dit que la parfaite régularité donnée à toutes les parties visibles d'une pièce de machine permettait d'affirmer que la même régularité se retrouvait pour toutes les parties invisibles, pour les surfaces glissantes ou tournantes. On a répondu que la plus grande partie de ce travail extérieur était inutile, qu'il fallait borner l'ajustage aux pièces en contact, et laisser tout le reste brut de forge ou simplement dégrossi.

La plupart des machines européennes sont exécutées dans le premier système, la machine américaine dans le second; il est vrai que, par une anomalie singulière, les machines agricoles américaines présentaient un éclat presque éblouissant.

Nous avouons notre préférence pour le mode adopté dans notre pays; nous estimons d'abord que, si une pièce de machine présente toutes ses faces irréprochables, on a, par ce seul fait, la certitude qu'elle provient d'un métal homogène parfaitement soudé, et cette première garantie est déjà fort sérieuse. En second lieu, l'entretien d'une machine soignée dans tous ses détails se fait beaucoup mieux que celui d'une machine grossièrement construite. La perfection dans l'exécution est aujourd'hui entrée dans les habitudes de presque tous les constructeurs français, et l'on peut admirer leurs machines ailleurs que dans les Expositions. Que l'on visite les machines motrices d'un nombre considérable de mines ou d'usines françaises, on retrouvera ce poli, ce brillant, critiqués dans les galeries du Champ de Mars. La notion du beau, de l'harmonie dans les formes, est trop répandue dans notre pays pour que nous nous sentions le courage de critiquer l'adoption de dispositions qui, tout en répondant aux exigences du travail, savent encore flatter les yeux.

Nous dirons bien volontiers qu'une belle machine sera presque toujours une bonne machine; nous ajouterons qu'une belle machine sera certainement une machine bien entretenue et bien conduite.

### TABLEAUX DES DIMENSIONS PRINCIPALES.

Le service auquel les locomotives peuvent être employées ainsi que leur puissance de traction dépendent de certaines dimensions principales, qui, mieux que toute description, et indépendamment des détails de construction, permettent de les apprécier. Nous plaçons en tête de ce chapitre plusieurs tableaux qui, pour toutes les locomotives exposées, résument ces données dans l'ordre suivant :

Les locomotives proprement dites ont été classées d'après la largeur de leur voie. Les locomotives pour la voie normale ou la voie large de 1$^{m}$,72 (tableaux 1 et 2) ont été divisées en deux groupes distincts : les locomotives à tender séparé, les locomotives-tenders.

Les tableaux n$^{os}$ 3 et 4 contiennent les locomotives spéciales pour chemins de fer de montagne, les locomotives pour voie de 1 mètre, les locomotives pour voies de moins de 1 mètre; enfin, les locomoteurs pour tramways et les voitures automobiles.

Dans ces deux derniers tableaux, les locomotives ont été, comme pour les tableaux n$^{os}$ 1 et 2, classées d'après la largeur de leur voie, d'après le nombre total de leurs roues, celui de leurs roues accouplées et leur diamètre; enfin, les locomoteurs ont été classés d'après le nombre et le diamètre de leurs roues accouplées.

A l'aide de ces divers tableaux, un dessinateur un peu habitué à cette nature de travail reconstituerait très rapidement chacune des machines exposées.

Bien que ce chapitre soit spécialement consacré aux chemins de fer à voie normale, il nous a paru convenable de présenter à la fois les tableaux concernant toutes les machines locomotives.

| | DÉSIGNATIONS. | LOCOMOTIVES À QUATRE ROUES ACCOUP | | | | | |
|---|---|---|---|---|---|---|---|
| | | LOCOMOTIVES À SIX ROUES. | | | | | LOCOMO |
| | Pays de provenance. | France. | France. | Angleterre. | France. | Suède. | France. |
| | Numéro de classement. | 31 bis. | 30. | 19. | 56. | 3. | 60 bis. |
| | Exposant. | Est. | Midi. | Sharp. | Ouest. | État de Suède. | Nord. |
| | Constructeur. | Est. | Midi. | Sharp. | Société des Batignolles. | Atelier de Motala. | Nord. |
| | Lignes desservies. | Est. | Midi. | London Chatham. | Ouest. | État de Suède. | Nord. |
| | Service auquel la locomotive est destinée. | G^de vitesse 1 | G^de vitesse 2 | G^de vitesse 3 | G^de vitesse. 4 | Voyag^rs. 5 | G^de vitesse 6 |
| | Largeur de la voie | Normale. | Normale. | Normale. | Normale. | Normale. | Normale. |
| Grille. | Longueur. | $2^{m}$,350 | $1^{m}$,702 | $1^{m}$,565 | $1^{m}$,624 | $1^{m}$,700 | $2^{m}$,273 |
| | Largeur. | 1 ,015 | 1 ,006 | 1 ,048 | 1 ,078 | 1 ,000 | 1 ,020 |
| | Surface. | $2^{m2}$,385 | $1^{m2}$,712 | $1^{m2}$,640 | $1^{m2}$,750 | $1^{m2}$,700 | $2^{m2}$,310 |
| Boîte à feu. | Longueur extérieure. | $2^{m}$,455 | $1^{m}$,900 | $1^{m}$,778 | $1^{m}$,800 | $1^{m}$,850 | $2^{m}$,472 |
| | Largeur extérieure en bas. | 1 ,210 | 1 ,180 | 1 ,232 | 1 ,250 | 1 ,050 | 1 ,218 |
| | Largeur extérieure en haut. | 1 ,295 | 1 ,308 | 1 ,123 | 1 ,277 | 1 ,000 | 1 ,280 |
| Corps cylindrique. | Longueur (y compris la boîte à fumée). | 4 ,129 | 4 ,132 | 3 ,960 | 4 ,504 | 3 ,890 | 4 ,245 |
| | Diamètre moyen. | 1 ,268 | 1 ,280 | 1 ,270 | 1 ,170 | 1 ,158 | 1 ,251 |
| | Épaisseur de la tôle. | 0 ,0135 | 0 ,014 | 0 ,013 | 0 ,014 | 0 ,013 | 0 ,0145 |
| | Nature du métal de la tôle. | Fer. | Fer. | Fer. | Fer. | Fer. | Fer. |
| | Hauteur de l'axe au-dessus du rail. | $2^{m}$,100 | $2^{m}$,000 | $2^{m}$,185 | $2^{m}$,150 | $1^{m}$,895 | $2^{m}$,120 |
| | Timbre. | $9^{k}$ | $9^{k}$ | $9^{k}$ | $9^{k}$ | $10^{k}$ | $10^{k}$ |
| Capacité de la chaudière. | Volume d'eau avec $0^{m}$,100 sur le ciel du foyer. | $2^{m3}$,708 | $2^{m3}$,950 | $3^{m3}$,114 | $2^{m3}$,800 | $2^{m3}$,000 | $3^{m3}$,050 |
| | Volume de vapeur. | 2 ,266 | 1 ,500 | 1 ,135 | 1 ,600 | 2 ,000 | 2 ,550 |
| Tubes. | Nombre. | 206 | 180 | 219 | 156 | 154 | 201 |
| | Longueur entre les plaques tubulaires. | $3^{m}$,500 | $3^{m}$,500 | $3^{m}$,218 | $3^{m}$,850 | $3^{m}$,260 | $3^{m}$,500 |
| | Diamètre extérieur. | 0 ,049 | 0 ,050 | 0 ,048 | 0 ,050 | 0 ,051 | 0 ,045 |
| | Diamètre intérieur. | 0 ,044 | 0 ,046 | ″ | ″ | ″ | 0 ,041 |
| Cheminée. | Diamètre en bas. | 0 ,410 | 0 ,450 | 0 ,394 | 0 ,420 | 0 ,360 | 0 ,390 |
| | Diamètre en haut. | 0 ,520 | 0 ,478 | 0 ,450 | 0 ,420 | 0 ,440 | 0 ,480 |
| | Hauteur au-dessus du rail. | 4 ,200 | 4 ,240 | 4 ,115 | 4 ,250 | 4 ,015 | 4 ,170 |
| Surface de chauffe | du foyer. | $8^{m2}$,50 | $9^{m2}$,12 | $9^{m2}$,75 | $6^{m2}$,98 | $6^{m2}$,70 | $9^{m2}$,37 |
| | des tubes (calculée d'après le diamètre extérieur des tubes). | 110 ,93 | 98 ,91 | 105 ,25 | 94 ,35 | 80 ,40 | 99 ,45 |
| | totale. | 119 ,43 | 108 ,03 | 115 ,00 | 101 ,33 | 87 ,10 | 108 ,82 |
| Châssis. | Type. | Double. | Intérieur. | Intérieur. | Extérieur. | Intérieur. | Double. |
| | Long. totale à l'extrémité des tampons. | $8^{m}$,465 | $8^{m}$,570 | $7^{m}$,766 | ″ | $7^{m}$,620 | $9^{m}$,310 |
| Mouvement et distribution. | Diamètre des cylindres. | 0 ,450 | 0 ,430 | 0 ,457 | $0^{m}$,420 | 0 ,394 | 0 ,432 |
| | Course des pistons. | 0 ,640 | 0 ,600 | 0 ,635 | 0 ,600 | 0 ,559 | 0 ,610 |
| | Entre-axe des cylindres. | 2 ,100 | 2 ,060 | 0 ,641 | 0 ,980 | 1, 880 | 0 ,760 |
| | Longueur de la bielle motrice. | 2 ,700 | 2 ,650 | 1 ,829 | 1 ,922 | 1 ,680 | 1 ,800 |
| | Entre-axe des coulisses. | 2 ,440 | 2 ,420 | 0 ,165 | 2 ,144 | 0 ,830 | 0 ,240 |
| | Longueur des barres d'excentriques. | 1 ,500 | 1 ,450 | 1 ,245 | Av. 1,435<br>Ar. 1,460 | 1 ,020 | 1 ,560 |
| | Système de la coulisse. | Gooch. | Gooch. | Allan. | Rectiligne. | Droite. | Stephenson. |
| Roues. | Nombre total de roues. | 6 | 6 | 6 | 6 | 6 | 8 |
| | Nombre de roues accouplées. | 4 | 4 | 4 | 4 | 4 | 4 |
| | Entre-axe extrême des roues. | $5^{m}$,350 | $5^{m}$,400 | $4^{m}$,953 | $4^{m}$,400 | $3^{m}$,900 | $6^{m}$,320 |
| | Disposition spéciale pour le passage des courbes. | Plans inclinés à l'AV. | Plans inclinés à l'AV. | Plans inclinés à l'AV. | ″ | Nulle. | Bogie. |
| | Diamètre des roues motrices. | $2^{m}$,300 | $2^{m}$,090 | $1^{m}$,982 | $1^{m}$,910 | $1^{m}$,560 | $2^{m}$,100 |
| Poids. | Poids total de la machine vide. | $35,680^{k}$ | $34,100^{k}$ | $32,600^{k}$ | $33,050^{k}$ | $27,000^{k}$ | $38,400^{k}$ |
| | Poids total de la machine en ordre de marche. | 38,488 | 37,500 | 35,985 | 36,050 | 30,000 | 41,600 |
| | Poids adhérent. | 27,000 | 26,000 | 25,300 | 24,900 | 20,000 | 27,200 |
| | Effort calculé par la formule : $\frac{0,65\,Pd^2l}{D}$. | 3,300 | 3,105 | 3,900 | 3,242 | 3,615 | 3,500 |
| Frein. | Type. | A main et contre-vapeur. | Contre-vapeur. | Hydraul^e et à main Webb. | Contre-vapeur. | Contre-vapeur. | Smith. |
| Tender. | Poids de l'eau. | $10,000^{k}$ | $9,000^{k}$ | ″ | $6,300^{k}$ | ″ | $8,000^{k}$ |
| | Poids du combustible. | 2,500 | 3,000 | ″ | 3,500 | ″ | 3,000 |
| | Nombre de roues. | 4 | 6 | ″ | 4 | ″ | 4 |
| | Diamètre des roues. | $1^{m}$,220 | $1^{m}$,200 | ″ | $1^{m}$,110 | ″ | $1^{m}$,217 |
| | Entre-axe extrême des roues. | 2 ,500 | 3 ,800 | ″ | 2 ,800 | ″ | 2 ,750 |
| | Poids du tender vide avec agrès. | $11,450^{k}$ | $12,700^{k}$ | ″ | $11,700^{k}$ | ″ | $10,600^{k}$ |
| | Poids du tender en charge. | 23,950 | 24,700 | ″ | 21,500 | ″ | 21,600 |

Nota. — Dans ce tableau, les locomotives ont été classées d'après le nombre de le

| | …T ROUES. | LOCOMOTIVES À SIX ROUES ACCOUPLÉES. | | | | | LOCOMOTIVES À 8 ROUES toutes accouplées. | | |
|---|---|---|---|---|---|---|---|---|---|
| | | LOCOMOTIVES À SIX ROUES. | | | | LOCOMOT. à dix roues. | | | |
| …c. | Italie. | Hongrie [c]. | France. | France. | Autriche. | Amérique. | Belgique. | France. | France. |
| …. | 5 [d]. | " | 49. | 37. | 34. | E. 1 [f]. | 37. | 36. | 34. |
| …ns. | Hte-Italie. | État de Hongrie. | Ouest. | Lyon. | Floridsdorff. | Philadelphia Reading. Ry Cy. | Cockerill. | Lyon. | Claparède. |
| …ns. | Atelier de Floridsdorff. | Atelier de Buda-Pesth. | Fives-Lille. | Lyon. | Atelier de Floridsdorff. | Philadelphia. | Cockerill. | Lyon. | Claparède. |
| …ns. | Hte-Italie. | Lignes de la Theiss. | Ouest. | Lyon. | Sudbahn. | Reading Rail. Road Cy. | Séville-Mérida. | Lyon. | Orléans. |
| …esse | Gde vitesse. | Voyageurs. | Marchses. | Marchses. | Voyageurs. | Voyageurs | Marchses. | Marchses. | Marchses. |
| | 9 | 10 | 11 | 12 | 13 | 14 | 15 | 16 | 17 |
| …le. | Normale. | Normale. | Normale. | Normale. | Normale. | Normale. | 1$^{m}$,720 | Normale. | Normale. |
| …5 | 2$^{m}$,500 | 1$^{m}$,930 | 1$^{m}$,400 | 1$^{m}$,340 | 1$^{m}$,708 | 2$^{m}$,590 | 1 ,548 | 1$^{m}$,536 | 1$^{m}$,700 |
| …0 | 1 ,000 | 1 ,020 | 1 ,014 | 1 ,000 | 1 ,000 | 2 ,294 | 1 ,200 | 1 ,350 | 0 ,985 |
| …0 | 2$^{m2}$,500 | 1$^{m2}$,970 | 1$^{m2}$,420 | 1$^{m2}$,340 | 1$^{m2}$,708 | 5$^{m2}$,945 | 1$^{m2}$,857 | 2$^{m2}$,080 | 1$^{m2}$,674 |
| …0 | 2$^{m}$,350 | 2$^{m}$,136 | 1$^{m}$,580 | 1$^{m}$,520 | 1$^{m}$,880 | " | 1$^{m}$,720 | H. 1$^{m}$,620 / B. 1 ,720 | 1$^{m}$,800 |
| …0 | 1 ,180 | 1 ,216 | 1 ,190 | 1 ,180 | 1 ,180 | " | 1 ,370 | 1$^{m}$,531 | 1 ,185 |
| …7 | 1 ,322 | 1 ,412 | 1 ,358 | 1 ,386 | 1 ,400 | " | 1 ,558 | 1 ,531 | 1 ,530 |
| …2 | 4 ,330 | 4 ,363 | 5 ,125 | 5 ,128 | 5 ,080 | " | 6 ,128 | 6 ,440 | 6 ,040 |
| …0 | 1 ,260 | 1 ,328 | 1 ,300 | 1 ,357 | 1 ,340 | 1$^{m}$,168 | 1 ,500 | 1 ,500 | 1 ,500 |
| …35 | 0 ,014 | 0 ,013 | 0 ,0145 | 0 ,0145 | 0 ,015 | " | 0 ,015 | 0 ,0155 | 0 ,015 |
| …. | Fer. | Fer. | Fer. | Fer. | " | " | Fer. | Fer. | Fer. |
| …7 | 2$^{m}$,000 | 1$^{m}$,908 | 2$^{m}$,000 | 1$^{m}$,830 | 1$^{m}$,965 | " | 2$^{m}$,000 | 1$^{m}$,990 | 2$^{m}$,000 |
| | 10 atm. eff. | 9 atm. eff. | 9$^{k}$ | 9$^{k}$ | 10 atm. eff. | " | 8$^{k}$,25 | 9$^{k}$ | 8$^{k}$ |
| …00 | " | 3$^{m3}$,000 | 3$^{m3}$,700 | 3$^{m3}$,960 | 4$^{m3}$,500 avec 0,150 | " | 4$^{m3}$,970 | 6$^{m3}$,150 avec 0,150 | 5$^{m3}$,412 |
| …00 | " | 1 ,500 | 1 ,800 | 2 ,050 | " | " | 3 ,350 | 2$^{m3}$,100 | 2 ,769 |
| | 179 | 166 | 192 | 177 | 181 | 160 | 248 | 245 | 242 |
| …0 | 3$^{m}$,500 | 3$^{m}$,500 | 4$^{m}$,300 | 4$^{m}$,252 | 4$^{m}$,275 | 3$^{m}$,099 | 5$^{m}$,100 | 5$^{m}$,360 | 5$^{m}$,160 |
| …8 | 0 ,050 | 0 ,052 | 0 ,050 | 0 ,050 | 0 ,052 | 0 ,051 | 0 ,050 | 0 ,050 | 0 ,0495 |
| …25 | " | 0 ,047 | " | 0 ,046 | " | " | 0 ,045 | 0 ,045 | 0 ,0445 |
| …0 | 0 ,400 | 0 ,425 | 0 ,450 | 0 ,450 | 0 ,340 | " | 0 ,480 | 0 ,540 | 0 ,500 |
| …0 | 0 ,440 | 0 ,685 | 0 ,450 | 0 ,450 | 0 ,540 | " | 0 ,580 | 0 ,540 | 0 ,544 |
| …0 | 4 ,200 | 4 ,570 | 4 ,250 | 4 ,280 | 4 ,378 | " | 4 ,600 | 4 ,280 | 4 ,200 |
| …60 | 9$^{m2}$,10 | 9$^{m2}$,00 | 8$^{m2}$,10 | 7$^{m2}$,15 | 8$^{m2}$,70 | 8$^{m2}$,43 | 11$^{m2}$,27 | 9$^{m2}$,71 | 11$^{m2}$,59 |
| …46 | 98 ,09 | 94 ,91 | 129 ,42 | 118 ,23 | 126 ,40 | 78 ,96 | 198 ,70 | 206 ,30 | 193 ,96 |
| …06 | 107 ,19 | 103 ,91 | 137 ,52 | 125 ,38 | 135 ,10 | 87 ,39 | 209 ,97 | 216 ,01 | 205 ,48 |
| …. | Intérieur. | Intérieur. | Intérieur. | Intérieur. | Intérieur. | Intérieur. | Intérieur. | Intérieur. | Intérieur. |
| …6 | 8$^{m}$,735 | 8$^{m}$,410 | " | 8$^{m}$,270 | 8$^{m}$,547 | " | 9$^{m}$,775 | 9$^{m}$,838 | 9$^{m}$,762 |
| …10 | 0 ,430 | 0 ,420 | 0$^{m}$,460 | 0 ,450 | 0 ,480 | 0$^{m}$,457 | 0 ,500 | 0 ,540 | 0 ,520 |
| …50 | 0 ,560 | 0 ,630 | 0 ,640 | 0 ,650 | 0 ,610 | 0 ,610 | 0 ,650 | 0 ,660 | 0 ,650 |
| …00 | 1 ,920 | 2 ,070 | 2 ,040 | 2 ,090 | 2 ,060 | " | 2 ,280 | 2 ,100 | 2 ,143 |
| …00 | 1 ,500 | 1 ,840 | 2 ,000 | 1 ,725 | 1 ,740 | 2 ,700 | 2 ,610 | 2 ,560 | 2 ,550 |
| …10 | " | " | 2 ,400 | 0 ,750 | " | " | 2 ,476 | 2 ,530 | 2 ,475 |
| …70 | 1 ,300 | 1 ,300 | 1 ,200 | 1 ,140 | 1 ,330 | " | 1 ,909 be unique. | 1 ,400 | 1 ,400 |
| …h. | Gooch. | Stephenson. | Gooch. | Stephenson. | Stephenson. | Stephenson. | Walschaert et Cockerill. | Gooch. | Gooch. |
| | 8 | 6 | 6 | 6 | 6 | 10 | 8 | 8 | 8 |
| | 4 | 6 | 6 | 6 | 6 | 6 | 8 | 8 | 8 |
| …0 | 6$^{m}$,000 | 3$^{m}$,650 | 3$^{m}$,700 | 3$^{m}$,370 | 3$^{m}$,210 | " | 4$^{m}$,140 | 4$^{m}$,050 | 4$^{m}$,080 |
| …s …nés …V …R. | Bogie. | Plans inclinés à l'AV. | Nulle. | Nulle. | Graissage des boudins des roues d'AV. | Bogie. | Jeu des essieux AV et AR dans leurs boit. | Jeu des essieux AV et AR dans leurs boit. | Plans inclinés à l'AV et à l'AR. |
| …00 | 1$^{m}$,820 | 1$^{m}$,617 | 1$^{m}$,410 | 1$^{m}$,300 | 1$^{m}$,265 | 1$^{m}$,360 | 1$^{m}$,300 | 1$^{m}$,260 | 1$^{m}$,260 |
| …00$^{k}$ | 37,000$^{k}$ | 30,000$^{k}$ | 32,600$^{k}$ | 30,500$^{k}$ | 36,000$^{k}$ | 38,949$^{k}$ | 39,904$^{k}$ | 45,300$^{k}$ | 43,150$^{k}$ |
| …00 | 40,000 | 34,000 | 36,500 | 34,660 | 41,000 | " | 46,300 | 51,700 | 48,800 |
| …50 | 25,000 | 34,000 | 36,500 | 34,660 | 41,000 | " | 46,300 | 51,700 | 48,800 |
| …81 | 3,820 | 4,020 | 5,618 | 5,923 | 7,460 | " | 6,703 | 8,930 | 7,254 |
| …tre …ur. | Contre-vapeur. | A main. | Contre-vapeur. | Contre-vapeur. | A vide Hardy et à ctre-vapeur. | " | Contre-vapeur. | Contre-vapeur. | Contre-vapeur. |
| …00$^{k}$ | 8,000$^{k}$ | " | " | " | " | " | " | " | " |
| …00 | 3,000 | " | " | " | " | " | " | " | " |
| | 6 | " | " | " | " | " | " | " | " |
| …60 | " | " | " | " | " | " | " | " | " |
| …00 | " | " | " | " | " | " | " | " | " |
| …00$^{k}$ | 12,500$^{k}$ | " | " | " | " | 10,788$^{k}$ | " | " | " |
| …00 | 23,500 | " | " | " | " | " | " | " | " |

OBSERVATIONS.

(a) Emploie des combustibles menus.

(b) Emploie du tout-venant.

(c) Est munie de l'appareil fumivore Tenbrink.

(d) Est munie des appareils d'injection système Mazza et Chiazzari.

(e) Est munie d'un appareil de distribution par pistons.

(f) Est disposée pour brûler de l'anthracite.

…rès celui de leurs roues accouplées et d'après le diamètre de leurs roues motrices.

| DÉSIGNATIONS. | LOCOMOTIVES À QUATRE ROUES ACCO | | | | |
|---|---|---|---|---|---|
| | LOCOMOTIVES À QUATRE ROUES. | | | LOCOMOTIVES | |
| Pays de provenance | Suisse. | Belgique. | France. | Belgique. | Angle |
| Numéro de classement | 858. | 38. | 59 (1). | 32. | |
| Exposant | Winterthur. | Saint-Léonard. | Nord. | Marcinelle. | Fai |
| Constructeur | Ateliers de Winterthur. | *Idem.* | Fives-Lille. | Ateliers de Marcinelle. | Avons comp |
| Lignes desservies | Intérêt local. | Usines. | Nord. | Grand-Central belge. | Pé |
| Service auquel la locomotive est destinée | Voyageurs et marchandises | " | Gare. | Voyageurs. | Voya |
| | 1 | 2 | 3 | 4 | |
| Largeur de la voie | Normale. | Normale. | Normale. | Normale. | Nor |
| Grille. — Longueur | $0^{m}.630$ | $0^{m},780$ | Ronde. | $2^{m}.000$ | $1^{m}$ |
| Grille. — Largeur | 0 ,712 | 0 ,780 | D. $0^{m},79$. | 1 .080 | 0 |
| Grille. — Surface | $0^{m2}.450$ | $0^{m2},608$ | $0^{m2}.490$ | $2^{m2}.160$ | $1^{m2}$ |
| Boite à feu. — Longueur extérieure | $0^{m},800$ | Chaudière verticale. | Cylindrique verticale. | $2^{m}.200$ | $1^{m}$ |
| Boite à feu. — Largeur extérieure — en bas | 0 .874 | | D. $1^{m}.092$. | 1 .210 | 1 |
| Boite à feu. — Largeur extérieure — en haut | | | | 1 .354 | 1 |
| Corps cylindrique. — Longueur (y compris la boîte à fumée) | 2 .300 | $1^{m},910$ | $2^{m},700$ | 4 .230 | 3 |
| Corps cylindrique. — Diamètre moyen | 0 .850 | 1 .050 | 1 .000 | 1 .276 | 1 |
| Corps cylindrique. — Épaisseur de la tôle | 0 .011 | 0 .010 | 0 ,011 | 0 .012 | 0 |
| Corps cylindrique. — Nature du métal de la tôle | Acier Martin. | Fer. | Fer. | Fer. | |
| Corps cylindrique. — Hauteur de l'axe au-dessus du rail | $1^{m}.625$ | " | " | $2^{m}.250$ | $2^{m}$ |
| Corps cylindrique. — Timbre | $12^{k}$ | 8 atmosph. | $9^{k}$ | 8 atmosph. | |
| Capacité de la chaudière. — Volume d'eau avec $0^{m}.100$ sur le ciel du foyer | $0^{m3}.850$ | $0^{m3}.570$ avec $0^{m}.650$. | $0^{m3}.650$ avec $0^{m},300$. | $3^{m3}.150$ | $2^{m}$ |
| Capacité de la chaudière. — Volume de vapeur | 0 .202 | $0^{m3}.320$ | $0^{m3},650$ | 1 .750 | 1 |
| Tubes. — Nombre | 107 | 121 | 56 (Field). | 188 | |
| Tubes. — Longueur entre les plaques tubulaires | $1^{m}.840$ | $1^{m}.125$ | $0^{m}.600$ | $3^{m}.500$ | 3 |
| Tubes. — Diamètre — extérieur | 0 .042 | 0 .045 | 0 .055 | 0 .050 | 0 |
| Tubes. — Diamètre — intérieur | 0 ,038 | " | 0 ,050 | " | |
| Cheminée. — Diamètre — en bas | 0 ,220 | 0 .250 | 0 .180 | 0 .380 | 0 |
| Cheminée. — Diamètre — en haut | 0 .300 | 0 .290 | 0 .252 | 0 .480 | 0 |
| Cheminée. — Hauteur au-dessus du rail | 3 ,223 | 3 ,760 | 4 .175 | 4 .300 | 4 |
| Surface de chauffe — du foyer | $2^{m2},65$ | $1^{m2},82$ | $4^{m2},02$ | $7^{m2}.92$ | |
| Surface de chauffe — des tubes (calculée d'après le diamètre extérieur des tubes) | 27 ,88 | 19 ,24 | 5 .81 | 103 .37 | 9 |
| Surface de chauffe — totale | 30 .53 | 21 .06 | 9 ,83 | 111 .29 | 10 |
| Châssis. — Type | Intérieur. | " | Intérieur. | Intérieur. | In |
| Châssis. — Longueur totale à l'extrémité des tampons | $5^{m}.470$ | $4^{m}.340$ | $4^{m}.311$ | $9^{m},890$ | 1 |
| Mouvement et distribution. — Diamètre des cylindres | 0 .220 | 0 ,200 | 0 .180 | 0. 440 | |
| Mouvement et distribution. — Course des pistons | 0 .350 | 0 ,300 | 0 .250 | 0, 600 | |
| Mouvement et distribution. — Entre-axe des cylindres | 1 ,680 | 1 .700 | 1 .820 | 1. 980 | |
| Mouvement et distribution. — Longueur de la bielle motrice | 1 .100 | 1 .300 | 1 .375 | 3, 080 | |
| Mouvement et distribution. — Entre-axe des coulisses | " | 1 .480 | 1 ,033 | 2. 250 | |
| Mouvement et distribution. — Longueur des barres d'excentriques | " | " | 0 .550 | 2 .265 | |
| Mouvement et distribution. — Système de la coulisse | Distribution syst$^{me}$ Brown | Walschaert. | Stephenson. | Walschaert. | W |
| Roues. — Nombre — total de roues | 4 | 4 | 4 | 8 | |
| Roues. — Nombre — de roues accouplées | 4 | 4 | 4 | 4 | |
| Roues. — Entre-axe extrême des roues | $1^{m}.800$ | $2^{m}.000$ | $1^{m}.500$ | $4^{m}.800$ | |
| Roues. — Disposition spéciale pour le passage des courbes | Nulle. | " | " | Nulle. | |
| Roues. — Diamètre des roues motrices | $0^{m},750$ | $0^{m}.650$ | $0^{m}.620$ | $1^{m},700$ | |
| Poids. — Poids total — de la machine vide | $9.600^{k}$ | $7.000^{k}$ | $7.400^{k}$ | $37,500^{k}$ | |
| Poids. — Poids total — de la machine en ordre de marche | 12.300 | 9.000 | 9,950 | 49.200 | |
| Poids. — Poids adhérent | 12,300 | Poids moyen $9.000^{k}$ | $8.150^{k}$ min$^{m}$. $9,950^{k}$ max$^{m}$. | $20,900^{k}$ min. $25,800^{k}$ max. | |
| Poids. — Effort calculé par la formule $\frac{0.65\,Pd^2l}{D}$. | 1,762 | Poids moyen $991^{k}$ | $764^{k}$ | $3,650^{k}$ | |
| Frein. — Type | A main. | A main. | Smith. | A main. | A |
| Tender. — Poids de l'eau | $1,300^{k}$ | $1.350^{k}$ | $1,500^{k}$ | $5.000^{k}$ | 2 |
| Tender. — Poids du combustible | 500 | $0^{m3},200$ | 300 | 3,000 | |

NOTA. — Dans ce tableau, les locomotives ont été classées d'après le nombre de le

| | LOCOMOTIVES À SIX ROUES ACCOUPLÉES. | | | | | | | OBSERVATIONS. |
|---|---|---|---|---|---|---|---|---|
| | LOCOMOTIVES À SIX ROUES. | | | | | | LOCOMOTIVE à 10 roues. | |
| :. | France. | Angleterre. | France. | Angleterre. | France. | Autriche. | Belgique. | |
| | " | 13. | 33 (b). | 8. | 32. | 40. | 6. | |
| ille. | Creusot. | London Brighton. | Mallet. | Fox Walker. | Cail. | Wiener Neustadt. | Évrard. | |
| . | *Idem.* | Ateliers de Brighton. | *Idem.* | *Idem.* | *Idem.* | *Idem.* | *Idem.* | |
| . | Dombes. | Metropolitan district. | Bayonne à Biarritz. | " | Orléans. | Dalmatie. | État belge. | |
| . | Voyageurs et marchandises | Voyageurs. | Voyageurs et marchandises | Marchandises | Gare. | Voyageurs et marchandises | Voyageurs. | |
| | 7 | 8 | 9 | 10 | 11 | 12 | 13 | |
| e. | Normale. | Normale. | Normale. | Normale. | Normale. | Normale. | Normale. | (a) Est munie d'un treuil commandé par une machine à trois cylindres pour les manœuvres de gares.<br>(b) Est à deux cylindres système *compound*. |
| 0 | 1$^{m}$,725 | 1$^{m}$,016 | 1$^{m}$,400 | 0$^{m}$,745 | 0$^{m}$,980 | 1$^{m}$,100 | 2$^{m}$,739 | |
| 2 | 1 ,002 | 0 ,892 | 0 ,900 | 0 ,900 | 0 ,948 | 0 ,950 | 1 ,110 | |
| 0 | 1$^{m2}$,750 | 0$^{m2}$,906 | 1$^{m2}$,260 | 0$^{m2}$,670 | 0$^{m2}$,930 | 1$^{m2}$,045 | 3$^{m2}$,000 | |
| 0 | 1$^{m}$,900 | 1$^{m}$,245 | 1$^{m}$,500 | 0$^{m}$,915 | 1$^{m}$,140 | 1$^{m}$,250 | 2$^{m}$,906 | |
| 0 | 1 ,176 | 1 ,090 | 1 ,050 | 1 ,067 | 1 ,148 | 1 ,100 | 1 ,282 | |
| 0 | 1 ,288 | | | | | 1 ,070 | 1 ,376 | |
| 6 | 4 ,255 | 3 ,056 | 3 ,800 | 3 ,080 | 4 ,217 | 4 ,030 | 3 ,379 | |
| 0 | 1 ,300 | 1 ,067 | 1 ,020 | 1 ,030 | 1 ,125 | 1 ,000 | 1 ,300 | |
| 2 | 0 ,0135 | 0 ,011 | 0 ,013 | 0 ,010 | 0 ,0115 | 0 ,011 | 0 ,011 | |
| | Fer. | " | Fer. | Fer. | Fer. | Fer. | Fer. | |
| 5 | 2$^{m}$,000 | 1$^{m}$,744 | 1$^{m}$,860 | 1$^{m}$,613 | 1$^{m}$,750 | 1$^{m}$,550 | 2$^{m}$,100 | |
| | 9$^{k}$ | 8$^{k}$,5 | 10$^{k}$ | 8$^{k}$,5 | 8$^{k}$ | 9 atm. effect. | 8 atm. effect. | |
| 0 | 3$^{m3}$,600 | 2$^{m3}$,548 | 1$^{m3}$,800 | 1$^{m3}$,420 | 2$^{m3}$,645 | 1$^{m3}$,75 | 3$^{m3}$,150 | |
| 0 | 1 ,700 | | 0 ,900 | 0 ,560 | 1 ,172 | 0 ,85 | 2 ,430 | |
| | 181 | 121 | 130 | 125 | 167 | 99 | 226 | |
| 0 | 3$^{m}$,300 | 2$^{m}$,489 | 2$^{m}$,900 | 2$^{m}$,518 | 3$^{m}$,600 | 3$^{m}$,450 | 3$^{m}$,467 | |
| 0 | 0 ,046 | 0 ,0445 | 0 ,045 | 0 ,045 | 0 ,0425 | 0 ,052 | 0 ,045 | |
| 4 | " | 0 ,0378 | 0 ,041 | 0 ,040 | 0 ,0375 | " | 0 ,040 | |
| 0 | 0 ,435 | 0 ,305 | 0 ,350 | 0 ,304 | 0 ,380 | 0 ,280 | 0 ,465 | |
| | | 0 ,279 | 0 ,405 | 0 ,343 | 0 ,443 | 0 ,420 | 0 ,535 | |
| 0 | 4 ,250 | 3 ,430 | 3 ,305 | 3 ,365 | 4 ,200 | 3 ,625 | 4 ,300 | |
| 0 | 7$^{m2}$,40 | 5$^{m2}$,11 | 5$^{m2}$,70 | 4$^{m2}$,57 | 4$^{m2}$,93 | 4$^{m2}$,40 | 10$^{m2}$,95 | |
| 3 | 86 ,31 | 42 ,10 | 49 ,06 | 46 ,28 | 80 ,24 | 55 ,60 | 110 ,77 | |
| 3 | 93 ,71 | 47 ,21 | 54 ,76 | 50 ,85 | 85 ,17 | 60 ,00 | 121 ,72 | |
| r. | Intérieur. | Intérieur. | Intérieur. | Intérieur. | Intérieur. | Intérieur. | Extérieur. | |
| 0 | 8$^{m}$,980 | 7$^{m}$,939 | 7$^{m}$,460 | 7$^{m}$,110 | " | 7$^{m}$,796 | 11$^{m}$,940 | |
| 0 | 0 ,410 | 0 ,330 | 0 ,280<br>0 ,420 | 0 ,356 | 0$^{m}$,400 | 0 ,325 | 0 ,450 | |
| 0 | 0 ,600 | 0 ,508 | 0 ,550 | 0 ,508 | 0 ,460 | 0 ,480 | 0 ,600 | |
| 0 | 1 ,860 | 0 ,686 | 1 ,950 | 1 ,900 | 2 ,074 | 1 ,945 | 0 ,500 | |
| 0 | 1 ,525 | 0 ,813 | 1 ,600 | 1 ,326 | 2 ,550 | 1 ,410 | 2 ,140 | |
| 0 | 2 ,380 | 0 ,157 | 2 ,200 | 0 ,900 | 2 ,444 | 2 ,213 | 1 ,160 | |
| 0 | 1 ,485 | 1 ,117 | 1 ,000 | 1 ,003 | 1 ,770 | 0 ,857 | 1 ,315 | |
| on. | Stephenson. | Stephenson. | Stephenson. | Stephenson. | Gooch. | Allan. | Stephenson. | |
| | 6 | 6 | 6 | 6 | 6 | 6 | 10 | |
| | 4 | 6 | 6 | 6 | 6 | 6 | 6 | |
| 0 | 3$^{m}$,900 | 3$^{m}$,658 | 2$^{m}$,700 | 2$^{m}$,960 | 2$^{m}$,600 | 2$^{m}$,700 | 8$^{m}$,400 | |
| inés<br>R. | Plans inclinés à l'*AV*. | Nulle. | Jeu de l'essieu d'*AV*. | Nulle. | Nulle. | Nulle. | Boîtes radiales aux essieux *AV* et *AR*. | |
| 0 | 1$^{m}$,610 | 1$^{m}$,206 | 1$^{m}$,200 | 1$^{m}$,080 | 1$^{m}$,050 | 0$^{m}$,940 | 1$^{m}$,700 | |
| 0$^{k}$ | 27,800$^{k}$ | " | 20,400$^{k}$ | 17,780$^{k}$ | 26,800$^{k}$ | 20,250$^{k}$ | 41,900$^{k}$ | |
| 0 | 35,600 | 24,640$^{k}$ | 25,500 | 22,860 | 32,190 | 25,900 | 58,000 | |
| min.<br>max. | 23,360 | 24,640 | 25,500 | 22,860 | 32,190 | 25,900 | 38,000$^{k}$ max. | |
| $^{k}$ | 3,664 | 2,534 | " | 3,294 | 3,645 | 3,260 | 3,800$^{k}$ | |
| r. | A main et contre-vapeur. | A main et Westinghouse | A main et contre-vapeur. | A main. | A main et contre-vapeur. | A main et contre-vapeur. | Contre-vapeur et Westinghouse | |
| $^{k}$ | " | 2,271$^{k}$ | 2,500$^{k}$ | 2,725$^{k}$ | 2,000$^{k}$ | 3,000$^{k}$ | 9,950$^{k}$ | |
| | " | 350 | 500 | 1,500 | 750 | 800 | 1,600 | |

celui de leurs roues accouplées et d'après le diamètre de leurs roues motrices.

| DÉSIGNATIONS. | LOCOMOTIVES pour CHEMINS DE FER DE MONTAGNE. | | LOCOMOT. POUR LES VOIES DE 1 MÈTRE. | | | | | |
|---|---|---|---|---|---|---|---|---|
| | | | LOCOMOT. à 4 ROUES toutes accoupl. | LOCOMOTIVES À 6 ROUES ACCOUPLÉES. | | | | |
| | | | | LOCOMOTIVES À 6 ROUES. | | | LOCOMOT. à 8 roues. | |
| Pays de provenance | Suisse. | France. | France. | France. | France. | France. | France. | Angl |
| Numéro de classement | 854 a. | 199 b. | 215. | 214 c. | 197. | 216. | 195. | 3 |
| Exposant | Riggenbach. | Larmanjat. | Atelier de Passy. | Cail. | Corpet et Bourdon. | Soc. des Batignolles. | Fives-Lille. | Bl… Hawt… |
| Constructeur | Idem. | Cail. | Idem. | Idem. | Idem. | " | Idem. | Id… |
| Service auquel la locomotive est destinée | " | Chemins secondaires. | Usines. | Travaux de terrassement. | Travaux de terrassement. | Travaux de terrassement. | Pernambuco. | Usi… |
| | 1 | 2 | 3 | 4 | 5 | 6 | 7 | |
| Largeur de la voie | Normale. | $1^{m}$,000 | $1^{m}$,000 | $1^{m}$.000 | $1^{m}$,000 | $1^{m}$,000 | $1^{m}$,000 | $0^{m}$ |
| Grille. — Longueur | " | 0 ,458 | 0 ,776 | 0 ,956 | 0 ,950 | 0 .650 | 1 ,400 | 0 |
| Grille. — Largeur | " | 0 .548 | 0 .736 | 0 .666 | 0 .628 | 0 ,650 | 0 .610 | 0 |
| Grille. — Surface | " | $0^{m2}$,243 | $0^{m2}$.571 | $0^{m2}$,636 | $0^{m2}$,596 | $0^{m2}$,422 | $0^{m2}$,850 | $0^{m}$ |
| Boite à feu. — Longueur extérieure | " | $0^{m}$.600 | $0^{m}$,920 | $1^{m}$.100 | $1^{m}$,132 | $0^{m}$.790 | $1^{m}$.594 | 0 |
| Boite à feu. — Largeur extérieure en bas | " | 0 ,690 | 0 ,880 | 0 .810 | 0 .810 | 0 ,790 | 0 .780 | 0 |
| Boite à feu. — Largeur extérieure en haut | " | 0 .690 | 0 .880 | 0 .902 | 0 .912 | 0 .790 | 1 ,048 | 0 |
| Corps cylindrique. — Longueur | " | 1 ,555 | 3 .130 | 2 ,988 | 2 .835 | 3 ,550 | 5 ,290 | 1 |
| Corps cylindrique. — Diamètre moyen | $1^{m}$,030 | 0 ,700 | 0 ,900 | 0 ,880 | 0 .890 | 0 ,760 | 1 .000 | 0 |
| Corps cylindrique. — Epaisseur de la tôle | " | 0 .009 | 0 ,009 | 0 ,011 | 0 ,011 | 0 ,008 | 0 ,011 | 0 |
| Corps cylindrique. — Nature du métal de la tôle | " | Fer. | Fer. | Fer. | Fer. | Fer. | Fer. | |
| Corps cylindrique. — Hauteur de l'axe au-dessus du rail | " | $1^{m}$,050 | $1^{m}$.300 | $1^{m}$,230 | $1^{m}$,500 | $1^{m}$,230 | $1^{m}$,500 | $0^{m}$ |
| Corps cylindrique. — Timbre | " | $9^{k}$ | $8^{k}$ | $9^{k}$ | $9^{k}$ | $7^{k}$ | $8^{k}$,5 | 10 |
| Capacité de la chaudière. — Volume d'eau avec $0^{m}$.100 sur le ciel du foyer | $1^{m3}$.000 | $0^{m3}$.350 | $1^{m3}$,150 | $0^{m3}$.650 | $1^{m3}$,270 | $0^{m3}$,980 | $1^{m3}$.700 | $0^{m}$ |
| Capacité de la chaudière. — Volume de vapeur | " | 0 ,170 | 0 .462 | 0 .380 | 0 ,505 | 0 ,480 | 1 .100 | 0 |
| Tubes. — Nombre | 133 | 62 | 82 | 81 | 76 | 64 | 118 | |
| Tubes. — Longueur entre les plaques tubulaires | $2^{m}$,300 | $1^{m}$,180 | $2^{m}$,430 | $2^{m}$.360 | $2^{m}$,420 | $3^{m}$,000 | $3^{m}$,000 | 1 |
| Tubes. — Diamètre extérieur | 0 ,045 | 0 .040 | 0 .048 | 0 ,045 | 0 .050 | 0 ,040 | 0 ,045 | 0 |
| Tubes. — Diamètre intérieur | " | " | 0 ,044 | 0 ,041 | 0 .045 | 0 ,037 | 0 ,041 | 0 |
| Cheminée. — Diamètre en bas | " | 0 ,165 | 0 ,325 | 0 ,250 | 0 ,360 | 0 ,235 | 0 .310 | 0 |
| Cheminée. — Diamètre en haut | " | 0 ,165 | 0 .325 | 0 ,250 | 0 .280 | 0 ,235 | 0 ,310 | 0 |
| Cheminée. — Hauteur au-dessus du rail | " | 2 .570 | 3 .550 | 3 ,000 | 3 ,126 | 3 ,160 | 3 .700 | 2 |
| Surface de chauffe — du foyer | $5^{m2}$,80 | $2^{m2}$,37 | $3^{m2}$.30 | $3^{m2}$,57 | $3^{m2}$.43 | $2^{m2}$,18 | $3^{m2}$,62 | 1 |
| Surface de chauffe — des tubes (calculée d'après le diamètre extérieur des tubes) | 44 ,50 | 9 ,19 | 30 ,05 | 27 ,02 | 28 .89 | 24 ,13 | 50 ,05 | |
| Surface de chauffe — totale | 50 ,30 | 10 .56 | 33 ,35 | 30 .59 | 32 ,32 | 26 .31 | 53 ,67 | |
| Châssis. — Type | Intérieur. | Extérieur. | Extérieur. | Intérieur. | Intérieur. | Intérieur. | Intérieur. | Int |
| Châssis. — Longueur totale à l'extrémité des tampons | " | $3^{m}$,480 | $5^{m}$.850 | $5^{m}$,890 | $6^{m}$.410 | $6^{m}$.246 | $7^{m}$,415 | |
| Mouvement et distribution. — Diamètre des cylindres | $0^{m}$,300 | 0 ,160 | 0 ,280 | 0 .250 | 0 .300 | 0 ,260 | 0 ,320 | |
| Mouvement et distribution. — Course des pistons | 0 ,500 | 0 .180 | 0 .440 | 0 ,360 | 0 ,400 | 0 ,380 | 0 ,500 | |
| Mouvement et distribution. — Entre-axe des cylindres | " | 0 ,320 | 1 ,985 | 1 .390 | 1 ,535 | 1 ,456 | 1 ,550 | |
| Mouvement et distribution. — Longueur de la bielle motrice | " | 0 ,495 | 1 ,577 | 1 ,755 | 1 ,770 | 1 ,200 | 1 ,410 | |
| Mouvement et distribution. — Entre-axe des coulisses | " | 0 ,556 | 0 .780 | 1 ,660 | 1 ,835 | 1 .800 | 1 ,880 | |
| Mouvement et distribution. — Long. des barres d'excentriques | " | 0 ,430 | 0 .621 | 1 .405 | 1 ,190 | 1 ,440 | 1 .020 | |
| Mouvement et distribution. — Système de la coulisse | " | Stephenson. | Gooch. | Stephenson. | Allan. | Droite. | Stephenson. | S |
| Roues. — Nombre total des roues | 4 | 4 | 4 | 6 | 6 | 6 | 8 | |
| Roues. — Nombre des roues accouplées | 4 | " | 4 | 6 | 6 | 6 | 6 | |
| Roues. — Entre-axe extrême | " | $1^{m}$,250 | $1^{m}$,800 | $1^{m}$.720 | $1^{m}$,830 | $2^{m}$,050 | $4^{m}$.750 | |
| Roues. — Disposition pour le passage des courbes | " | Nulle. | Nulle. | Roues du milieu sans boudin. | Roues du milieu sans boudin. | Nulle. | Essieu av.-train convergent. | |
| Roues. — Diamètre des roues motrices | $0^{m}$,900 | $0^{m}$.900 | $1^{m}$.050 | $0^{m}$,800 | $0^{m}$,800 | $0^{m}$,800 | $1^{m}$,000 | |
| Poids. — Poids total de la machine vide | $14,400^{k}$ | $4,500^{k}$ | $12.000^{k}$ | $9.800^{k}$ | $13.960^{k}$ | $10,700^{k}$ | $18.000^{k}$ | |
| Poids. — Poids total de la machine en ordre de marche | 18,000 | 5,600 | 16,100 | 12,100 | 18,400 | 13.600 | 20,000 | |
| Poids. — Poids adhérent | " | 600 | 16.100 | 12,100 | 18.400 | 13,600 | 16.800 | |
| Poids. — Effort calculé par la formule $\frac{0,65\ Pd^2l}{D}$ | " | 2,995 | 1,708 | 1,645 | 2,632 | 1.460 | 2.662 | |
| Frein. — Type | A air comprimé. | A main. | A main. | A main. | A main. | A main. | Contre-vapeur. | |
| Tender. — Poids de l'eau | $1,600^{k}$ | $580^{k}$ | $2,000^{k}$ | $1,000^{k}$ | $2,340^{k}$ | $1,420^{k}$ | " | |
| Tender. — Poids du combustible | 1,000 | 180 | 650 | 350 | 800 | 380 | " | |

NOTA. — Dans ce tableau, les locomoti

## …LOCOMOTIVES POUR VOIES DE MOINS DE 1 MÈTRE.

(Ces locomotives sont classées d'après la largeur de leur voie.)

| . | France. 211. | France. 23 [d]. | Suisse. 858 [e]. | Autriche. 46 [f]. | France. 〃 [g]. | France. 33 [h]. | Belgique. 32. | France. 202. |
|---|---|---|---|---|---|---|---|---|
| …st …n. | Cail. | Atelier de Passy. | Winterthur. | Soc. des chemins de l'Etat. | Cail. | Mekarski. | Marcinelle. | Corpet et Bourdon. |
| | *Idem.* | *Idem.* | *Idem.* | *Idem.* | *Idem.* | Quillacq. | *Idem.* | *Idem.* |
| …d. | Travaux agricoles. | Mines. | Usines. | Mines. | Travaux agricoles. | Mines. | Usines. | Travaux agricoles. |
| | 10 | 11 | 12 | 13 | 14 | 15 | 16 | 17 |
| …4 | 0m,800 | 0m,800 | 0m,750 | 0m,700 | 0m,600 | 0m,600 | 0m,500 | 0m,500 |
| …0 | 0 ,350 | | Ronde. | 〃 | Ronde. | | 0 ,542 | Ronde. |
| …4 | 0 ,500 | | D. 0m,630 | 〃 | D. 0,400 | | 0 ,440 | D. 0m,325 |
| …9 | 0m2,175 | Réservoir d'air.<br>Volume du réservoir… 1,050l<br>Diamètre du piston compresseur… 0m,275<br>Diamètre du fourneau… 0 ,247<br>Course du piston compresseur… 0 ,250<br>Pression initiale de l'air… 4 atm.<br>Pression du réservoir chargé… 13 atm.<br>Pression finale au bout du chemin… 3 atm. | 0m2,310 | 0m2,280 | 0m2,126 | Réservoirs d'air et réchauffeurs.<br>Capacité de la batterie… 1.500l<br>Pression initiale dans les réservoirs d'air… 30k<br>Approvisionnement d'air comprimé… 54l<br>Vol. d'eau chaude emmagasinée dans le réch.… 70l<br>Température initiale de l'eau… 160° | 0m2,238 | 0m2,083 |
| …2 | 0m,480 | | Cylindrique | 〃 | 〃 | | 〃 | 〃 |
| …4 | 0 ,620 | | D. 0m,820 | 〃 | 〃 | | 0m,683 | Ronde. |
| …0 | 0 ,550 | | | 〃 | 〃 | | 0 ,660 | D. 0m,446 |
| …5 | 1 ,700 | | 2m,100 | 〃 | 〃 | | 0 ,800 | 1m,077 |
| …3 | 0 ,530 | | 0 ,600 | 0m,650 | Ex. 0,502 | | 0 ,630 | 0 ,340 |
| …0 | 0 ,008 | | 0 ,008 | 0 ,010 | 0m,007 | | 0 ,009 | 0 ,0085 |
| | Fer. | | Ac. Martin. | 〃 | Fer. | | Fer. | Fer. |
| …5 | 0m,900 | | 1m,200 | 〃 | Chaudière verticale. | | 0m,900 | 0m,692 |
| | 9k | | 12k | 10 atmos. | 8k | | 9 atm. | 9k |
| | 0m3,270 | | 0m3,500 | 〃 | 0m3,070 | | 0m3,250 | 0m3,097 |
| | 0 ,064 | | 0 ,225 | 〃 | 0 ,064 | | 0 ,080 | 0 ,046 |
| | 37 | | 79 | 50 | 24 | | 45 | 16 |
| …7 | 1m,340 | | 1m,800 | 1m,375 | Field 0,45 | | 0m,798 | 0m,955 |
| …2 | 0 ,040 | | 0 ,038 | 0 ,040 | 0m,040 | | 0 ,040 | 0 ,040 |
| | 0 ,036 | | 0 ,034 | 0 ,035 | 〃 | | 〃 | 0 ,036 |
| …0 | 0 ,155 | | 0 ,204 | 〃 | 0 ,120 | | 0 ,155 | 0 ,134 |
| …0 | 0 ,155 | | 0 ,320 | 〃 | 0 ,120 | | 0 ,196 | 0 ,186 |
| …0 | 2 ,500 | | 3 ,060 | 〃 | 1 ,570 | | 2 ,120 | 1 ,870 |
| …15 | 1m2,14 | | 1m2,60 | 1m2,78 | 0m2,82 | | 1m2,25 | 0m2,50 |
| …35 | 6 ,32 | | 18 ,20 | 7 ,41 | 1 ,36 | | 4 ,50 | 1 ,92 |
| …00 | 7 ,46 | | 19 ,80 | 9 ,19 | 2 ,18 | | 5 ,75 | 2 ,42 |
| …ar. | Intérieur. | | Intérieur. | 〃 | Intérieur. | | Extérieur. | Intérieur. |
| | 3m,225 | | 4m,900 | 3m,670 | 2m,120 | 2m,760 | 〃 | 2m,500 |
| …30 | 0 ,150 | 0m,150 | 0 ,220 | 0 ,160 | 0 ,100 | 0 ,130 | 0m,135 | 0 ,100 |
| …6 | 0 ,240 | 0 ,170 | 0 ,350 | 0 ,220 | 0 ,140 | 0 ,260 | 0 ,200 | 0 ,090 |
| …4 | 1 ,084 | 0 ,400 | 1 ,080 | 〃 | Un seul cylindre. | 0 ,880 | 1 ,083 | 〃 |
| …0 | 0 ,825 | 0 ,810 | 1 ,300 | 〃 | 0m,350 | 0 ,670 | 0 ,780 | 0 ,185 |
| | 1 ,256 | 0 ,090 | 〃 | 〃 | 〃 | 0 ,320 | 1 ,169 | 〃 |
| …3 | 0 ,470 | 0 ,5985 | 〃 | 〃 | 0 ,360 | 0 ,900 | 0 ,466 | 0 ,255 |
| …e. | Stephenson. | 〃 | Distribution système Brown. | 〃 | Stephenson. | Gooch. | Walschaert. | Conduite directe par excentrique à calage variable par engrenages. |
| | 4 | 〃 | 6 | 〃 | 4 | 4 | 4 | 4 |
| | 4 | 〃 | 6 | 〃 | 4 | 4 | 4 | 4 |
| …50 | 0m,900 | 0m,800 | 2m,400 | 0m,950 | 0m,950 | 0m,800 | 0m,850 | 0m,726 |
| | Nulle. | 〃 | Jeu des essieux dans les boites. | 〃 | 〃 | 〃 | Nulle. | Nulle. |
| …90 | 0m,600 | 0, 400 | 0m,700 | 0 ,448 | 0 ,400 | 0 ,450 | 0m,450 | 0m,280 |
| …50k | 2,930k | 2,550k | 8,500k | 3,850k | 1,200k | 2,300k | 2,500k | 1,080k |
| …00 | 3,700 | 2,700 | 9,500 | 4,400 | 1,500 | 〃 | 3,150 | 1,390 |
| …00 | 3,700 | 〃 | 9,500 | 〃 | 1,500 | 2,300 | 3,150 | 1,390 |
| …90 | 525 | 〃 | 1,887 | 〃 | 182 | 〃 | 473 | 188 |
| …in. | A main. | 〃 | A main. | 〃 | A main. | 〃 | A main. | A patin sur le rail. |
| …0k | 320k | 〃 | 〃 | 420k | 75k | 〃 | 〃 | 80k |
| …00 | 140 | 〃 | 〃 | 130 | 40 | 〃 | 〃 | 35 |

**OBSERVATIONS.**

[a] Est disposée pour fonctionner par adhérence et par engrenage et crémaillère placée dans l'axe de la voie.

[b] Est disposée pour fonctionner par adhérence et par engrenage et crémaillère placée sur le côté de la voie.

[c] Est munie de l'appareil d'alimentation à eau chaude système Chiazzari et de l'éjecteur Friedmann.

[d] Machine à air comprimé système Petan, exposé dans la classe 50.

[e] Transmission de mouvement et distribution système Brown. Porte une grue à vapeur pour le chargement et le déchargement.

[f] Exposée dans la classe 50.

[g] N'a qu'un seul cylindre, qui commande les essieux accouplés par un arbre intermédiaire et engrenages.

[h] Est disposée pour fonctionner par l'air comprimé mélangé à de la vapeur. Exposée dans la classe 50.

…assées d'après la largeur de leur voie.

LOCOMOTEURS POI

LOCOMOTEURS À 4 ROI

LOCOMOTEUR

| DÉSIGNATIONS. | | | | | | |
|---|---|---|---|---|---|---|
| Pays de provenance | | France. | Angleterre. | France. | France. | France |
| Numéro de classement | | 109 a. | 11. | 110 b. | 112 c. | 119. |
| Exposant | | Société centr. de Pantin. | Hughes. | Francq. | Mekarski. | Hardin |
| Constructeur | | *Idem.* | *Idem.* | Cail. | Brissonneau. | Fives-Li |
| Service auquel le locomoteur est destiné | | Tramways. | Tramways. | Tramways. | Tramways. | Tramwa |
| | | 1 | 2 | 3 | 4 | 5 |
| Largeur de la voie | | 1m,150 | " | Normale. | Normale. | Normal |
| Grille. | Longueur | Ronde | 0m,559 | Pas de foyer. | Réservoirs d'air et réchauffeurs… : Capacité de la batterie { principale … 4,200l; de réserve … 1.400; Capacité totale des réservoirs d'air … 5.600; Pression initiale dans les réservoirs … 30k; Approvisionnement d'air comprimé … 200l; Volume d'eau chaude emmagasiné dans le réchauffeur … 200; Température initiale de l'eau … 160° | 0m,57 |
| | Largeur | D. 0m.384 | 0 ,610 | | | 0 ,7 |
| | Surface | 0m2,12 | 0m2,34 | | | 0m2,43 |
| Boîte à feu. | Longueur extérieure | Diam. intér. 0m,410 | 0m,578 | | | 0m,72 |
| | Largeur extérieure { en bas / en haut | H. 0m,620 | 0 .629 | | | 0 .90 |
| Corps cylindrique. | Longueur | 1 ,680 | 1 .549 | | | 2 ,10 |
| | Diamètre moyen | 0 .800 | 0 ,724 | | | 0 ,88 |
| | Épaisseur de la tôle | 0 .010 | 0 ,0095 | | | 0 ,01 |
| | Nature du métal de la tôle | Fer. | Fer Lowmoor. | Acier. | | Fer. |
| | Hauteur de l'axe au-dessus du rail | 1m,850 | 1m,143 | " | | 1m.4 |
| | Timbre | 14k | 9k.8 | 15k | | 9k |
| Capacité de la chaudière. | Volume d'eau avec 0m,100 sur le ciel du foyer | 0m3.800 avec 0 ,660 | 0m3.566 | 1m3,800 | | 0m3.5 |
| | Volume de vapeur | 0 ,200 | 0 ,283 | 0 .480 | | 0 ,2 |
| Tubes. | Nombre | 55 | 62 | " | | 81 |
| | Longueur entre les plaques tubulaires | 0m,870 | 1m,626 | " | | 1m,1 |
| | Diamètre { extérieur | 0 .035 | 0 .038 | " | | 0 ,0 |
| | Diamètre { intérieur | 0 ,032 | " | " | | 0 ,0 |
| Cheminée. | Diamètre { en bas / en haut | 0 ,240 | 0 ,241 | " | | 0 ,2 |
| | Hauteur au-dessus du rail | 4 ,170 | 2 ,502 | " | | 4 .4 |
| Surface de chauffe | du foyer | 0m2,98 | 1m2.811 | " | | 2m2, |
| | des tubes (calculée d'après le diamètre extérieur des tubes) | 5 .32 | 12 .077 | " | | 12 |
| | totale | 6 ,30 | 13 .888 | " | | 14 , |
| Châssis. | Type | Extérieur. | Intérieur. | Intérieur. | Intérieur. | Intéri |
| | Longueur totale à l'extrémité des tampons | 4m,100 | 3m.505 | 3m.530 | 4m,152 | 3m.4 |
| Mouvement et distribution. | Diamètre des cylindres | 0 ,210 / 0 ,140 | 0 .178 | 0 ,230 | 0 ,190 | 0 ,1 |
| | Course des pistons | 0 .200 | 0 ,305 | 0 ,360 | 0 ,250 | 0 ,2 |
| | Entre-axe des cylindres | 0 .260 | 0 ,946 | 0 .720 | 1 ,060 | 0 .7 |
| | Longueur de la bielle motrice | 0 ,500 | " | 0 ,625 | 0 ,685 | 1 .1 |
| | Entre-axe des coulisses | 0 ,500 | 0 ,184 | 1 ,010 | 0 ,686 | 0 .9 |
| | Longueur des barres d'excentriques | 1 .000 | 0 ,762 | 0 ,630 | 0 ,893 | 0 .6 |
| | Système de la coulisse | Stephenson. | Stephenson. | Stephenson. | Stephenson. | Stephe |
| Roues. | Nombre total { des roues | 4 | 4 | 4 | 4 | 4 |
| | Nombre total { des roues accouplées | 4 | 4 | 4 | 4 | 4 |
| | Entre-axe extrême | 1m.150 | 1m.220 | 1m,300 | 1m.300 | 1m, |
| | Disposition pour le passage des courbes | Nulle. | Nulle. | Nulle. | " | Nul |
| | Diamètre des roues motrices | 1m,000 | 0m,762 | 0m.750 | 0m,700 | 0m, |
| Poids. | Poids total { de la machine vide | 4,800k | 5,600k | 6,700k | 7,000k | 5,8 |
| | Poids total { de la machine en ordre de marche | 7,500 | 7,100 | 8.750 | 8,000 | 6,8 |
| | Poids adhérent | 2,000 | 7,100 | 8.750 | 8.000 | 6,8 |
| | Effort calculé par la formule $\frac{0,65\ Pd^2l}{D}$ | 357 | 808 | 1.720 | " | 7 |
| Frein | Type | A main. | A vapeur et pédale. | A pédale. | A air, type Stilmant. | A pé |
| Tender. | Poids de l'eau | " | 1,524k | " | " | 40 |
| | Poids du combustible | " | 50 | " | " | 5 |

Nota. — Dans ce tableau, les locomoteurs ont été cl

| …IWAYS. | | | | VOITURES AUTOMOBILES. | | |
|---|---|---|---|---|---|---|
| …PLÉES. | | | | LOCOMOTEURS À 2 ROUES accouplées. | | LOCOMOTEURS à 4 roues toutes accouplées. |
| …s. | | | LOCOMOTEUR à 6 roues. | LOCOMOTEURS À 6 ROUES. | | |
| …terre.<br>…[d].<br>…eather<br>…ds.<br>…m.<br>…ways.<br>… | Suisse.<br>858 [e].<br>Winterthur.<br><br>*Idem.*<br>Tramways.<br>7 | France.<br>111 [f].<br>Société d'Aulnoye.<br>*Idem.*<br>Tramways.<br>8 | Belgique.<br>38.<br>Saint-Léonard.<br>*Idem.*<br>Tramways.<br>9 | Belgique.<br>5 [g].<br>Cabany.<br><br>*Idem.*<br>Tramways.<br>10 | Belgique.<br>6 [g].<br>Évrard.<br><br>*Idem.*<br>Tramways.<br>11 | France.<br>112 [h].<br>Mekarski.<br><br>Clapàrède.<br>Tramways.<br>12 |
| …nale. | Normale. | Normale. | Normale. | Normale. | Normale. | Normale. |
| …558 | 0$^{m}$,600 | Ronde. | 0$^{m}$,480 | 0$^{m}$,970 | 0$^{m}$,898 | Capacité de la batterie { principale … 1,920$^{l}$ / de réserve … 880 |
| …608 | 0 ,400 | D. 0$^{m}$,700 | 0 ,600 | 0 ,600 | 0 ,570 | Capacité totale des réservoirs d'air … 2,800 |
| …339 | 0$^{m2}$,240 | 0$^{m2}$,384 | 0$^{m2}$,288 | 0$^{m2}$,580 | 0$^{m2}$,500 | Pression initiale dans les réservoirs … 30$^{k}$ |
| …716 | En B. 0$^{m}$,610<br>En H. 0 ,460 | Cylindrique<br>H. 0$^{m}$,700 | 0$^{m}$,860<br>0 ,730 | 1$^{m}$,135 | 0$^{m}$,768 | Approvisionnement d'air comprimé … 100$^{l}$ |
| …748 | 0$^{m}$,610 | D. 0 ,700 | 0 ,806 | 0 ,767 | 1 ,142 | Volume d'eau chaude emmagasiné dans le réchauffeur … 120$^{l}$ |
| …421 | 1 ,200 | 1$^{m}$,900 | 1 ,300 | 1 ,400 | 1 ,383 | Température initiale de l'eau … 160° |
| …728 | 0 ,554 | 0 ,900 | 0 ,766<br>extérieur. | 1 ,000 | En B. 0$^{m}$,750<br>En H. 0 ,500 | |
| …0095 | 0 ,007 | 0 ,020<br>0 ,014<br>0 ,011 | 0$^{m}$,008 | 0 ,012 | 0$^{m}$,010 | |
| …er<br>…moor. | Acier Martin du Creusot. | Fer Lowmoor. | Fer. | Fer. | Fer. | |
| …089 | 1$^{m}$,330 | " | 1$^{m}$,125 | 2$^{m}$,145 | 1$^{m}$,910 | |
| …0$^{k}$ | 15$^{k}$ | 10$^{k}$ | 10 atmosph. | 10$^{k}$ | 10 atmosph. | |
| …,422 | 0$^{m3}$,425 | 0$^{m3}$,540 | 0$^{m3}$,600 | 0$^{m3}$,988 | 0$^{m3}$,580 | |
| …,169 | 0 ,325 | 0 ,260 | 0 ,340 | 0 ,492 | 0 ,500 | |
| …54 | 71 | 32 | 69 | 134 | 153 | |
| …,520 | 0$^{m}$,950 | 1$^{m}$,150 | 1$^{m}$,300 | 1$^{m}$,455 | 1$^{m}$,455 | |
| …,044 | 0 ,040 | 0 ,070 | 0 ,041 | 0 ,040 | 0 ,032 | |
| …,037 | 0 ,036 | 0 ,063 | " | " | " | |
| …,203 | 0 ,200 | 0 ,200<br>2 ,250 | 0 ,250 | 0 ,200<br>0 ,250 | 0 ,200<br>0 ,250 | Réservoirs d'air et réchauffeurs… |
| …,939 | 3 ,140 | 3 ,050 | 3 ,400 | 4 ,145 | 4 ,237 | |
| …,494 | 2$^{m2}$,00 | 1$^{m2}$,53 | 1$^{m2}$,70 | 3$^{m2}$,00 | 2$^{m2}$,460 | |
| …,609 | 7 ,60 | 8 ,44 | 11 ,50 | 24 ,50 | 19 ,320 | |
| …,103 | 9 ,60 | 9 ,97 | 13 ,20 | 27 ,50 | 21 ,780 | |
| …rieur. | Intérieur. | Intérieur. | " | Extérieur. | Extérieur. | Extérieur. |
| …,496 | 3$^{m}$,790 | 4$^{m}$,450 | 4$^{m}$,150 | 12$^{m}$,260 | 12$^{m}$,240 | 7$^{m}$,064 |
| …,165 | 0 ,140 | 0 ,150 | 0 ,175 | 0 ,170 | 0 ,170 | 0 ,135 |
| …,254 | 0 ,300 | 0 ,250 | 0 ,300 | 0 ,320 | 0 ,320 | 0 ,260 |
| …,508 | 1 ,606 | 1 ,650 | 1 ,800 | 0 ,198 | 0 ,198 | 1 ,920 |
| …,837 | 0 ,920 | 1 ,150 | 0 ,750 | 1 ,050 | 1 ,050 | 0 ,620 |
| …,127 | " | 1 ,960 | 1 ,950 | 0 ,198 | 0 ,518 | 2 ,090 |
| …,659 | " | 1 ,038 | " | 1 ,300 | 1 ,300 | 0 ,925 |
| …henson. | Distribution système Brown. | Stephenson. | Walschaert. | Stephenson. | Stephenson. | Stephenson. |
| 4 | 4 | 4 | 6 | 6 | 6 | 4 |
| 4 | 4 | 4 | 4 | 2 | 2 | 2 |
| …$^{m}$,371 | 1$^{m}$,500 | 1$^{m}$,250 | 1$^{m}$,950 | 6$^{m}$,800 | 6$^{m}$,800 | 1$^{m}$,750 |
| …ulle. | Boîtes Brown. | Jeu des essieux dans les boîtes. | Train mobile avec plans inclinés | Boîtes radiales à l'essieu d'Æ. | Boîtes radiales à l'essieu d'Æ. | " |
| …$^{m}$,600 | 0$^{m}$,600 | 0$^{m}$,550 | 0$^{m}$,600 | 0$^{m}$,970 | 0$^{m}$,980 | Motrice. 0$^{m}$,700<br>Arrière. 0 ,750 |
| …,050$^{k}$ | 5,200$^{k}$ | 6,000$^{k}$ | 6,300$^{k}$ | 17,600$^{k}$ | 16,350$^{k}$ | 6,000$^{k}$ |
| …,100 | 6,200 | 7,200 | 8.700 | 25,040 | 20.100 | 8.000 |
| …,100 | 6,200 | 7,200 | 6.755 | 11,000 | 8.950 | 4.500 |
| …738 | 956 | 664 | 1,027 | 620 | 633 | " |
| …pédale. | A main. | A vapeur. | A main. | A main. | A main. | A air.<br>type Stilmant. |
| …500$^{k}$ | 500$^{k}$ | 900$^{k}$ | 1.600$^{k}$ | 1,100$^{k}$ | 1,100$^{k}$ | " |
| " | " | 200 | 0$^{m3}$,600 | 450 | 565 | " |

OBSERVATIONS.

[a] Système *compound* à condensation, transmission par friction.

[b] Est disposé pour fonctionner par la vapeur prise à un générateur fixe. Machine à condensation.

[c] Est disposé pour fonctionner par l'air comprimé mélangé à de la vapeur.

[d] Exposé dans la classe 54.

[e] Transmission de mouvement et distribution système Brown.

[f] Chaudière verticale.

[g] La chaudière et le moteur font corps avec la voiture.

[h] Est disposé pour fonctionner par l'air comprimé mélangé à de la vapeur.

…près le nombre et le diamètre de leurs roues accouplées.

Gr. VI. — Cl. 64.

L'examen de ces tableaux montre qu'au point de vue du service auquel elles sont destinées, les locomotives peuvent être réparties de la manière suivante :

Premier groupe. — Locomotives pour trains de voyageurs à grande vitesse sur les chemins à profil facile.

Deuxième groupe. — Locomotives pour trains ordinaires de voyageurs sur profil à rampes faibles.

Troisième groupe. — Locomotives pour trains de voyageurs sur profil accidenté, ou pour train de marchandises sur profil facile.

Quatrième groupe. — Grosses locomotives pour trains de marchandises à petite vitesse.

Cinquième groupe. — Locomotives pour gares, usines et chemins de fer d'intérêt local.

Sixième groupe. — Locomotives de montagnes.

Septième groupe. — Locomotives pour chemins de fer à voie étroite et locomotives d'usines.

Huitième groupe. — Locomotives et voitures automobiles pour tramways.

Nous examinerons successivement, dans le présent chapitre, les six premiers groupes; les deux derniers seront étudiés dans les chapitres consacrés aux chemins de fer à voie étroite et aux tramways.

### § 1er. — LOCOMOTIVES À GRANDE VITESSE.

Pendant de longues années, les divers types de locomotives à roues libres ont été considérés comme répondant très suffisamment à la traction des trains rapides, composés d'un petit nombre de voitures; ceux-ci n'étaient appelés à circuler que sur des sections construites avec de très grandes courbes et de faibles déclivités. Les choses n'ont point tardé à être modifiées : d'une part, la charge des trains a été très augmentée; on a demandé aux compagnies de mettre dans les trains rapides des voitures de 2e et même de 3e classe; d'autre part, les lignes nouvelles n'ont pu être construites qu'avec des courbes de faible rayon et en adoptant, pour le profil en long, des déclivités doubles ou triples de celles qui avaient été primitivement admises.

Le type de la locomotive à grande vitesse s'est alors transformé : on a conservé le grand diamètre des roues; mais, pour obtenir l'adhérence nécessaire, on a accouplé deux essieux. Le premier spécimen de cette machine a été présenté en France par la compagnie d'Orléans, qui, dès 1867, faisait figurer à l'Exposition une locomotive à six roues, dont quatre accouplées, de deux mètres de diamètre. La première locomotive de ce type avait été mise en service en 1861, pour la traction des trains de vitesse sur le profil accidenté de la ligne de Limoges à Périgueux, et douze de ces locomotives faisaient, en 1867, la traction des express sur les lignes de Toulouse et d'Agen. A cette même époque, le chemin de fer du Nord cherchait, dans une autre voie, la solution du même problème et présentait à l'Exposition une locomotive à quatre cylindres, supprimant par conséquent les bielles d'accouplement, dont on redoutait l'emploi dans des machines marchant à de très grandes vitesses.

Depuis, l'expérience a prononcé : la machine à quatre cylindres du Nord a disparu, et les craintes relatives aux bielles n'ont plus de raison d'être. La compagnie d'Orléans déclare dans sa Notice que, dans un espace de douze ans, on n'a eu à constater ni une rupture de bielle, ni une rupture de boulon d'accouplement. L'emploi des locomotives à quatre roues accouplées pour les grandes vitesses était, aux chemins de fer de Lyon et de l'Ouest, couronné d'ailleurs du même succès.

A l'étranger, les mêmes besoins conduisaient à adopter la même solution. L'Exposition de Vienne renfermait sept locomotives à six roues, dont quatre accouplées, de grand diamètre; l'Exposition de 1878 en contient huit.

En même temps que l'on cherchait à créer des machines destinées à remplacer les locomotives à roues libres, devenues insuffisantes pour la traction des trains à la fois rapides et chargés, une transformation d'un autre ordre se poursuivait dans la construction

Gr. VI. — Cl. 64.

des locomotives. Aux combustibles de choix, jusque-là usités dans les foyers, les ingénieurs s'efforçaient de substituer des combustibles de qualité inférieure, du *tout-venant* et même des *menus*, qui, devant être brûlés en couches minces, exigent de grandes grilles et un grand développement de surface de chauffe directe. A ce point de vue, la présente Exposition est particulièrement intéressante.

Bien que quelques ingénieurs n'hésitent pas à préconiser l'emploi de roues relativement petites, nous estimons qu'il y a intérêt, au point de vue de la stabilité, de l'utilisation économique de la vapeur, de la diminution des pertes dues aux frottements, à réduire le plus possible le nombre des courses des pistons dans un temps donné, et, par suite, à employer de grandes roues. Nous n'avons donc fait figurer dans ce premier groupe que les machines à roues de 1m,800 et au-dessus. Il y en a huit, savoir :

Une pour l'Angleterre, celle de MM. Sharp, Stewart et Cie, construite dans leurs ateliers de Manchester ;

Six pour la France : celles des chemins de fer de l'Est, de Lyon, du Midi, d'Orléans, construites dans les ateliers de ces compagnies; celle du Nord, construite par la Société alsacienne de constructions mécaniques; et enfin celle de l'Ouest, construite par la Société des Batignolles (ancienne maison Gouin);

Une pour l'Italie, celle des chemins de fer de la Haute-Italie, construite aux ateliers de Floridsdorff, en Autriche.

Sur les huit locomotives ci-dessus énumérées, quatre sont à six roues; ce sont celles de l'Est, du Midi, de l'Ouest et de Sharp, Stewart; toutes les quatre ont un essieu porteur à l'avant; les quatre autres sont à huit roues.

Avant d'entrer dans l'étude comparative de ces diverses locomotives et de faire ressortir les différences de détail qui les distinguent, nous en esquisserons rapidement les traits principaux.

**1° Machines à six roues.**

(a) *Locomotive de l'Est.* — Cette locomotive, qui fait partie d'un groupe de dix locomotives aujourd'hui en service, doit être considérée comme une locomotive Crampton, dont la chaudière a été relevée de la quantité convenable pour prolonger le foyer au-dessus de l'essieu d'arrière et l'approprier à l'emploi des combustibles menus, que la proximité des bassins houillers belges permet à la compagnie de l'Est d'obtenir économiquement. L'essieu d'arrière, qui est l'essieu moteur, a reçu ainsi une charge qui manque, on le sait, à l'essieu moteur de la Crampton, placé derrière le foyer.



L'essieu porteur à fusées extérieures du milieu de la locomotive Crampton a été remplacé par un essieu accouplé à fusées intérieures; l'essieu d'avant, à fusées extérieures, a été conservé, ainsi que le châssis double, les cylindres extérieurs placés entre les roues d'avant et du milieu, et la distribution extérieure. Les roues motrices ont 2$^{m}$,30 de diamètre au contact, comme dans les mêmes locomotives en service sur le réseau de l'Est depuis 1852.

En raison de la grande base d'appui qui résulte de l'écartement de 5$^{m}$,350 d'axe en axe des essieux extrêmes, ces machines ont reçu, aux boîtes des roues d'avant, des plans inclinés du type d'Orléans, qui laissent à l'essieu un déplacement de dix millimètres dans chaque sens pour faciliter le passage des courbes.

(b) *Locomotive du Midi.* — La locomotive exposée par le chemin de fer du Midi se rapproche beaucoup, comme type, de la locomotive que le Grand-Central belge avait fait figurer à l'Exposition de Vienne. Cette locomotive dérive d'ailleurs aussi de la locomotive Crampton, dont elle conserve l'essieu moteur à l'arrière du foyer, les cylindres extérieurs entre les roues d'avant et du milieu, la distribution extérieure, mais dont la roue du milieu a été accouplée à la roue d'arrière, et dont le châssis double a été remplacé par un châssis unique intérieur aux trois paires de roues. Le foyer compris entre les deux paires de roues d'arrière est de dimensions moyennes et réclame l'emploi des combustibles de bonne qualité. Le diamètre des roues accouplées est de 2$^{m}$,90. L'écartement de 5$^{m}$,40 a nécessité l'emploi des plans inclinés d'Orléans à l'essieu d'avant, avec un jeu total de 16 millimètres.

(c) *Locomotive de l'Ouest.* — Cette locomotive, qui est la der-

Gr. VI. — Cl. 64.

nière des formes dérivées d'un type créé, vers 1855, sur le réseau de l'Ouest, est à trois essieux à fusées extérieures : l'un, placé sous le foyer, est l'essieu accouplé ; l'essieu du milieu est l'essieu moteur ; l'essieu d'avant est simplement porteur. Les cylindres sont intérieurs au châssis, qui, lui-même, est extérieur aux roues ; le mouvement de distribution est extérieur au châssis et aux roues. L'essieu moteur est l'essieu Martin, aujourd'hui en service sur cent quarante des locomotives de la compagnie de l'Ouest. L'accouplement est fait au moyen de manivelles rapportées, calées dans le même sens que le coude de l'essieu moteur. Son foyer, de dimensions restreintes, est destiné à brûler de la briquette ou de la grosse houille. Le diamètre des roues accouplées est de 1$^{m}$,91. L'écartement des essieux extrêmes n'étant que de 4$^{m}$,40, aucune disposition spéciale n'a été prise pour faciliter le passage dans les courbes.

(d) *Locomotive Sharp, Stewart.* — La locomotive exposée par MM. Sharp, Stewart et C$^{ie}$ est destinée au service des trains express sur la ligne du London-Chatham, entre Londres et Douvres. Elle est à cylindres intérieurs et à châssis unique, également intérieur aux roues ; l'essieu moteur est coudé, c'est l'essieu du milieu ; l'essieu d'arrière est l'essieu accouplé ; il est placé à l'arrière du foyer. Le diamètre des roues motrices est de 1$^{m}$,982 ; la distribution est intérieure. Son foyer est destiné à l'emploi des combustibles de bonne qualité. En raison de l'écartement des essieux extrêmes (4$^{m}$,953), les boîtes de l'essieu d'avant ont été munies de plans inclinés.

Remarquable par son apparence de simplicité, cette locomotive est cependant munie des mêmes accessoires que les autres, mais ils ont été habilement dissimulés, soit derrière les longerons et sous les tabliers, soit à l'intérieur de la chaudière même. La concentration à l'arrière de la chaudière de toute la robinetterie, la suppression des tringles et des tuyaux extérieurs, présentent des avantages, compensés peut-être par une certaine difficulté de vue et d'accès.

**2° Machines à huit roues.**

Les machines à huit roues présentent deux dispositions très différentes. Dans les unes, celles d'Orléans et de Lyon, les deux roues motrices forment un groupe central, et les deux roues porteuses sont à chaque extrémité de la machine. Dans les autres, celles du Nord et de la Haute-Italie, les deux roues motrices sont à l'arrière, et les deux roues porteuses forment, à l'avant, un truc spécial analogue à celui des machines américaines.

(a) *Locomotives de Lyon et d'Orléans.* — Quoique présentant des différences sensibles de détail, ces deux locomotives dérivent de la même machine, celle que le chemin de fer d'Orléans avait fait figurer à l'Exposition de 1867.

Dans le type primitif, étudié en vue de rampes de 10 à 16 millimètres et de courbes de 300 à 500 mètres, l'écartement d'axe en axe des roues extrêmes avait été réduit autant que possible; par suite, les cylindres et le foyer avaient été placés en porte à faux. Pour obtenir une stabilité convenable, la machine avait été liée intimement au tender par un attelage énergiquement serré. Enfin, pour éviter un poids trop considérable, on avait employé la tôle d'acier pour la chaudière. L'emploi de cette tôle n'ayant pas répondu à ce que l'on en espérait, la compagnie d'Orléans en est revenue à la tôle de fer, plus douce à la résistance, mais plus lourde; elle augmentait en même temps les dimensions du foyer, et pour ces divers motifs plaçait sous sa machine un quatrième essieu à l'arrière. La première machine de ce type fut mise en service en 1873.

Vers la même époque, le chemin de fer de Lyon arrivait, de son côté, à la même solution, et ces deux compagnies ont aujourd'hui en service un grand nombre de ces locomotives, qui ont de nombreux points de ressemblance. Le châssis est mixte, intérieur pour les trois essieux d'avant, extérieur pour l'essieu d'arrière. Les cylindres sont extérieurs et placés en porte à faux par rapport aux roues d'avant; la distribution est extérieure; l'essieu moteur est le

Gr. VI.
—
Cl. 64.

premier vers l'avant des deux essieux accouplés; l'essieu d'arrière est placé sous le foyer.

Les différences principales consistent dans la longueur du foyer et les dimensions des cylindres, plus grandes dans la machine de Lyon que dans celle d'Orléans; enfin, dans celles des roues, qui ont à Lyon 2$^m$,10 de diamètre au contact, et à Orléans 2 mètres. La machine d'Orléans suppose l'emploi du tout-venant; celle de Lyon pourrait brûler des menus.

(b) *Locomotive du Nord.* — La locomotive du Nord (exposée comme système général et non pas comme spécimen de construction, elle sort des ateliers de Mulhouse) est la dernière transformation d'un type adopté en 1871, après l'insuccès de la machine à quatre cylindres. Elle dérive du type créé par M. Sturrock sur le Great-Northern, mais elle en diffère par les dispositions du foyer, établi en vue de la combustion des menus, et par l'emploi du truc monté sur deux essieux à l'avant. La machine du Nord est à cylindres intérieurs et, par suite, à essieu moteur coudé; le mouvement de distribution est intérieur, le châssis est double, les quatre essieux sont à fusées extérieures; l'essieu coudé est placé à l'avant du foyer, et l'essieu d'arrière, qui est l'essieu accouplé, est sous le foyer. L'accouplement est fait au moyen de manivelles rapportées. Les roues accouplées ont un diamètre au contact de 2$^m$,10.

(c) *Locomotive de la Haute-Italie.* — La locomotive exposée par les chemins de fer de la Haute-Italie est la première d'une série de dix que cette compagnie a fait construire pour le service des trains express sur ses lignes, spécialement sur celles de Gênes à Pise, de Gênes à Vintimille et de Bologne à Porreta, qui présentent des courbes de 250 à 300 mètres et des rampes maxima de 12 millimètres.

Le remplacement de l'essieu porteur d'avant par un avant-train articulé, la réduction du diamètre des roues accouplées, sont d'ailleurs les seuls points essentiels qui la distinguent des quarante locomotives que ce chemin de fer avait fait construire depuis 1872, et dont une figurait à l'Exposition de Vienne.

Le type primitif de ces locomotives peut également être considéré comme tiré de la locomotive à trois essieux d'Orléans, dont les tubes ont été raccourcis à 3$^{m}$,50 (au lieu de 5 mètres), le foyer allongé considérablement et placé au-dessus de l'essieu d'arrière, et l'empattement total des roues augmenté, sans disposition spéciale pour l'inscription en courbe. De ces modifications était résultée une machine trop lourde à l'avant, le poids sur rails des roues d'avant atteignant 13,000 kilogrammes, et ne pouvant aborder des courbes de petit rayon. La substitution d'un avant-train articulé à l'essieu porteur aura donc le double avantage de remédier à ces deux inconvénients.

L'essieu moteur est à l'avant du foyer; l'essieu accouplé est l'essieu d'arrière placé sous le foyer; le châssis est intérieur aux roues; les cylindres, placés dans l'axe du truc, et le mouvement de distribution sont extérieurs au châssis et aux roues. Les roues accouplées ont un diamètre de 1$^{m}$,82. L'empattement des roues extrêmes, mesuré d'axe en axe des essieux, est de 6 mètres. Le foyer est destiné à l'emploi des combustibles de qualité inférieure.

Cette rapide esquisse permet de saisir les traits principaux qui différencient les huit machines à grande vitesse.

Nous allons maintenant les examiner au point de vue de la chaudière, du mécanisme et de l'emploi de la vapeur, enfin du véhicule.

## § 2. — DISPOSITIONS PRINCIPALES DE LA CHAUDIÈRE.

### Type de la chaudière.

Quatre des huit machines sont à chaudière du type Crampton; l'enveloppe de boîte à feu est cylindrique et en prolongement du corps de la chaudière ou peu surélevée; ce sont celles de Sharp, d'Orléans, du Midi et de l'Ouest. Quatre sont du type Belpaire, à boîte à feu de forme cubique et face supérieure de l'enveloppe plane et parallèle au ciel du foyer.

*Hauteur de l'axe de la chaudière au-dessus du rail.* — Le tableau n° 1 montre que les hauteurs de l'axe de la chaudière au-dessus du

Gr. VI. — Cl. 64.

rail varient depuis $1^m,94$, pour la machine de Lyon, jusqu'à $2^m,185$, pour la locomotive de Sharp. Dans l'origine, on s'était beaucoup préoccupé de cette élévation. Or l'expérience journalière prouve que ces diverses machines, aujourd'hui en service, présentent une parfaite stabilité. La chaudière n'est, en effet, qu'un des éléments du poids total suspendu, et le centre de gravité de l'ensemble ne s'élève pas de la même quantité que celui de la chaudière.

*Timbre.* — Le timbre est de neuf kilogrammes pour toutes les chaudières, sauf celle du Nord, dans laquelle il est de dix; celle de Lyon, bien que timbrée à neuf kilogrammes, a des tôles suffisamment épaisses pour permettre l'application d'un timbre de dix. C'est la limite qu'aucun exposant n'a dépassée, du moins pour les locomotives proprement dites, car, dans les locomotives pour tramways, on est allé jusqu'à quinze kilogrammes.

#### Foyer, grille, combustible et cheminée.

Trois locomotives, celles de Sharp, d'Orléans, du Midi, présentent des foyers profonds et des grilles de dimensions moyennes ne dépassant pas $1^m,70$. Une, celle de l'Ouest, a un foyer à la fois peu profond et une grille de dimensions moyennes. Ces locomotives ne peuvent employer que du combustible gros ou tout au plus du tout-venant, à fortes proportions de gailletterie. Les quatre autres, celles de l'Est, de Lyon, du Nord, de la Haute-Italie, sont à foyer peu profond et à grille de grande longueur, dont la surface atteint jusqu'à $2^{mq},50$ au maximum. Pour la machine de la Haute-Italie, les grilles sont disposées pour l'emploi des combustibles de qualité inférieure et même des menus, comme dans les locomotives du chemin de fer de l'Est.

Le rapport de la surface de grille à la surface de chauffe, dans ces différentes machines, est le suivant :

| | | |
|---|---|---|
| 1er GROUPE. | Locomotive de Sharp | 1/70 |
| | Locomotive du Midi | 1/63 |
| | Locomotive d'Orléans | 1/88 |
| | Locomotive de l'Ouest | 1/58 |

| 2e GROUPE. | | |
|---|---|---|
| | Locomotive de l'Est | 1/50 |
| | Locomotive de Lyon | 1/63 |
| | Locomotive du Nord | 1/47 |
| | Locomotive de la Haute-Italie | 1/43 |

soit environ 1/65 pour les locomotives du premier groupe, et 1/45 pour celles du second groupe, qui sont à tubes de longueurs comparables, et en mettant de côté les deux locomotives de Lyon et d'Orléans, qui ont des tubes de 5 mètres. Ces dernières présentent même entre elles une différence considérable, le rapport étant de 1/63 pour la première et de 1/88 pour la seconde; mais il y aurait lieu de tenir compte, pour celle d'Orléans, de la présence de la trémie de chargement dans laquelle commence la combustion.

La plupart de ces grilles, celles du moins de grandes dimensions, présentent une partie mobile pour le nettoyage du feu.

La tendance générale est à l'emploi des cheminées coniques; mais on ne semble pas d'accord sur la conicité qu'il convient de leur donner. Les cheminées des chaudières de Lyon, du Midi, d'Orléans et de l'Ouest sont cependant encore cylindriques.

*Fumivores.* — L'emploi du souffleur, combiné avec celui de grilles de dimensions considérables, où le chargement se fait par petites quantités à la fois, et aussi l'habileté plus grande des chauffeurs ont permis de renoncer aux fumivores; aussi, sur huit machines, cinq n'en présentent-elles pas.

Dans celle de Sharp, un écran réfractaire placé au-dessous des tubes assure la combustion des gaz, en les forçant à se mélanger à l'air dans le circuit, qu'il les oblige à parcourir, en même temps qu'il protège les tubes contre les coups de feu. Une sorte d'auvent placé à l'intérieur du foyer, au-dessus de la porte, a également pour objet de ménager les tubes en obligeant l'air froid, qui lors du chargement pénètre dans le foyer, à suivre un chemin détourné et à se réchauffer avant de parvenir aux tubes.

La machine d'Orléans présente une application du fumivore Tenbrinck. La locomotive de Lyon est munie du fumivore système Thierry.

Gr. VI. — Cl. 64.

*Souffleur.* — Toutes ces locomotives sont munies d'un souffleur débouchant par un simple orifice circulaire au centre de la cheminée, ou formé d'un anneau percé de trous qui entoure l'orifice d'échappement, comme dans la locomotive de Sharp et dans celle d'Orléans.

*Échappement.* — Dans sept de ces locomotives, l'orifice de l'échappement est à section variable, au moyen de valves dont la manœuvre est placée à la portée du mécanicien. La locomotive de Sharp présente seule une section fixe, mais la tête de l'échappement est rapportée, et peut être remplacée par une autre, de section appropriée à la qualité du combustible dont on dispose. Cette modification ne peut être faite qu'à l'atelier, et le mécanicien n'a aucune faculté de faire varier le tirage en marche autrement que par l'emploi du souffleur.

*Cendrier.* — Le cendrier fermé, qui est, avec l'échappement variable, un des moyens de faire varier le tirage, existe sur les huit machines dont il s'agit. Les uns sont munis de portes à l'avant et à l'arrière, manœuvrables de la plate-forme du mécanicien : d'autres n'ont de portes qu'à l'avant; le cendrier du Midi n'a qu'une ouverture, placée à l'avant et sans moyen de fermeture.

### Surface de chauffe. — Puissance de vaporisation.

Si l'on compare ces diverses locomotives au point de vue de leur surface de chauffe, qui a été calculée pour toutes sur le diamètre extérieur des tubes, et de leur puissance de vaporisation, on voit que les ingénieurs qui les ont étudiées se sont tous préoccupés d'obtenir une grande surface de chauffe et une bonne utilisation de la chaleur, les uns en admettant des tubes de 5 mètres de longueur, comme à Lyon et à Orléans, les autres en adoptant des tubes de longueur réduite, mais en plus grand nombre, de façon à augmenter la section du passage des gaz, à diminuer leur vitesse et, par suite, à augmenter la durée de leur contact avec les parois à travers lesquelles se fait la transmission du calorique.

Le tableau ci-après permet de les comparer à ce point de vue :

| LOCOMOTIVES. | SURFACE DE CHAUFFE TOTALE. | PROPORTION de LA SURFACE TOTALE prise par le foyer. | SECTION de PASSAGE DES GAZ à travers le faisceau tubulaire. |
|---|---|---|---|
| | mq | | mq |
| Orléans | 144,06 | 1/13,5 | 0,25 |
| Lyon | 137,02 | 1/15 | 0,27 |
| Est | 119,43 | 1/14 | 0,30 |
| Sharp | 115,30 | 1/12 | 0,32 |
| Nord | 108,82 | 1/11,6 | 0,265 |
| Midi | 108,03 | 1/10,8 | 0,30 |
| Haute-Italie | 107,19 | 1/11,7 | 0,284 |
| Ouest | 101,33 | 1/14,5 | 0,248 |

**Volume d'eau et de vapeur.**

Comprises entre des roues de grand diamètre, toutes ces chaudières sont limitées aux mêmes dimensions transversales, et le volume d'eau à 10 centimètres au-dessus du ciel du foyer est, pour la plupart, de 3 mètres cubes; les locomotives de Lyon et d'Orléans ont seules, en raison de la grande longueur de leurs tubes, un volume d'eau plus grand : il est de $3^{mc},800$.

*Dôme.* — Toutes ces chaudières sont munies d'un dôme, placé, en général, vers le milieu de leur longueur; la capacité du réservoir de vapeur varie de $2^{mc},650$, pour la chaudière de Lyon, à $1^{mc},500$, pour la chaudière du Midi.

*Soupapes.* — Le nombre des soupapes est de deux en général; les locomotives d'Orléans et de l'Est ont cependant toutes deux une troisième soupape à action directe, placée au-dessus du foyer, pour parer à l'insuffisance des deux autres, et qui a paru nécessitée par la grande surface de chauffe directe de ces chaudières.

Les deux soupapes de la locomotive de Sharp sont du système Ramsbottom et placées sur un siège spécial au-dessus du foyer. Toutes les autres sont chargées au moyen de balances.

Gr. VI. — Cl. 64.

*Indicateur du niveau. — Manomètres.* — Toutes ces locomotives sont munies de manomètres métalliques de divers systèmes, de tubes en verre indicateurs du niveau de l'eau, enfin de deux ou trois robinets d'épreuve pour le cas où le tube viendrait à faire défaut.

Nous signalerons sur les machines du Nord, de l'Est et de la Haute-Italie l'emploi d'une bielle de connexion et d'une manivelle pour la manœuvre simultanée, et à distance, des robinets de niveau d'eau, pour le cas où le tube viendrait à casser, de façon à mettre le mécanicien à l'abri de brûlures.

### Alimentation.

L'alimentation est assurée, sur toutes ces machines, par des injecteurs de types divers, les uns non aspirants, systèmes Friedmann et autres, placés en contre-bas du niveau de l'eau dans le tender; les autres aspirants, comme ceux de Lyon, du Midi et de l'Ouest.

Bien qu'il emploie un injecteur, le chemin de fer d'Orléans est resté fidèle à l'emploi de la pompe pour alimentation constante en marche, pompe perfectionnée d'ailleurs, à double effet et à deux pistons marchant à l'encontre l'un de l'autre. Quoi qu'il en soit, l'injecteur est l'appareil d'alimentation par excellence, et la suppression de l'une des fonctions qu'on lui demandait à l'origine, l'aspiration, l'a amené à un degré de simplicité tel que la présence des injecteurs aspirants, abandonnés en général à l'étranger, ne s'explique guère que par une différence de prix tenant aux droits de brevet des nouveaux appareils.

### Appareils de M. Mazza et de M. Chiazzari.

Parmi les appareils d'alimentation, nous signalerons la présence, sur la locomotive de la Haute-Italie, de deux appareils destinés à l'alimentation à l'eau chaude.

*Appareil de M. Mazza.* — Le premier est une annexe de l'appareil Kirchweger, ayant pour but d'approprier l'injecteur à l'injection dans la chaudière de l'eau échauffée dans la caisse à eau du tender au moyen d'une partie de la vapeur d'échappement, et portée à une température à laquelle les injecteurs ordinaires cessent de fonctionner.

Il consiste dans un réservoir spécial dans lequel cette eau est emmagasinée, et que l'on fait communiquer avec la chaudière; l'équilibre de pression s'établit ainsi entre la chaudière et l'eau contenue dans le réservoir. C'est dans ce réservoir qu'un injecteur, qui n'a plus alors à vaincre que la résistance des conduites et la différence de niveau dans le réservoir et dans la chaudière, prend l'eau pour la refouler.

L'inconvénient de l'appareil Kirchweger est d'échauffer l'eau avant son refoulement dans une capacité qui rayonne de tous côtés, et perd une partie de la chaleur que l'on s'était proposé de récupérer; en même temps ce rayonnement est d'une grande incommodité pour le personnel chargé de la conduite de la machine.

Il est donc plus logique de ne chercher à échauffer l'eau qu'au moment où elle va être refoulée dans la chaudière, c'est-à-dire dans son trajet du tender à la chaudière. C'est ce que M. Chiazzari s'est proposé de réaliser.

*Appareil de M. Chiazzari.* — Cet appareil consiste dans une pompe à double effet, dont le piston aspire, par l'une de ses faces, l'eau du tender, pour l'injecter ensuite dans la vapeur qui remplit un tuyau branché sur les conduites d'échappement, et, par l'autre, l'eau échauffée par la condensation de cette vapeur, pour la refouler dans la chaudière.

Ces deux appareils permettent de refouler dans la chaudière de l'eau échauffée à 95 ou 100 degrés au moyen de la chaleur provenant de la vapeur en excès sur la quantité nécessaire pour produire le tirage. Il reste à déterminer quelle est, suivant le travail effectué par la machine, la quantité de vapeur dont on peut ainsi disposer.

D'après les renseignements fournis par les inventeurs et par la compagnie des chemins de fer de la Haute-Italie, qui a appliqué les appareils en question à deux de ses machines, les résultats obtenus auraient été satisfaisants, et comme fonctionnement et comme économie. C'est à la suite de ces résultats favorables que les compagnies du Nord et de l'Est français se sont décidées à les essayer; mais ces applications sont encore trop récentes pour qu'il soit possible de formuler une conclusion.

### Prise de vapeur.

Ainsi que nous l'avons dit, toutes ces locomotives ont un dôme, et c'est à sa partie supérieure que se fait la prise de vapeur, soit par un tiroir vertical placé dans le dôme même, soit par un tuyau qui aboutit à un régulateur à tiroir horizontal, système Crampton, fixé sur la chaudière.

Dans les unes, celles de Sharp, de Lyon, d'Orléans et de la Haute-Italie, les tuyaux de conduite aux cylindres passent à travers la chaudière et la boîte à fumée; dans les autres, ils sont placés à l'extérieur et protégés par une enveloppe en tôle.

Dans la locomotive de l'Est, des tuyaux partant du dessus du ciel du foyer, et d'une section plus grande que celle des lumières du régulateur, amènent au dôme la vapeur qui serait cantonnée au-dessus du foyer et produirait les entraînements d'eau, dans le cas où l'on marcherait très haut d'eau.

### Construction de la chaudière.

Le développement de la puissance de l'outillage des forges a été mis à profit par les constructeurs de locomotives pour réduire au minimum le nombre des clouures et, par suite, les chances de fuites et d'avaries, en même temps que la main-d'œuvre, en adoptant des tôles de grandes dimensions; aussi les viroles du corps cylindrique sont-elles d'une seule pièce. Il en est de même, malgré leurs grandes dimensions dans les deux sens, pour les tôles d'enveloppe extérieure du foyer des locomotives de l'Est, de Lyon, de l'Ouest, et aussi pour les tôles embouties des faces avant des locomotives de l'Est et de Lyon.

Les tôles d'enveloppe sont, au contraire, en trois pièces dans les autres locomotives, et même en cinq dans celle du Midi.

En général, les tôles sont embouties sur de plus grands rayons qu'autrefois, pour fatiguer le moins possible le métal.

Le dôme est presque toujours fixé sur la chaudière par une collerette emboutie de grande épaisseur; cependant, dans la locomotive de Sharp, il est rivé par son bord rabattu. Dans toutes, sauf dans celle de la Haute-Italie, l'ouverture pratiquée dans la chaudière est renforcée par une tôle de doublure, qui en fait le tour et qui est prise par les mêmes rivets que l'embase du dôme.

Les rivures longitudinales sont à deux rangs de rivets; les rivures verticales ou transversales à un seul rang, sauf celle qui réunit l'enveloppe du foyer au corps de la chaudière, et qui est presque partout à deux rangs.

### Métaux employés.

Les métaux employés pour la chaudière sont le cuivre rouge pour le foyer et le fer pour les tôles de la chaudière. L'acier fondu, qui avait reçu en France un assez grand nombre d'applications, en particulier aux chemins de fer d'Orléans et du Midi, a été abandonné, à cause des accidents et des ruptures auxquels il avait donné lieu, malgré les plus grands soins apportés dans sa réception aux usines et dans son travail à l'atelier. On a constaté, en outre, qu'il se corrodait promptement, et, sauf des spécimens de chaudières provenant des fabriques d'acier, telles que le Creusot, ou de provenance autrichienne, on ne trouve pas à l'Exposition d'autres chaudières en acier que celles des locomotives de Winterthur, acier tiré d'ailleurs des usines du Creusot.

C'est donc à la tôle de fer que l'on a donné, en définitive, la préférence, en lui demandant de satisfaire aux essais divers imposés par les cahiers des charges, où sont stipulés des minima de résistance et d'allongement au-dessous desquels chaque feuille, essayée isolément, est refusée.

Les épaisseurs adoptées dans les chaudières exposées sont, en général, telles que le maximum de fatigue ne dépasse pas 1/6 de la charge de la rupture.

### Consolidation. — Armatures. — Entretoisement des faces planes.

Des armatures reliées aux parois latérales voisines de la chau-

Gr. VI. — Cl. 64.

dière raidissent le haut de la plaque tubulaire de boîte à fumée, ainsi que la face arrière de l'enveloppe du foyer; celle-ci est, en outre, dans la plupart des machines, reliée par de forts tirants à des supports fixés à l'intérieur du corps cylindrique de la chaudière. Des tirants réunissent aussi la plaque tubulaire du foyer, dans la partie placée au-dessous des tubes, avec le corps cylindrique.

Le ciel du foyer est consolidé par des armatures, en tôle ou en fer forgé, placées en long dans les chaudières de Sharp, d'Orléans, de l'Ouest, et suspendues soit à des fers à T rivés sur le berceau de l'enveloppe, soit, comme à Orléans, au siège de la cuvette du trou d'homme.

Dans la chaudière du Midi, les fermes sont transversales et reposent sur des consoles venues de forge avec deux pièces de fer qui constituent, de chaque côté, une portion de l'enveloppe extérieure de la boîte à feu.

Dans les quatre autres chaudières, qui sont du type Belpaire, l'entretoisement du ciel du foyer et de son enveloppe ainsi que celui des faces planes sont faits au moyen de tirants en fer vissés dans la tôle et maintenus par des écrous, excepté dans la locomotive de la Haute-Italie, où les tirants qui réunissent les deux faces latérales ne forment qu'un rang et sont fixés sur des équerres rivées sur les deux faces. Les tirants employés par le chemin de fer de Lyon présentent cette particularité qu'ils sont en acier et percés sur toute leur longueur.

Les entretoises des faces planes verticales du foyer et de son enveloppe sont en cuivre rouge, percées, soit sur toute leur longueur, soit sur une partie seulement; seule, la locomotive de Sharp a des entretoises pleines.

*Tubulure.* — Les tubes varient de 45 à 50 millimètres de diamètre extérieur; ils sont en laiton; la disposition en quinconce par rangées verticales a été adoptée d'une manière presque générale; la chaudière du Midi fait seule exception. Ils sont supportés en leur milieu, à cause de leur grande longueur, dans les locomotives de Lyon et d'Orléans. Ils sont garnis de viroles en acier à leurs deux extrémités, sauf dans les chaudières de l'Est, du Midi et de l'Ouest, où il n'y a de viroles que du côté du foyer.

*Enveloppe. — Robinetterie. — Accessoires.* — Pour terminer ce qui est relatif à la chaudière, nous noterons la disparition presque complète des enveloppes isolantes en corps mauvais conducteurs de la chaleur; la chaudière d'Orléans seule est garnie d'une enveloppe protectrice en laine de scorie.

D'une manière générale, l'enveloppe consiste dans une tôle mince, qui entoure la chaudière de façon à ménager entre elle et son enveloppe une couche d'air d'une épaisseur suffisante. Cette enveloppe est en tôle de fer recouverte de peinture.

La compagnie d'Orléans emploie une enveloppe en laiton poli, en faveur de laquelle elle invoque l'avantage de ne pas donner lieu à des frais de peinture et, par suite, de se prêter aux visites fréquentes de l'extérieur de la chaudière. Mais la couche isolante intermédiaire qu'elle conserve n'a-t-elle pas, au contraire, pour effet de rendre cette visite plus difficile? D'autre part, l'entretien courant de cette enveloppe polie demande de plus grands soins et, malgré l'avantage des enveloppes polies au point de vue de la conservation de la chaleur, on voit que la plupart des compagnies y ont renoncé.

La robinetterie est, sur beaucoup de machines, à vis et à cône.

Enfin, parmi les accessoires de la chaudière, outre les trous de vidange et de lavage qui existent au centre du corps cylindrique, nous signalerons la présence, sur toutes les chaudières sans exception, de trous, en plus ou moins grand nombre, ménagés sur les faces latérales et même sur la face arrière de l'enveloppe de la boîte à feu, dans le but de laver, de gratter au besoin le dessus du ciel du foyer. Cette partie, l'une des plus importantes de la surface de chauffe, et qui, par sa forme plane horizontale et la présence des armatures, est exposée à l'accumulation des dépôts, peut être aussi facilement nettoyée.

La grille de boîte à fumée destinée à retenir les escarbilles enflammées, réglementaire en France, ne se trouve ni sur la locomotive anglaise ni sur la locomotive italienne.

Gr. VI.
—
Cl. 64.

§ 3. — DISPOSITIONS PRINCIPALES ADOPTÉES POUR LE MÉCANISME ET L'EMPLOI DE LA VAPEUR.

### Cylindres.

Le diamètre des cylindres varie de 420 à 500 millimètres, et la course de piston de 600 à 650 millimètres. Les plus petites dimensions sont celles de la machine de l'Ouest, et les plus grandes celles de la machine de Lyon. Or, si la première a de plus petits cylindres, elle a, en même temps, comme nous l'avons vu, la plus petite surface de chauffe; ses cylindres sont donc proportionnés à sa chaudière.

Les cylindres de Lyon sont les plus grands de tous et permettent d'utiliser la vapeur à une détente plus grande. Cependant les ingénieurs d'Orléans n'ont pas pensé devoir aller aussi loin, et se sont bornés à un diamètre de 440 millimètres et à une course de 650 millimètres pour une chaudière de puissance égale à celle de Lyon. De quel côté est l'avantage? C'est ce que des expériences comparatives pourraient seules établir d'une manière indiscutable.

*Tiroirs.* — Les tiroirs sont plans, en bronze, garnis, dans un certain nombre de machines, celle de l'Est entre autres, de métal antifriction logé dans des alvéoles coniques de petit diamètre, formant queues d'aronde, destinées à assurer le contact des deux métaux. Les tiroirs d'Orléans sont en bronze phosphoré (procédé de Ruolz et de Fontenay), qui présente une grande homogénéité et donne de très beaux frottements.

Enfin, on a cherché à assurer le graissage des tiroirs à distance et en marche, en plaçant sur la plate-forme du mécanicien les graisseurs, qui sont alors reliés par des tuyaux avec la boîte à vapeur.

La compagnie d'Orléans signale la suppression de tout graisseur des tiroirs, qui sont lubrifiés en marche par une injection d'eau au moyen du robinet de l'appareil Lechâtelier. Mais, par contre, la compagnie d'Orléans conserve les graisseurs de cylindres, supprimés par d'autres compagnies.

*Pistons et annexes.* — Tous les pistons sont à segments métalliques. Le corps du piston est en fer forgé, tantôt avec âme centrale et évidements dont les fonds du cylindre épousent la forme et sont la contre-partie ; tantôt creux et formé de deux plateaux en fer soudés. La compagnie de l'Ouest seule emploie des pistons creux en fonte.

Le piston à âme centrale de Lyon est venu de forge avec sa tige; dans les autres machines, l'emmanchement de la tige dans le corps du piston se fait, soit à vis coniques emmanchées en chauffant le corps du piston pour assurer un certain serrage (pistons de l'Est, d'Orléans et de l'Ouest), soit par simple emmanchement conique avec écrou (piston de Sharp), soit par rivure (piston du Nord).

Une fausse tige guidée à travers le plateau d'avant supporte le piston de l'Est. Cette disposition est adoptée par cette compagnie, d'une manière générale, pour les pistons de plus de 400 millimètres de diamètre, en vue de s'opposer à l'ovalisation du cylindre.

L'acier est employé pour les pistons et pour leurs tiges, de façon à réduire au minimum le poids des pièces à mouvement alternatif, qu'il est impossible d'équilibrer d'une manière rationnelle sans recourir à des solutions compliquées. Dans ce même but, les têtes de piston sont également allégées le plus possible.

Enfin, pour éviter l'irrégularité d'usure des cylindres et des garnitures des tiges de piston, les conditions de résistance des glissières de têtes de pistons ont été considérablement améliorées, soit par l'emploi de l'acier ou le choix d'une section plus résistante, soit par l'emploi simultané des deux moyens. Nous citerons les glissières en acier en forme de T de la locomotive de l'Est et celles en fonte de même forme, avec tables de frottement rapportées, de la locomotive du Midi.

*Bielles. — Boutons de manivelles.* — L'acier a été employé pour les bielles d'accouplement des locomotives de l'Est ou du Nord, le fer pour toutes les autres.

Employées depuis longtemps en Angleterre, les bielles à bagues

Gr. VI. — Cl. 64.

en bronze, sans moyen de serrage, que l'on trouve sur les locomotives de Sharp et du Nord, ont l'avantage d'éviter les ruptures qui peuvent provenir du serrage intempestif résultant de la maladresse d'un mécanicien. Le corollaire de cette disposition est la suppression des coins de réglage des boîtes à graisse.

Le chemin de fer du Nord a appliqué cette disposition même à ses grosses têtes de bielles motrices, et il s'en déclare très satisfait.

### Changements de marche.

Le changement de marche à vis, qui faisait son apparition à l'Exposition de 1867, est devenu depuis d'un usage général. On cherche autant que possible à le simplifier; il se compose, dans sa plus simple expression (locomotives de Sharp, de l'Est et de l'Ouest) : 1° d'un bâti en fonte ou en acier fondu, fixé soit sur les parois latérales de la chaudière (locomotives de l'Est et de l'Ouest), soit sur le châssis, ce qui a l'avantage de le soustraire à l'influence de la dilatation de la chaudière (la locomotive de Sharp présente cette dernière disposition); le support est fixé sur le couvre-roue d'arrière; 2° d'une barre ou bielle commandant directement l'arbre de relevage; 3° de l'arbre de relevage proprement dit, qui transmet le mouvement, d'un côté à l'autre de la machine, à la coulisse dans la distribution de Stephenson, ou à la bielle intermédiaire entre la coulisse et le coulisseau dans la distribution de Gooch, ou enfin à l'une et à l'autre en même temps dans la distribution par coulisse droite d'Allan ou de Trick.

C'est pour obtenir cette commande directe, qui réduit au minimum le nombre des articulations, que la compagnie de l'Est a adopté un arbre de relevage coudé, qui, fixé sur les parois de la boîte à feu, la contourne pour transmettre le mouvement à la bielle du tiroir du côté gauche.

Rencontrant à peu près les mêmes difficultés dans son étude, le chemin de fer du Midi a adopté une autre solution, qui consiste dans un arbre placé au-dessus de la boîte à feu, et qui transmet, par deux bielles et deux renvois de mouvement d'équerre, le mouvement aux bielles de commande du tiroir. Cette solution introduit un plus grand nombre d'articulations.

Dans les locomotives de Lyon, du Nord, d'Orléans, de la Haute-Italie, des balanciers ou des renvois de mouvement servent d'intermédiaires entre la vis et l'arbre de relevage.

**Distribution.**

Sur les huit locomotives que nous étudions, six sont à mouvement de distribution extérieure; deux, celles du Nord et de Sharp, sont à distribution intérieure.

La suppression des supports intermédiaires de la chaudière, qui dégage les organes du mouvement de distribution, l'installation, pour la nuit, d'appareils d'éclairage spéciaux à poste fixe au milieu du mécanisme, facilitent la visite de ce dernier, dans la machine anglaise.

Le Nord seul a employé la distribution par coulisse de Stephenson; la coulisse de Gooch se trouve sur cinq machines; la coulisse droite d'Allan, sur les deux locomotives de Sharp et de l'Ouest.

Toutes les articulations ou les parties frottantes du mouvement de distribution sont en acier ou en fer cémenté et trempé. Les poulies d'excentriques seules sont en fonte ou en acier coulé, comme à l'Ouest; les colliers sont en fer garni de métal blanc à Orléans et à l'Est. Le bronze est conservé par l'Ouest et par le Midi.

## § 4. — DISPOSITIONS PRINCIPALES DU VÉHICULE.

**Disposition du châssis.**

Les longerons ou brancards des châssis de toutes ces locomotives sont découpés d'une seule pièce, avec leurs plaques de garde, dans une feuille de tôle de 25 à 30 millimètres d'épaisseur.

Le châssis est simple et intérieur aux roues dans les locomotives de Sharp, du Midi et de la Haute-Italie; il est simple et extérieur dans la locomotive de l'Ouest; il est mixte et intérieur pour les trois paires de roues d'avant, extérieur pour les roues d'arrière, dans les locomotives de Lyon et d'Orléans; il est double dans les deux locomotives du Nord et de l'Est.

*Cylindres et annexes.* — Dans la locomotive de Sharp, les cylindres

Gr. VI. — Cl. 64.

sont intérieurs, et on les a rapprochés le plus possible, de façon à donner aux fusées de l'essieu coudé une longueur qui leur manque lorsque les tiroirs de distribution sont placés verticalement entre les deux cylindres; aussi a-t-on été conduit à les placer par-dessus. Dans la locomotive du Nord, les cylindres sont intérieurs et comprennent entre eux la boîte à vapeur commune. La locomotive de l'Ouest, caractérisée par l'emploi de l'essieu Martin, présente toute latitude pour l'installation des cylindres.

Dans les cinq autres locomotives, les cylindres sont extérieurs au châssis intérieur; ils sont placés en porte à faux par rapport aux roues d'avant dans les locomotives de Lyon et d'Orléans; ils sont, au contraire, compris entre les deux roues d'avant et du milieu dans celles de l'Est et du Midi. Enfin, dans la locomotive de la Haute-Italie, ils sont placés dans l'axe du truc.

Les garnitures des cylindres sont aujourd'hui presque exclusivement métalliques; les locomotives de l'Est, de l'Ouest et de Lyon sont munies des garnitures système Duterne, qui, très compliquées à l'origine, sont arrivées à un grand degré de simplicité. Le chemin de fer de l'Ouest qui, le premier, a appliqué ces garnitures, et le chemin de fer de Lyon, dont toutes les machines en sont aujourd'hui munies, en ont fait une exposition spéciale.

**Essieux.**

Les essieux coudés, dont la fabrication difficile a fait abandonner en France, d'une manière presque générale, la disposition de locomotives à cylindres intérieurs, malgré les avantages qu'ils présentent au point de vue de la stabilité, sont, au contraire, conservés en Angleterre. Nous les trouvons sur la locomotive de Sharp et sur celle du Nord, dont le type est, nous l'avons vu, d'origine anglaise.

Les manivelles de l'essieu du Nord ont été frettées par avance; cet essieu présente quatre fusées pour les quatre boîtes des deux châssis qui reportent sur lui la charge de la machine; il se prolonge au delà pour le calage des manivelles d'accouplement, qui sont extérieures. L'essieu de Sharp est à fusées intérieures; ses manivelles ne sont pas frettées.

L'essieu Martin employé par l'Ouest est à simple coude, emmanché, à ses deux extrémités, dans le moyeu de manivelle de la roue, qui, dans ce but, a reçu de très grandes dimensions. Ce modèle, qui supprime l'un des bras de chacun des coudes de l'essieu, a l'avantage de pouvoir s'obtenir par un pli allongé qui laisse au métal les meilleures conditions de résistance; mais il nécessite l'emploi de fusées spéciales extérieures, calées dans le centre de la roue.

Dans les cinq autres locomotives, la position extérieure des cylindres conduit à l'emploi d'essieux droits.

L'acier est le métal dont l'emploi semble prévaloir pour les essieux de locomotives, droits ou coudés; cependant ceux de Lyon, du Midi et de l'Ouest sont en fer.

En vue des longs parcours sans arrêt des trains et de la charge plus considérable sur les essieux des nouvelles machines, les dimensions des fusées ont été considérablement augmentées. Nous citerons les essieux de la locomotive de l'Est, dont les fusées ont une longueur commune de 280 millimètres et un diamètre de 185 millimètres pour les essieux moteurs et accouplés, de 160 millimètres pour l'essieu porteur. Il en résulte une charge de 9 à 10 kilogrammes seulement par centimètre carré.

Dans la locomotive de Sharp, le rapprochement des cylindres a permis de donner à la fusée de l'essieu coudé une longueur de 259 millimètres pour un diamètre de 184 millimètres.

### Roues.

Les roues sont du type dit d'Arbel ou Deflassieux, en fer, forgées avec leurs contrepoids dans les six locomotives françaises; elles sont également en fer forgé dans les deux autres locomotives. Les roues de 2$^{m}$,30 au contact, 2$^{m}$,19 à la jante tournée, d'un poids, par chaque corps de roue, de 1,100 kilogrammes, de la locomotive de l'Est sont un des exemples les plus remarquables de la puissance à laquelle on est arrivé dans les procédés de fabrication des pièces de machines. Ces roues proviennent des usines de MM. Deflassieux, à Rive-de-Gier.

Gr. VI.
—
Cl. 64.

### Bandages.

Les bandages sont en acier sur les locomotives de Sharp, de l'Est, du Nord, du Midi, d'Orléans et de la Haute-Italie. Ils sont, en général, fixés par des vis placées à l'intérieur de la jante; cependant les bandages de la locomotive du Midi sont fixés par des boulons.

Outre les vis, les bandages des roues des locomotives de Sharp et d'Orléans sont maintenus sur la roue par un rebord à agrafe, suivant la disposition employée souvent en Angleterre.

### Boîtes à graisse.

Les boîtes des roues motrices et accouplées sont presque toutes en fer cémenté et trempé; celles de l'Ouest sont en acier coulé. D'après sa Notice, cette compagnie emploie depuis six ans des boîtes en acier coulé, qui ont l'avantage d'être d'un prix moins élevé que les boîtes en fer forgé, mais dont la réception exige une grande surveillance.

Les coussinets, en bronze, sont garnis de métal antifriction dans les boîtes de la locomotive de l'Est.

Outre le graissage par siphons et mèches puisant l'huile dans le réservoir placé à la partie supérieure de la boîte, on trouve, dans un certain nombre de boîtes (celles d'Orléans notamment) et dans les boîtes munies de plans inclinés, le graissage au moyen d'un tampon appuyant contre le dessous de la fusée, comme dans les boîtes à huile des voitures et wagons.

### Suspension.

La suspension de chaque locomotive sur ses boîtes est faite par l'intermédiaire de ressorts à lames, placés au-dessus des boîtes, chaque fois que cela est possible; en dessous, lorsque la disposition de la machine s'y oppose.

### Passage des courbes.

Des huit locomotives que nous étudions, sept ont reçu, en raison du grand entre-axe de leurs roues extrêmes, des dispositions spéciales destinées à faciliter le passage dans les courbes. Seule, la locomotive de l'Ouest, dont l'empattement n'est que de $4^{m},40$, ne présente rien de particulier à cet égard.

Sur les sept locomotives, cinq sont munies de plans inclinés : celles de Sharp, de l'Est, du Midi, à leurs boîtes des roues porteuses d'avant; celles de Lyon et d'Orléans, aux boîtes de leurs deux essieux extrêmes, également porteurs. Dans toutes, les plans inclinés sont placés entre la boîte et le dessus de son coussinet, d'après la dernière disposition adoptée par le chemin de fer d'Orléans.

La locomotive de Sharp présente seule la disposition primitive du plan incliné placé entre le dessus de la boîte et la tige d'appui du ressort.

Enfin, les deux locomotives du Nord et de la Haute-Italie sont, nous l'avons dit, munies d'un avant-train articulé.

Dans la locomotive du Nord, la liaison de la machine et de son avant-train est assurée par une cheville centrale à contour sphérique pénétrant dans une crapaudine cylindrique, mais sans porter sur elle.

Dans la locomotive de la Haute-Italie, c'est le caisson entretoisant les cylindres qui porte les pièces intermédiaires entre la machine et son avant-train.

### Moyens d'arrêt.

Toutes ces locomotives, sauf celles de Sharp et du Nord, qui ont un frein à sabots sur les roues accouplées, sont munies de l'appareil à injection de vapeur qui permet d'utiliser pour l'arrêt la fraction du poids de la machine portée par les roues accouplées.

Dans la locomotive de l'Est, outre la contre-vapeur, un frein à main, dont les organes ont été calculés de façon à ne pas produire le calage, agit sur les roues porteuses d'avant de telle sorte que le poids total de la machine peut, au besoin, être utilisé pour l'arrêt.

Le frein de la locomotive anglaise est le frein hydraulique, système Webb, dont nous parlerons plus loin, à l'article *Freins de machines;* le frein du Nord est le frein à vide, système Smith.

Gr. VI.
—
Cl. 64.

**Accessoires de la machine.**

La tendance générale est de mettre le personnel chargé de la conduite de la machine à l'abri des intempéries, en ménageant une sorte de cabine au-dessus de la plate-forme d'arrière.

Une toiture supportée à l'arrière par des colonnettes, une paroi d'avant percée de fenêtres, des parois latérales partielles, telle est la solution encore éloignée de la cabine complètement fermée des locomotives américaines, mais qui suffit dans notre climat.

Les locomotives de l'Ouest et du Nord sont seules encore munies d'un simple écran vertical.

Parmi les accessoires de la machine, nous signalerons encore la sablière, qui est d'un emploi général, qu'elle soit placée sur la chaudière pour distribuer le sable à droite et à gauche, ou double et dissimulée sous les tabliers, comme dans la locomotive de Sharp.

**Attelage.**

Dans toutes ces machines, l'attelage avec le tender se fait soit au moyen d'une barre rigide de longueur invariable, comme dans la machine de Sharp, ou de longueur variable, par une vis manœuvrée par un cliquet, comme dans les locomotives du Nord, de l'Ouest, de Lyon et de l'Est, soit par un tendeur à vis articulé, comme celui du matériel roulant dans les locomotives d'Orléans, du Midi et de la Haute-Italie.

La réunion du tender et de la machine est complétée par des tampons à ressorts fixés sur le tender, et qui, dans les machines ci-dessus où la barre d'attelage est de longueur variable, peuvent être refoulés de façon à établir entre la machine et son tender un serrage énergique.

Dans l'attelage de l'Est et de Lyon, le ressort du tender, articulé en son milieu, s'incline pour faciliter le passage des courbes, pendant lequel la pression des tampons reste telle qu'elle a été établie par l'attelage et égale sur les deux tampons.

Outre les deux tampons pressés par un ressort à lames, le chemin de fer de l'Ouest emploie deux tampons à ressorts en spirale placés extérieurement aux premiers; ces tampons ont pour but de combattre le mouvement de lacet; mais, par cela même, ils créent une résistance spéciale au passage des courbes.



**Puissance de traction. Poids.**

Nous avons fait figurer au tableau l'effort tangentiel calculé par la formule admise en général :

$$F = \frac{0,65\,P d^2 l}{D};$$

et l'on voit que la plus faible de ces locomotives serait celle du Midi, avec un effort de 3,105 kilogrammes; la plus forte, celle de Lyon, avec 4,527 kilogrammes. Le rapport de cet effort au poids adhérent est, pour la première, de 1/8,4; pour la seconde, de 1/5,5. Les nombres correspondant aux autres locomotives sont compris entre ces deux limites extrêmes.

Cette manière, généralement admise, d'évaluer la puissance relative des machines n'est pas très exacte, parce qu'elle est basée sur l'emploi d'un seul et même coefficient (0,65) dans toutes les machines, pour la chute de pression de la chaudière aux cylindres et l'application de la détente.

Des expériences dynamométriques combinées avec le relevé des diagrammes du travail de la vapeur sur les pistons pourraient seules fixer d'une manière indiscutable sur la puissance relative de ces diverses machines. Ce que l'on peut affirmer, c'est que la plupart d'entre elles, en service sur les lignes principales exploitées par les compagnies qui les ont exposées, suffisent à assurer la traction des trains de dix-huit à vingt voitures aux vitesses effectives de 60 à 70 kilomètres à l'heure, pour une consommation moyenne de 7 à 8 kilogrammes de houille par kilomètre parcouru.

## § 5. — TENDERS POUR LOCOMOTIVES À GRANDE VITESSE.

Nous ne pouvons terminer cet examen des locomotives à grande vitesse, sans dire quelques mots du tender, annexe indispensable d'une locomotive puissante, qui ne peut porter elle-même un

Gr. VI. — Cl. 64.

approvisionnement suffisant pour les longues étapes qu'elle est appelée à parcourir sans arrêts. Toutes les locomotives exposées, sauf la locomotive de Sharp, figurent à l'Exposition avec leur tender.

### Capacité.

La capacité des caisses à eau des tenders exposés est : pour les tenders de l'Est, de Lyon, d'Orléans, de 10 mètres cubes; du Midi, 9 mètres cubes; du Nord et de la Haute-Italie, 8 mètres cubes; de l'Ouest, 6 mètres cubes 1/2.

Ces différences résultent de la plus ou moins grande longueur des parcours sans arrêts et de la charge des trains sur ces différentes lignes. Plus que suffisante, par le beau temps, pour les parcours les plus longs qui soient effectués aujourd'hui sans arrêts sur les lignes françaises, la capacité de 10 mètres cubes est nécessaire, par le mauvais temps, pour des trains chargés.

La nécessité de remplir en peu de temps des tenders de grande capacité a conduit les compagnies à accroître le débit des grues hydrauliques, soit par l'augmentation de la charge des réservoirs, qui ont été surhaussés, soit par l'emploi de gros tuyaux pour les conduites.

En même temps que l'on augmentait le poids de l'eau contenue dans le tender, on diminuait le poids de combustible, qui pourrait, à la rigueur, n'être égal qu'au septième du poids de l'eau emmagasinée, soit 1,500 kilogrammes, et qui a été conservé de 2,500 kilogrammes dans le tender de l'Est, dans lequel il est le plus faible.

### Véhicule.

De cette façon, on est arrivé, à l'Est et à l'Orléans, à conserver un tender à deux essieux, malgré l'augmentation du poids de l'eau transportée.

Les tenders de Lyon et du Midi, ainsi que celui de la Haute-Italie, sont à trois essieux.

Les tenders de l'Ouest et du Nord sont à deux essieux.

Les essieux sont à fusées extérieures, excepté dans le tender du Midi, où les fusées sont intérieures aux roues.

Les longerons sont découpés dans une feuille de tôle d'une seule pièce, avec leurs plaques de garde et leurs entretoises; les longerons de Lyon sont seuls formés de deux tôles minces entretoisées par les glissières de plaques de garde et, dans le haut, par des tôles et des cornières qui forment une large surface d'appui pour la caisse.

Dans les autres, des cornières sont rapportées, dans le même but, sur les longerons, ainsi que sur les flèches et les traverses. En outre, dans les tenders d'Orléans et de l'Ouest, un plancher en bois est interposé entre la caisse et le châssis.

### Suspension.

La suspension est extérieure aux longerons, sauf dans le tender du Midi, où elle est complètement intérieure, et dans celui de Lyon, où elle est comprise entre les deux tôles qui constituent chaque longeron. Dans ce dernier tender, une ouverture ménagée dans le longeron extérieur laisse le ressort apparent et en assure la visite facile.

### Freins.

Tous ces tenders sont munis de freins suspendus directement au châssis et commandés, la plupart, au moyen d'une vis.

Seul, le frein de l'Est est commandé par une crémaillère, d'après la disposition qui est appliquée à tous les tenders de cette compagnie, et qui donne une grande rapidité pour le serrage. Ce frein présente encore cette particularité que l'arbre de commande des sabots est porté par les bielles de suspension des sabots des roues d'avant, ce qui a l'avantage de supprimer les supports spéciaux de cet arbre. Le frein du tender du Nord est ordinairement commandé par les sacs à vide, système Smith, qui commandent en même temps les freins de la machine, sur laquelle le manque de place disponible a empêché de placer les organes de commande.

### Attelage.

Nous avons décrit l'attelage de la machine avec le tender; l'attelage d'arrière, destiné à l'accouplement avec le train, consiste, généralement, en un ressort unique, servant à la fois pour le choc et pour la traction, et auquel on donne une très grande résistance. Dans le tender de Lyon, il n'en est cependant pas ainsi : la traction est sèche et le choc seul est élastique.

L'étude détaillée à laquelle nous venons de procéder, en ce qui concerne les locomotives à grande vitesse, suffit pour montrer quelles sont les tendances des constructeurs, en ce qui concerne les détails de construction des locomotives destinées à la voie normale; aussi, dans l'étude de celles qui composent les autres groupes, nous bornerons-nous à signaler les traits caractéristiques qui les distinguent, en faisant ressortir les points qui peuvent servir à l'établissement des conclusions générales.

## § 6. — LOCOMOTIVES POUR TRAINS ORDINAIRES DE VOYAGEURS SUR PROFIL FACILE.

Ce groupe comprend les locomotives connues ordinairement sous le nom de *locomotives mixtes*, c'est-à-dire à quatre roues accouplées, d'un diamètre relativement petit, mais suffisant pour permettre d'atteindre des vitesses de 50 à 55 kilomètres à l'heure, sans exiger une fréquence trop grande de mouvement du piston.

Ce groupe est représenté à l'Exposition par cinq locomotives, dont une seule est à tender séparé; les quatre autres sont des locomotives-tenders; le diamètre des roues est compris entre $1^{m},56$ et $1^{m},70$.

D'après leur provenance, ces cinq locomotives se répartissent comme suit :

*Angleterre.* Une locomotive-tender, système Fairlie, construite aux ateliers de M. Avonside et Cie.

*Belgique.* Une locomotive-tender, exposée et construite par la société de Marcinelle et Couillet, pour faire un service de réserve sur les lignes du Grand-Central belge.

*France.* Deux locomotives-tenders, exposées : l'une par Fives-

Lille, destinée à faire un service de pilotage sur les lignes du chemin de fer de l'Ouest; l'autre par le Creusot, destinée au service des voyageurs sur la ligne des Dombes.

*Suède.* Une locomotive à tender séparé, exposée par l'État de Suède et construite par les ateliers de Motala.

**1° Locomotive Fairlie.**

Cette locomotive n'est pas du type si connu de M. Fairlie, à chaudière double reposant sur deux trucs qui portent chacun un appareil moteur complet. Elle est à chaudière unique posée sur un bâti, qui porte en même temps les soutes à eau et à combustible, et qui repose, à chacune de ses extrémités, par un pivot à large surface, sur un truc à quatre roues. Un seulement de ces trucs est moteur, c'est le truc d'avant; celui d'arrière est simplement porteur.

Le faible écartement d'axe en axe des roues de ces trucs ($1^m,98$ pour le premier, $1^m,83$ pour le second), leur liberté relative presque complète, en raison de la position centrale qu'occupe, sur chacun d'eux, le point d'attache du bâti qui les rend solidaires, en font une machine d'une grande souplesse et propre à la circulation sur les lignes tracées avec des courbes de faible rayon.

Simplement posée sur le bâti intermédiaire avec toute liberté de dilatation, la chaudière n'intervient en aucune façon dans les réactions du châssis de l'appareil moteur. Produire de la vapeur est sa seule fonction; et c'est, sans contredit, une garantie de conservation et de durée pour cette partie essentielle de la machine. Mais cette indépendance des appareils de production et d'utilisation de la vapeur conduit à l'emploi de tuyaux de raccordement à double rotule pour la prise de vapeur et l'échappement, et ces raccords de tuyaux d'un diamètre assez considérable sont, en général, difficiles à maintenir étanches. Le grand développement donné au tuyau de prise de vapeur, qui, partant de la boîte à fumée, se dirige vers l'arrière jusqu'au pivot, d'où il revient aux cylindres placés à l'avant, peut, en outre, donner lieu à critique.

Gr. VI.
—
Cl. 64.

**2° Locomotive de Marcinelle et Couillet.**

Cette locomotive, la plus puissante du groupe que nous examinons, est une locomotive-tender à huit roues, dont quatre accouplées placées entre les roues porteuses; l'essieu moteur est l'essieu d'arrière, placé sous le foyer. Son châssis est intérieur; ses cylindres et son mouvement de distribution, système Walschaert, sont extérieurs au châssis; ses roues, de $1^m,70$ au contact, la rendent propre à une certaine vitesse, en même temps que ses cylindres de 44 centimètres de diamètre et de 60 centimètres de course lui permettent d'utiliser la vapeur à un degré de détente convenable.

Sa chaudière, du type Belpaire, qui présente une grande surface de grille ($2^{mq},16$, soit 1/56 de la surface de chauffe totale), sa surface de chauffe de 111 mètres carrés et la grande proportion (1/15,3) de la surface de chauffe directe lui assurent une production facile et abondante.

Comme détails de construction intéressants, nous signalerons l'emploi du cuivre rouge pour la plaque tubulaire de boîte à fumée, celui du fer pour les tubes, qui sont sans bouts de cuivre rapportés et qui sont fixés sur les plaques par simple rivure et sans viroles; l'articulation donnée à la première rangée des tirants qui réunissent le ciel du foyer à son enveloppe, de façon à laisser à la plaque tubulaire du foyer toute liberté pour sa dilatation.

L'acier coulé a été employé pour les boîtes et leurs guides; les essieux et les bandages sont en acier et, pour éviter de diminuer la résistance de ces derniers par des trous de vis ou de boulons, ils ont été, à titre d'essai, réunis à la jante par un anneau en zinc fondu dans une rainure à double queue d'aronde, creusée par moitié dans la jante et dans le bandage. Tout le mouvement est en fer fin grain, cémenté et trempé pour les articulations; les garnitures sont métalliques.

Notons enfin que cette machine est munie d'un frein à main, dont les deux sabots en fonte, qui viennent agir entre les deux roues accouplées, forment un frein à entraînement, et que ses appareils d'injection ont été disposés pour le chauffage d'un train de voyageurs par circulation d'eau chaude, d'après le système Belleroche.



### 3° Locomotive de l'Ouest.

Cette locomotive, destinée à un service de pilotage, est la reproduction à peu près exacte des locomotives qui font le service de la banlieue sur les chemins de fer de l'Ouest. Tous les organes du mouvement et de la distribution ont été conservés; la seule différence consiste dans l'addition d'un quatrième essieu, nécessité par l'augmentation des approvisionnements d'eau et de combustible en vue de plus longs parcours.

C'est ainsi que la capacité des caisses à eau a été portée à $6^{mc},500$.

Signalons l'emploi de plans inclinés aux boîtes des roues porteuses d'avant et d'arrière, bien que la base d'appui ne soit que de $5^{m},10$.

### 4° Locomotive des Dombes.

Cette locomotive à trois essieux est destinée à un service de voyageurs, à la vitesse de 40 à 45 kilomètres à l'heure, sur une ligne à courbes de faible rayon. Aussi, l'essieu porteur d'avant a-t-il reçu un jeu de 20 millimètres dans ses boîtes, malgré le faible écartement ($3^{m},90$) des essieux extrêmes; des plans inclinés limitent ce déplacement. Le châssis est intérieur; les cylindres et le mouvement de distribution sont extérieurs. La chaudière est du type Belpaire; sa grille, d'une surface relativement grande ($1^{mq},70$), peut servir à l'emploi des combustibles menus; sa surface de chauffe, quoiqu'elle ne soit pas très élevée, en raison du peu de longueur des tubes, sera efficace, à cause de la grande surface relative du foyer et du grand nombre des tubes.

La machine a été construite aux ateliers du Creusot; elle présente à un haut degré le caractère de belle fabrication que nous avons signalé au commencement de ce Rapport.

### Appareil Harmignies.

Outre un frein à main, indispensable pour l'arrêt à un point déterminé, cette machine est munie du frein Harmignies, réglant

Gr. VI. — Cl. 64.

l'emploi de la contre-vapeur par la fermeture de l'échappement et l'injection dans les cylindres d'un filet d'eau froide prise au tender. L'appareil Harmignies, qui a l'avantage d'augmenter la contre-pression de la vapeur sur le piston du degré de vide qui se produit sur son autre face, et de garantir contre l'aspiration des cendres et des gaz chauds, aspiration qui se produit avec l'injection Lechâtelier, lorsque celle-ci est mal réglée, a, d'autre part, l'inconvénient d'introduire un nouvel organe et, par suite, de nouvelles chances de dérangement.

**5° Locomotive de l'État de Suède.**

Cette locomotive est à tender séparé; elle est à trois essieux, l'un porteur à l'avant, les deux autres accouplés; l'essieu moteur est celui du milieu; l'essieu d'arrière est placé sous le foyer. Le diamètre réduit de ses roues ($1^{m},08$ pour la roue porteuse, $1^{m},56$ pour les roues accouplées) indique qu'elle est destinée aux moyennes vitesses, et son faible poids adhérent, 20 tonnes, aux faibles charges.

Les cylindres sont extérieurs aux châssis et placés en porte à faux, par rapport à la roue d'avant; la distribution, à coulisse droite, est placée à l'intérieur. La chaudière, du type Belpaire, est à tubes courts et présente une surface directe et une surface de grille relativement considérables, qui la placent dans des conditions de production satisfaisantes. On y trouve, comme dans la locomotive de Sharp, un écran réfractaire dans le foyer au-dessous des tubes et un autre écran au-dessus de l'ouverture de la porte.

§ 7. — LOCOMOTIVES POUR TRAINS DE VOYAGEURS SUR PROFIL ACCIDENTÉ OU POUR TRAINS DE MARCHANDISES SUR PROFIL FACILE.

Caractérisées par le nombre de leurs roues accouplées et par le faible diamètre de celles-ci, ces locomotives sont au nombre de six, savoir :

1° *Belgique.* Locomotive-tender à dix roues, exposée par la société belge de construction de matériel de chemins de fer (Évrard, directeur);

2° *Hongrie.* Locomotive exposée par la société impériale et royale des chemins de fer de Hongrie; Gr. VI. — Cl. 64.

3° *France.* Locomotive des chemins de fer de l'Ouest;

4° *États-Unis d'Amérique.* Locomotive exposée par la compagnie de Philadelphia Reading Railroad;

5° *France.* Locomotive du chemin de fer de Lyon;

6° *Autriche.* Locomotive exposée par les ateliers de Floridsdorff et destinée à la traction sur la ligne du Brenner.

### 1° Locomotive Évrard.

La locomotive Évrard est une des plus puissantes machines-tenders qui existent; elle a été étudiée par les ingénieurs de l'État belge dans le but de desservir les trains de voyageurs sur les lignes à profil accidenté du réseau, ainsi que les lignes d'embranchement sur lesquelles ne se trouvent pas de plaques tournantes de grandes dimensions. Les roues sont au nombre de dix, dont six accouplées, placées au milieu. L'entre-axe de ses roues extrêmes est de 8$^{m}$,40; mais des boîtes radiales appliquées aux deux essieux porteurs d'avant et d'arrière lui permettent, malgré ce grand empattement, d'aborder les courbes de faible rayon.

Elle se distingue par la grande capacité de ses soutes, qui peuvent, au besoin, lui permettre de faire de longs parcours sans arrêts; mais la petitesse relative de ses roues (1$^{m}$,70 au contact) limite forcément son emploi à celui des trains de moyenne vitesse.

Son grand poids adhérent, 38 tonnes au maximum, et qui ne doit pas descendre au-dessous de 32 ou 33 tonnes en service, la rend propre à un démarrage prompt et, par suite, au service des trains de banlieue à arrêts fréquents.

*Chaudière.* — Sa chaudière est du type Belpaire, dont l'usage est aujourd'hui général sur les lignes de l'État belge, avec foyer peu profond, grille de très grande longueur et de très grande surface (3 mètres carrés, soit 1/40 de la surface de chauffe totale) pour la combustion des menus maigres, qui doivent être brûlés en

Gr. VI. — Cl. 64.

couches minces et qu'un tirage trop énergique entraînerait dans la boîte à fumée.

Son timbre est de huit atmosphères effectives. L'axe de la chaudière est à $2^m,10$ au-dessus du rail. Son cendrier est en partie fermé et muni d'ouvertures percées dans sa paroi inférieure et sans moyen de fermeture. L'échappement est variable; la cheminée, conique. La surface de chauffe semble faible au premier abord; mais il faut remarquer que les tubes sont courts et que leur nombre est très grand, ce qui assure une grande section de passage des gaz (près de 33 centimètres carrés); que la surface de chauffe du foyer est énorme (11 mètres carrés, soit le 1/10 de la surface totale). On est donc autorisé à conclure que cette surface de chauffe sera très efficace.

La vapeur est prise dans un dôme placé à l'avant de la chaudière, et arrive aux cylindres à travers la boîte à fumée.

La chaudière est en tôle de fer; les entretoises sont pleines. Elle est munie de tous les accessoires ordinairement en usage, tels que souffleurs, indicateurs de niveau, deux soupapes, dont une à action directe sur le dôme.

La réunion de la chaudière avec le châssis est faite à l'avant d'une manière rigide par l'intermédiaire des cylindres, sur les flancs de la boîte à feu par des supports à griffes; le corps cylindrique ne repose que sur un seul support intermédiaire.

*Mouvement.* — Les cylindres, intérieurs au châssis, sont inclinés sur l'horizontale pour aller commander l'essieu du milieu, qui est moteur, et éviter l'essieu d'avant; la hauteur des glissières de tête de piston a été réduite en employant quatre glissières au lieu de deux.

Les bielles d'accouplement sont à bagues en bronze sans moyens de serrage.

La distribution est à coulisse de Stephenson commandée par un changement de marche à vis.

*Véhicule.* — Le châssis est extérieur aux roues, les cylindres sont intérieurs au châssis, ainsi que le mouvement de distribution, qui est placé contre la face intérieure des longerons et commande les tiroirs, situés au-dessus des cylindres et par côté.

Un longeron intermédiaire, fixé à l'avant aux cylindres et supporté simplement sans être fixé sur la face avant de la boîte, sert à saisir l'essieu, coudé en son milieu, comme dans la locomotive à grande vitesse de l'Ouest. La boîte qui l'embrasse est à quatre coussinets avec moyens de réglage ; elle charge l'essieu par un ressort placé au-dessous d'elle.

Les trois essieux coudés et droits des roues accouplées sont à fusées extérieures ; ils se prolongent au delà des boîtes de la quantité nécessaire pour le calage des manivelles d'accouplement.

Les deux essieux porteurs sont également à fusées extérieures et présentent en leur milieu une embase cylindrique, destinée à produire l'entraînement des boîtes radiales à l'entrée et à la sortie des courbes.

Ces boîtes, ainsi que leurs glissières, sont tournées cylindriques sur un rayon de $2^{m},60$, dont le centre est placé sur l'axe de la machine. Leur position symétrique à égale distance des essieux accouplés, ainsi que la répartition égale obtenue sur ces deux essieux, assurent un fonctionnement satisfaisant dans la marche en arrière comme dans la marche en avant.

Il reste à savoir comment ces roues, que rien ne contraint à revenir dans la position médiane normale, se comportent en alignement à une certaine vitesse, et si elles ne sont pas une cause d'instabilité.

La suspension est faite, pour chaque boîte, par un ressort placé en dessus, et que le relèvement des caisses à eau laisse complètement apparent.

*Puissance.* — L'effort tangentiel moyen est de 3,800 kilogrammes, soit 1/9 seulement du poids adhérent moyen.

*Soutes.* — Les caisses à eau, à section rectangulaire, sont placées de chaque côté de la chaudière, à une hauteur telle que l'accès du mécanisme, qui est placé à l'intérieur du châssis, et celui des ressorts de suspension peuvent être considérés comme

Gr. VI. — Cl. 64.

relativement faciles. Leur capacité est de 10 mètres cubes environ; la contenance de la soute à combustible, placée à l'arrière, n'est que de 1,600 kilogrammes.

Indépendamment de la contre-vapeur et de la manœuvre par vis du frein à six sabots appliquées à cette machine, elle porte la commande du frein par l'air comprimé d'après le système Westinghouse automatique, et elle est disposée aux deux extrémités de façon à pouvoir se raccorder à un train muni de ce même frein.

### 2° Locomotive des chemins de fer de l'État de Hongrie.

La locomotive hongroise, d'un poids adhérent de 34 tonnes, est d'une puissance un peu moindre que celle que nous venons d'examiner. Elle est également à grand foyer, à grande surface de grille et à grande surface de chauffe directe. Ses tubes n'ont que 3m,50 de longueur. Elle est destinée à employer le bois comme combustible; aussi a-t-elle été munie de la cheminée système Klein.

L'échappement est variable. La chaudière, munie de tous les accessoires ordinairement employés, ne présente comme particularité que le mode de liaison du ciel du foyer à son enveloppe, au moyen de tirants vissés dans l'une et dans l'autre, malgré le non-parallélisme de ces deux surfaces.

L'enveloppe a, en effet, été conservée cylindrique; mais, afin d'avoir en prise un assez grand nombre de filets, on a composé la partie médiane de cette enveloppe d'une tôle de plus grande épaisseur que les parois de la chaudière. Cette disposition a, d'ailleurs, été appliquée en France depuis quelques années déjà.

Cette locomotive est à châssis intérieur et à cylindres extérieurs; c'est par sa distribution spéciale qu'elle se distingue. Cette distribution, imitée de celle de certains moteurs fixes et en particulier des marteaux-pilons, consiste dans deux pistons à segments métalliques emmanchés sur la même tige, et qui se meuvent à l'intérieur d'un cylindre placé dans la boîte à vapeur. Sur les parois de ce cylindre viennent déboucher, aux deux extrémités, les lumières d'admission et, en un point intermédiaire, la lumière d'échappement. Ces deux pistons sont donc, par leurs faces extérieures, en contact avec la vapeur, par leurs faces intérieures, en communication avec l'échappement et, par suite, avec l'atmosphère. Ils sont donc équilibrés, et l'effort à vaincre pour les mettre en mouvement ne consistera que dans les frottements des pistons eux-mêmes et de leur garniture.

Les avantages invoqués en faveur de cette distribution par M. Zimmermann, directeur des ateliers de Buda-Pesth, consistent :

1° Dans une réduction notable des espaces nuisibles ;

2° Dans la diminution du frottement des tiroirs et, par suite, dans la moindre usure des organes ;

3° Dans la facilité du changement de marche, dont la manœuvre ne présente plus de dangers ;

4° Dans la suppression des robinets purgeurs, la purge se faisant par l'échappement, à cause de la position de la distribution à la partie inférieure des cylindres.

Il reste à savoir si ces pistons, en communication sur l'une de leurs faces avec la vapeur, sur l'autre avec l'atmosphère, présenteront une étanchéité suffisante; et, bien que nous ne voulions pas préjuger le résultat, nous ferons remarquer que cette distribution, si elle présentait réellement ces avantages sans aucun inconvénient, serait sans doute plus répandue sur les moteurs fixes.

Nous constaterons que, dans la construction de cette locomotive, on s'est attaché à adopter les derniers perfectionnements introduits dans la construction de ces machines. Ainsi, les essieux, les bandages, les bielles motrices et celles d'accouplement, les tiges de pistons et celles des tiroirs, les glissières de têtes de pistons, sont en acier fondu; les roues, les boîtes et toutes les pièces de détail du mécanisme sont en fer fin grain, cémenté et trempé pour les parties frottantes. Signalons enfin, comme perfectionnement intéressant, l'installation, tout autour de cette machine, d'une rampe qui permet de visiter et de graisser le mécanisme, même en marche, sans crainte d'accident.

### 3° Locomotive de l'Ouest français.

Cette machine, exposée par la compagnie de Fives-Lille, qui l'a construite, a fait plusieurs années de service. Elle appartient au type adopté sur le réseau de l'Ouest pour la traction des trains de marchandises, et dont l'effectif est aujourd'hui de 188. Ses roues de 1^m^,41 de diamètre lui permettent de faire la traction des trains de voyageurs sur un profil accidenté, à une vitesse de 35 à 40 kilomètres à l'heure.

Cette locomotive est à trois essieux, placés à l'avant de la boîte à feu, qui est en porte à faux par rapport à l'essieu d'arrière; les cylindres sont extérieurs et en porte à faux par rapport à l'essieu d'avant.

La chaudière est à faible surface de grille, comme dans la plupart des locomotives de l'Ouest, qui emploie des charbons anglais de très bonne qualité. La surface de chauffe est d'ailleurs assez grande (129 mètres carrés), mais il faut tenir compte de ce que les tubes ont 4^m^,30 de longueur. Cette chaudière est de forme ordinaire.

La machine ne présente d'ailleurs rien de particulier, ni dans son ensemble ni dans ses détails de construction; mais lorsqu'une compagnie maintient un type d'une manière permanente et pendant de longues années, on ne peut formuler un meilleur éloge.

#### 4° Locomotive de la Philadelphia Reading Railroad Co.

Les premiers chemins de fer américains ont été construits dans des conditions très différentes de celles qu'on admet en Europe. La première condition à remplir par les locomotives américaines était de pouvoir tourner dans des courbes très raides; il fallait dès lors adopter l'avant-train mobile.

La machine exposée a été construite dans cet ordre d'idées, très connu aujourd'hui des ingénieurs européens; nous n'aurons à en dire que quelques mots.

*Chaudière.* — Destinée à brûler de l'anthracite, la machine américaine est surtout remarquable par son énorme grille, qui présente une surface de près de 6 mètres carrés, et dont le chargement se fait au moyen de deux portes. Cette grille est semi-tubulaire, c'est-à-dire formée de barreaux qui sont alternativement pleins et creux. Dans ces derniers, qui sont fixés sur les faces d'avant et d'arrière du foyer, circule l'eau de la chaudière, et des tampons, ménagés en face de chacun de ces tubes sur la face arrière de l'enveloppe, permettent de les débarrasser des dépôts qui peuvent se former dans leur intérieur. Gr. VI. — Cl. 64.

Le foyer est à ciel très surbaissé et, malgré son énorme surface de grille, il n'a qu'une surface de chauffe relativement faible, égale à celle des machines européennes de moyenne puissance. La surface de chauffe des tubes n'est pas non plus très élevée, et la surface totale n'est que de 87 mètres carrés. Le corps cylindrique est, en effet, de petit diamètre ; il n'a que $1^{m},168$ et ne peut, par suite, contenir qu'un nombre de tubes très limité.

Notons la présence de deux dômes, l'un sur le corps cylindrique de la chaudière, l'autre à l'avant du foyer, ainsi que la fermeture hermétique de la porte de boîte à fumée, qui ne s'ouvre qu'à de longs intervalles, le combustible employé ne donnant pas lieu à des entraînements d'escarbilles.

*Mécanisme et emploi de la vapeur.* — Cette locomotive présente des cylindres de dimensions comparables à celles des locomotives européennes de même surface de chauffe.

Le mécanisme de distribution est intérieur et commande, par un renvoi, le mouvement des tiroirs placés au-dessus des cylindres et à l'extérieur du châssis. La coulisse est celle de Stephenson, commandée par un levier. Les bielles d'accouplement sont à bagues.

*Véhicule.* — Cette machine est à dix roues, dont six accouplées et quatre servant de support à un avant-train articulé. Le châssis est intérieur aux roues; ses longerons sont formés de deux barres de fer de faible hauteur, réunies entre elles par l'intermédiaire des plaques de garde et par un certain nombre d'entretoises. Ces longerons vont s'attacher sur les cylindres, qui sont, d'autre part, boulonnés sur la boîte à fumée de la chaudière, et en assurent l'invariabilité de position par rapport à l'essieu moteur.

Les cylindres sont extérieurs au châssis et aux roues, et placés dans l'axe de l'avant-train.

Gr. VI.
—
Cl. 64.

Les roues de l'avant-train sont fondues avec leur bandage; les bandages des roues accouplées sont rapportés sur les corps de roue en fonte, maintenus par une agrafe et, en outre, par des vis placées à l'intérieur de la roue. Les trois ressorts des roues accouplées d'un même côté de la machine sont réunis entre eux par des balanciers qui assurent l'invariabilité de la répartition sur les roues accouplées.

Nous noterons, en passant, des dispositions spéciales à la machine américaine :

1° La cabine fermée complètement et vitrée sur tout son pourtour, qui sert à garantir le mécanicien contre les intempéries, et qui renferme tous les organes de commande de la distribution de vapeur et de l'alimentation;

2° La grosse cloche, dont la commande est placée à la portée du mécanicien;

3° L'énorme fanal fixé à l'avant et à la base de la cheminée;

4° Enfin, le chasse-bœuf en fer, fixé sur la traverse d'avant.

La locomotive américaine est accompagnée de son tender, porté par deux trucs, à châssis en fer, sur lesquels repose la caisse, par l'intermédiaire d'un châssis et d'un plancher en bois. Le tender porte un frein.

Cette machine a été essayée sur les chemins de fer français, sur celui du Nord d'abord, et sur celui de l'Est ensuite.

Il résulte, des essais faits sur le réseau de la compagnie de l'Est, que la machine américaine présente des conditions de service au moins équivalentes, si ce n'est supérieures, aux machines françaises de force similaire. La production de vapeur est facile et abondante, non seulement avec l'anthracite, mais encore avec les houilles menues de bas prix. Il y a donc lieu de se demander si la forme si nouvelle du foyer de la machine américaine ne renferme pas des dispositions à imiter pour la production facile et économique de la vapeur.

#### 5° Locomotive du chemin de fer de Lyon.

Nous avons dit, en parlant d'une des machines de l'Ouest, que la reproduction constante d'un même type est le plus grand éloge que l'on puisse faire d'une machine. Cette considération s'applique avec plus de force encore à la machine à marchandises dite *du Bourbonnais*, exposée par la compagnie de Lyon, qui en possède à elle seule 942. Gr. VI. — Cl. 64.

Employées également sur le réseau de l'Est, ces machines font un excellent service pour le transport des marchandises sur les lignes à déclivités moyennes.

Le modèle exposé comporte des améliorations de détail, telles que l'emploi d'entretoises creuses, du changement de marche à vis avec injection Lechâtelier, etc., adoptées en dernier lieu dans la construction des locomotives. Observons toutefois que sa faible surface de grille et son foyer profond la condamnent à l'emploi des combustibles de choix, sous peine d'une production insuffisante, et que, dans un nouvelle étude, ces conditions seraient probablement modifiées en vue de l'emploi de combustibles de moindre valeur.

#### 6° Locomotive de la société de Floridsdorff (Autriche).

La locomotive qu'il nous reste à examiner présente les mêmes dispositions d'ensemble que la machine du Bourbonnais, et on peut la considérer comme le type actuellement le plus parfait de la locomotive à trois essieux accouplés. Elle a été étudiée par M. Gottschalk, ingénieur en chef de la Sudbahn, pour la traction, à une vitesse de 17 à 20 kilomètres à l'heure, des trains de voyageurs sur les rampes du Brenner, présentant des déclivités de 25 millimètres et des courbes de 285 mètres de rayon, ou pour celle des trains de marchandises sur les sections moins accidentées des lignes du grand réseau de la Sudbahn.

L'admission d'une charge sur rails de 14 tonnes, au lieu de 12 tonnes, que l'on considérait comme un maximum lors de la création du type du Bourbonnais, a permis d'augmenter, dans la machine dont il s'agit, les dimensions du foyer et en même temps la surface de chauffe.

On a pu employer, pour la chaudière, des tôles plus épaisses, et porter le timbre à 10 atmosphères effectives; en même temps,

Gr. VI. — Cl. 64.

toutes les pièces du mécanisme ont été renforcées, mises d'accord avec la puissance de la nouvelle machine et placées dans les meilleures conditions pour l'entretien.

Les trois essieux sont placés à l'avant du foyer, sous le corps cylindrique de la chaudière; le châssis est intérieur aux roues, les cylindres sont extérieurs et placés en porte à faux par rapport aux roues d'avant. Le mouvement de distribution est intérieur et se trouve près de la face intérieure des longerons, à travers lesquels pénètre la boîte à vapeur des cylindres, et où il est facile de le visiter et de le graisser, grâce au relèvement du corps cylindrique de la chaudière. L'axe de la chaudière a, en effet, été placé à $1^{m},965$ au-dessus du rail, hauteur considérable, si l'on tient compte du petit diamètre des roues, mais qui ne saurait présenter d'inconvénient aux faibles vitesses que cette machine ne doit pas dépasser.

La chaudière est du type Belpaire; la seule différence consiste dans le remplacement, pour l'entretoisement, au-dessus du ciel du foyer, des parois latérales de l'enveloppe, des tirants vissés dans ces parois et maintenus au moyen d'écrous, par une rangée unique de tirants intérieurs attachés à des cornières rivées sur ces parois. Cette disposition se rencontre dans plusieurs des locomotives exposées, notamment dans celle de l'État de Suède et dans celle des chemins de fer de l'État de Hongrie.

La grille, de $1^{m},70$ de surface, peut, à la rigueur, permettre l'emploi de tout-venant et de houilles menues de bonne qualité. Une surface de chauffe directe ($8^{mq},70$) et un nombre de tubes assez grand pour donner une section de passage de $0^{mq},314$ assurent une grande production de vapeur.

Les dimensions des cylindres (480 millimètres de diamètre pour une course de 610 millimètres), le petit diamètre des roues et le timbre élevé permettent à la machine de développer un effort tangentiel moyen de 7,222 kilogrammes, soit 1/5,6 de son poids total adhérent, qui est de 41 tonnes. Un tuyau spécial placé à l'avant de la première paire de roues amène sur les rails un jet d'eau pris à la chaudière, et vient en aide à la sablière pour augmenter l'adhérence.

*Graissage des boudins des roues d'avant.* — Nous noterons enfin l'application aux roues d'avant d'un appareil spécial pour le graissage des boudins, en vue de faciliter le passage dans les courbes et d'en réduire l'usure. Cette disposition consiste dans une roulette en feutre, appliquée par un ressort contre le boudin et sur laquelle un petit réservoir verse goutte à goutte la quantité d'huile nécessaire. Un grattoir, placé au-dessous de la roulette, est chargé de nettoyer le boudin de la boue qui peut s'accumuler à sa surface. La force centrifuge qui sollicite l'huile déposée sur le boudin des roues l'entraîne sur la circonférence la plus grande, qui est celle du boudin, et garantit ainsi la table de roulement des bandages et la surface des rails contre tout dépôt d'huile qui aurait pour effet de réduire l'adhérence. La face intérieure des rails est seule lubrifiée par le contact du boudin, contact qui cesse ainsi d'être destructeur, tant pour le rail que pour le boudin de la roue lui-même.

L'emploi du graissage des boudins pour le passage des courbes, aujourd'hui en usage sur plusieurs lignes, donne des résultats satisfaisants, et il est destiné à recevoir une application étendue sur les lignes à courbes raides, auxquelles on est conduit dans la construction des chemins de fer d'intérêt secondaire.

Il est inutile d'ajouter que tous les perfectionnements de détail connus sont appliqués à la machine des ateliers de Floridsdorff, et que le choix des matériaux employés dans sa construction a été fait de la manière la plus judicieuse.

La machine est munie d'un frein à quatre sabots, commandé par un appareil Smith Hardy (*vacuum brake*).

### § 8. — GROSSES LOCOMOTIVES POUR TRAINS DE MARCHANDISES À PETITE VITESSE.

Nous désignons sous le nom de grosses locomotives les machines destinées à remorquer des trains très lourds sur les lignes à profil ordinaire et des trains moyens sur les lignes à fortes déclivités.

L'Exposition ne renferme que trois de ces machines : une belge, construite par les établissements Cockerill, pour le chemin de Sé-

Gr. VI. — Cl. 64.

ville-Mérida, à voie de $1^{m},720$ ; deux françaises, construites, l'une dans les ateliers de la compagnie de Paris-Lyon-Méditerranée. l'autre par MM. Claparède, pour la compagnie d'Orléans.

Mais ces trois machines, dont les dispositions générales sont à peu près identiques, suffisent pour démontrer que les constructeurs ont renoncé aux formes compliquées que présentait l'Exposition de 1867. On a recherché et obtenu une grande puissance par l'emploi de dispositions très simples et très rationnelles : huit roues accouplées de faible diamètre, un grand foyer et des organes de distribution en rapport avec la production.

Le type primitif de ces machines est la grosse locomotive Engerth, séparée de son tender, et successivement transformée par les compagnies de l'Est, d'Orléans et de Paris-Lyon, qui sont arrivées aujourd'hui à une solution à peu près uniforme. Aussi ne pouvons-nous signaler dans les trois machines exposées que des différences de détail.

Nous suivrons à cet égard l'ordre accoutumé.

1° *Chaudières.* — De même diamètre dans les trois machines, renfermant environ le même nombre de tubes, de même diamètre et de même longueur, les chaudières de ces trois locomotives ne diffèrent que par les dimensions et par la construction de leur foyer et de son enveloppe.

Dans les deux locomotives de Cockerill et d'Orléans, le foyer est compris entre les longerons, qui sont droits; mais il présente, dans la première, une largeur plus grande, en raison de la largeur, également plus grande, de voie ($1^{m},720$) de la ligne à laquelle cette locomotive est destinée. Aussi, le foyer de la locomotive belge a-t-il, malgré sa moindre longueur, une surface de grille plus grande ($1^{mq},857$), au lieu de $1^{mq},674$. Quant à la surface de chauffe directe, elle est la même dans les deux machines ($11^{mq},27$), mais en tenant compte, pour la machine d'Orléans, du bouilleur de l'appareil fumivore Tenbrinck.

Dans la locomotive de Lyon, le foyer a reçu des dimensions transversales considérables, par suite de l'emploi du longeron coudé des locomotives de l'Est, et la surface de la grille est de

$2^{mq},08$; mais la surface de chauffe directe est inférieure de plus de 1 mètre carré à celle des deux autres.

La chaudière de la locomotive Cockerill est du type Belpaire, mais avec angles de l'enveloppe du foyer cintrés sur un très grand rayon et tirants transversaux intérieurs. Une rangée d'entretoises transversales filetées a cependant été conservée immédiatement au-dessus du ciel; mais ces entretoises sont mobiles et servent en même temps chacune à faire le joint des deux trous de lavage placés en face l'un de l'autre sur les deux parois latérales de l'enveloppe. Très bonne au point de vue du lavage, cette disposition n'a-t-elle pas l'inconvénient de déterminer dans l'enveloppe des lignes de moindre résistance par le nombre, la grandeur et le petit écartement des trous qu'elle nécessite?

Les chaudières d'Orléans et de Lyon sont à cheminées cylindriques et à cendrier fermé; la locomotive de Cockerill est à cheminée fortement conique et à cendrier formé de trois tôles verticales et sans fond, comme le cendrier usité sur la plupart des locomotives de l'Est.

Avec leurs grandes grilles susceptibles de l'emploi des houilles menues ou au moins du tout-venant, leur énorme surface de chauffe directe et tubulaire, leur grande section tubulaire, qui n'est pas moindre que $0^{mq},39$, ces locomotives possèdent une puissance de vaporisation considérable.

2° *Mécanisme et emploi de la vapeur.* — Les cylindres ont de 500 à 540 millimètres de diamètre, avec une course de 650 à 660 millimètres. La distribution est à simple tiroir, commandé par coulisse de Gooch, dans les deux locomotives françaises; de Walschaert, dans la locomotive belge. Dans toutes, le changement de marche est à vis.

Dans les locomotives de Lyon et d'Orléans, les organes du mouvement de distribution sont supportés par un petit longeron fixé sur le support des glissières. Dans la locomotive Cockerill, ce support et les glissières de piston elles-mêmes suffisent à supporter tout le mouvement.

Dans les trois locomotives, les bielles sont à coussinets, avec

Gr. VI. — Cl. 64.

des moyens de serrage; dans la locomotive de Cockerill elles sont toutes à chape fermée, même pour les têtes qui saisissent le tourillon moteur. C'est l'emploi de la distribution Walschaert, à bielle unique et sans excentrique, qui a permis d'adopter cette disposition, certainement plus solide et plus légère que les assemblages les mieux agencés. La société Cockerill invoque en faveur de sa locomotive la simplicité de forme donnée aux pièces de rechange, ainsi que la symétrie qu'elles présentent par rapport à leur plan d'action, et qui permettent de les employer indifféremment pour l'un ou pour l'autre des côtés de la machine.

3° *Véhicule.* — Nous avons dit que ces locomotives sont à huit roues accouplées; l'essieu moteur est le troisième à partir de l'avant.

La nécessité de passer dans les courbes de faible rayon, qui se trouvent en général sur les lignes à forte pente, a fait placer les quatre essieux aussi près que possible les uns des autres, et leur écartement n'est au maximum que de 4$^{m}$,14 pour la locomotive Cockerill à roues de 1$^{m}$,30, tandis qu'il s'abaisse encore pour les deux autres, à roues de 1$^{m}$,26. Un jeu de 25 millimètres dans chaque sens a, en outre, été donné aux deux essieux d'avant et d'arrière, pour faciliter le passage des courbes.

Dans la locomotive belge, ce jeu n'a été limité par aucune disposition spéciale, et les bielles d'accouplement des roues extrêmes ont reçu simplement sur leurs tourillons, allongés en conséquence, un jeu égal à celui des essieux dans leurs boîtes, conformément à ce qui existe dans les locomotives de l'Est.

Dans les deux autres locomotives, au contraire, le jeu a été limité par l'emploi de plans inclinés intercalés entre les boîtes et leurs coussinets, et les bielles d'accouplement des deux roues extrêmes ont été réunies à la bielle médiane par des articulations sphériques.

Les roues sont en fer forgé du type Arbel et Deflassieux dans les deux locomotives françaises; celles de la locomotive belge sont à âme pleine et forgées d'une seule pièce avec leurs contrepoids et leurs manivelles. La société Cockerill attribue à ces roues, en même temps qu'une plus grande légèreté, l'avantage d'une solidité plus grande et d'un moindre prix. Elles ne peuvent, d'ailleurs, être forgées au delà d'un diamètre de 1$^{m}$,40 sans devenir plus coûteuses que celles que l'on obtient par les procédés de fabrication ordinaires.

La locomotive Cockerill est munie de l'attelage Stradal, pour faciliter le passage des courbes. Toutes les trois sont munies de l'appareil à contre-vapeur.

Enfin, au point de vue des métaux employés, nous dirons qu'ils sont les mêmes que dans les autres locomotives; remarquons seulement que tout le mouvement de la locomotive Cockerill est en acier et que les articulations en ont été trempées.

4° *Puissance de traction.* — L'effort tangentiel moyen qu'elles peuvent développer est de 8,930 kilogrammes pour la locomotive de Lyon, 7,254 kilogrammes pour la locomotive de Claparède, 6,703 kilogrammes pour la locomotive de Cockerill, et représente 1/5,8, 1/6,7 et 1/6,9 de leur poids adhérent.

5° *Appareil Galibert.* — Il nous reste à signaler la présence, sur la machine de Lyon, de l'appareil respiratoire, système Galibert, pour la traversée des souterrains mal aérés. Cet appareil consiste dans une caisse de 250 litres de capacité, remplie d'air pur, sur laquelle sont branchés deux tuyaux en caoutchouc, l'un pour le mécanicien, l'autre pour le chauffeur. C'est par ces tuyaux, munis d'une embouchure que l'on place dans la bouche, que se fait l'aspiration et qu'on renvoie au réservoir l'air sortant des poumons. Une poche en caoutchouc remplie d'air et communiquant avec le réservoir y maintient la pression constante, de façon à éviter la gêne dans la respiration; un pince-nez s'oppose en outre à la respiration par le nez.

Le réservoir, à la sortie du souterrain, est rempli d'air vicié, qu'un éjecteur Giffard sert à extraire et qui est remplacé par de l'air pur.

Dans les tunnels mal aérés et surtout dans ceux où la circulation est active, le mécanicien et le chauffeur, placés au milieu de

Gr. VI. — Cl. 64.

l'air vicié par la fumée des trains précédents, sont exposés à des dangers d'asphyxie que les voyageurs placés dans les voitures fermées n'ont pas à redouter.

L'appareil très simple dont nous venons de parler a supprimé les cas d'asphyxie, qui s'étaient plusieurs fois produits sur le chemin de Lyon, notamment au passage des tunnels de la ligne d'Alais à la Bastide, pour des trains marchant à petite vitesse et restant longtemps dans un air vicié.

### § 9. — LOCOMOTIVES POUR GARES, USINES ET CHEMINS DE FER D'INTÉRÊT LOCAL.

Les locomotives de ce groupe sont caractérisées par leur faible poids et par le petit diamètre de leurs roues, toutes accouplées. Elles sont au nombre de huit, et se répartissent comme suit :

*Angleterre.* Deux machines de la compagnie du London-Brighton et de Fox Walker;

*Autriche.* Une machine des chemins de fer de l'État, destinée aux lignes de Dalmatie;

*Belgique.* Une locomotive d'usines de la société de Saint-Léonard;

*France.* Trois : 1° locomotive de gare de la compagnie d'Orléans, exposée par la société Cail; 2° locomotive *compound,* système Mallet; 3° locomotive pour manœuvres de gare du chemin de fer du Nord;

*Suisse.* Une locomotive de Winterthur pour chemins d'intérêt local.

Toutes ces machines sont des locomotives-tenders. Si l'on excepte celle du Nord, qui est destinée à un service spécial, toutes peuvent être employées pour le service des lignes d'intérêt local. Seule, la locomotive d'Orléans pourrait être d'un poids trop considérable pour les lignes de construction économique et par suite à rails de faible poids. Nous l'avons cependant placée dans ce groupe, en raison des analogies qu'elle présente avec plusieurs des machines qui le composent. Gr. VI. — Cl. 64.

Au point de vue de leur puissance, ces locomotives peuvent être subdivisées : en locomotives à six roues accouplées; ce sont celles d'Orléans, du London-Brighton, des chemins de fer de Dalmatie, de Fox Walker et de Mallet; en locomotives à quatre roues accouplées; ce sont celles de Winterthur, de Saint-Léonard et du chemin de fer du Nord.

**Locomotives à six roues accouplées.**

Nous suivrons, pour l'examen comparatif de ces diverses machines, l'ordre adopté précédemment.

1° *Chaudières.* — Une des cinq locomotives est à chaudière du type Belpaire, c'est celle des chemins de fer de Dalmatie; les autres sont à chaudières ordinaires. Celle du London-Brighton, construite avec beaucoup de soin par M. Stroudley, ingénieur en chef de la compagnie, présente, pour la réunion du ciel du foyer et de son enveloppe, une disposition que nous avons déjà rencontrée, et qui consiste à réunir ces deux parois au moyen d'entretoises en fer, comme dans le foyer Belpaire, bien que les deux parois à entretoiser ne soient pas parallèles. En outre, la face arrière de la boîte à feu, au lieu d'être armée, comme d'ordinaire, par des armatures formant goussets, est reliée au corps cylindrique par des tirants obliques. Les pièces embouties sont courbées sur de très grands rayons.

Dans cette locomotive, enfin, les tubes sont inclinés vers le foyer, en vue de faciliter la circulation des gaz; le ciel du foyer est incliné vers l'arrière. Le diamètre des tubes varie, dans ces locomotives, de 425 dix-millimètres à 52 millimètres; leur nombre, de 99 à 167; leur longueur, de $2^{m},50$ à $3^{m},60$. Les surfaces de grille varient de $1^{mq},26$ à $0^{mq},67$; leur surface de chauffe directe est de 5 mètres carrés en moyenne; mais la surface totale varie notablement, en raison de la différence qui existe, ainsi que nous l'avons dit, dans le nombre, la longueur et le diamètre des tubes. Ces locomotives sont donc de puissance sensiblement différente au point de vue de la vaporisation.

Deux d'entre elles sont munies de l'échappement variable à la main; ce sont celles d'Orléans et des chemins de fer de Dalmatie. La cheminée est plus ou moins conique dans trois; elle est cylindrique dans les deux locomotives anglaises. Toutes sont munies de cendrier fermé avec portes se manœuvrant de la plate-forme.

L'alimentation est faite, en général, par des injecteurs; cependant la locomotive du London-Brighton est munie de pompes, en raison de l'emploi de l'appareil Kirchweger, qui conduit aux soutes à eau une certaine fraction de la vapeur d'échappement et élève l'eau à une température à laquelle les injecteurs ordinaires cessent de fonctionner.

2° *Mécanisme et distribution.* — Le diamètre des cylindres de ces locomotives varie de 325 à 400 millimètres, et la course du piston de 460 à 508 millimètres.

La distribution est commandée, dans trois d'entre elles, par une coulisse de Stephenson; dans les deux autres : celle d'Orléans, par une coulisse de Gooch; celle des chemins de Dalmatie, par une coulisse droite. Le mouvement de distribution, extérieur dans les autres, est intérieur dans les deux locomotives anglaises. Le changement de marche est fait, en général, par levier et secteur à crans; il est cependant à vis dans la locomotive d'Orléans; dans celle de M. Mallet, il présente les deux modes de manœuvre combinés.

*Appareil compound.* — Au point de vue du mécanisme et de l'emploi de la vapeur, la locomotive exposée par M. Mallet réalise une application du système *compound.* On connaît le caractère de cette disposition : la vapeur admise dans un cylindre de petites dimensions (280 millimètres de diamètre) s'échappe, après s'être détendue d'une certaine quantité, dans un réservoir intermédiaire. C'est dans ce réservoir que la puise le grand cylindre (420 millimètres de diamètre); la vapeur achève sa détente dans ce cylindre et elle s'échappe dans la cheminée à la manière ordinaire.

Chacun des cylindres a son tiroir de distribution spécial, commandé par un mécanisme ordinaire de détente variable par coulisse. Le changement de marche est disposé de telle sorte que l'on peut à volonté commander simultanément les deux tiroirs ou faire varier les conditions de distribution de l'un des cylindres indépendamment de l'autre.

Les deux cylindres commandent, comme d'ordinaire, les deux manivelles à angle droit d'une même paire de roues.

Comme la pression de la vapeur, d'abord admise dans le petit cylindre seulement, pourrait être insuffisante pour le démarrage, M. Mallet emploie un tiroir spécial, dit *de démarrage*. Ce tiroir permet d'établir en même temps la communication de la boîte de distribution du grand cylindre avec la chaudière, et de diriger directement vers l'orifice de l'échappement la vapeur qui a travaillé dans le petit cylindre.

Pour éviter d'avoir une trop grande différence entre les efforts produits sur les deux pistons, efforts qui seraient proportionnels à la surface des pistons, si l'on faisait agir sur les deux la vapeur à la pression de la chaudière, M. Mallet interpose entre elle et le grand cylindre un régulateur de pression, destiné à réduire dans un rapport convenable la pression de la vapeur.

Nous n'entrerons pas ici dans la discussion du système dont il s'agit et qui a donné lieu déjà à de longues controverses. Nous dirons seulement que les expériences en service faites, soit sur la ligne d'Orléans, soit sur la ligne d'intérêt local de Bayonne à Biarritz, ont prouvé que ce système était pratique. Des expériences prolongées entreprises sur deux locomotives de dispositions identiques sous tous les rapports, sauf sous celui du mode d'emploi de la vapeur, et affectées au même service, ainsi que le chemin de fer d'Orléans se propose de le faire, pourront seules établir d'une manière indiscutable la valeur du système au point de vue économique.

3° *Véhicule.* — Dans toutes les machines exposées, le châssis est intérieur aux roues, et ses longerons sont formés d'une seule feuille de tôle. Une seule, celle du London-Brighton, est à cylindres intérieurs et, par suite, à essieu coudé; les autres sont

Gr. VI. — Cl. 64.

à cylindres extérieurs et à essieux droits. Le diamètre des roues varie de 940 millimètres à 1m,206. Dans toutes, l'essieu moteur est l'essieu du milieu, sauf dans la locomotive d'Orléans, où c'est l'essieu d'arrière.

L'écartement des essieux est faible, en vue du passage dans les courbes de faible rayon; il varie de 2m,60, pour la machine de gare d'Orléans, à 3m,65, pour la locomotive du London-Brighton, qui n'a d'ailleurs reçu aucune disposition spéciale pour le passage des courbes, tandis que, dans la locomotive Mallet, l'essieu d'arrière a un certain jeu dans les boîtes. Dans celle d'Orléans, c'est l'essieu d'avant. Dans l'une et dans l'autre, la bielle d'accouplement de cet essieu est réunie par un tourillon sphérique à la bielle, de position invariable, qui accouple les deux autres essieux.

Toutes ces locomotives présentent un frein à main; le frein de la locomotive du London-Brighton est aussi muni de la commande par air comprimé système Westinghouse.

Nous retrouvons dans ces machines le fer pour la chaudière, l'acier pour les essieux et les bandages, le fer pour les roues, l'acier ou le fer cémenté et trempé pour les articulations du mécanisme.

4° *Puissance de traction.* — L'effort de traction que ces locomotives peuvent développer varie de 3,600 à 3,100 kilogrammes, c'est-à-dire de 1/8 à 1/7 de leur poids adhérent.

5° *Soutes à eau et à combustible.* — Les soutes à eau sont, en général, placées latéralement et assez haut pour permettre la visite du mécanisme et de la suspension. Dans la locomotive autrichienne, qui porte le plus grand poids d'eau, une troisième soute est placée à l'intérieur du châssis, au-dessus de l'essieu d'avant et entre les cylindres.

Dans la locomotive de Fox Walker la soute a la forme d'une selle et repose sur la chaudière; cette disposition rend difficile la visite de celle-ci.

Dans la soute à eau de la locomotive du London-Brighton, où la pression peut dépasser la pression atmosphérique, en raison de l'emploi de l'appareil Kirchweger, l'ouverture de remplissage est fermée par un couvercle à vis faisant joint sur une rondelle en caoutchouc. Gr. VI. — Cl. 64.

Les trois locomotives qu'il nous reste à examiner diffèrent tellement entre elles que nous nous contenterons de les décrire brièvement, sans les comparer.

**Locomotive de Winterthur.**

Destinée à un service d'intérêt local, la machine de Winterthur est à quatre roues accouplées. Ce qui la caractérise, c'est l'emploi de balanciers intermédiaires entre la roue motrice et les cylindres placés au-dessus des roues d'avant, en vue d'éviter les avaries auxquelles sont sujets des cylindres placés trop près du sol avec des roues d'un aussi petit diamètre.

Signalons aussi l'emploi d'une distribution d'un type spécial, qui, prenant son mouvement sur l'un des points de la bielle motrice, supprime les excentriques, la coulisse et les coulisseaux, qu'elle remplace par un certain nombre de bielles articulées entre elles, disposition qui peut présenter un certain avantage au point de vue de la simplicité et qui aurait l'avantage de réaliser sensiblement la distribution elliptique.

Disons enfin que, dans cette locomotive, l'acier a été employé non seulement pour les essieux, les bandages et le mouvement, mais encore pour la chaudière, son foyer et les tubes eux-mêmes. Cette chaudière est une de celles dont le timbre est le plus élevé: il est de 12 kilogrammes. Imitée de celle de la locomotive Kraus, sa soute à eau est comprise entre les longerons du châssis, qui en forment les parois latérales.

**Locomotive de Saint-Léonard.**

Étudiée en vue du service des usines, la machine de Saint-Léonard est à chaudière verticale et à cylindres extérieurs inclinés, placés à l'arrière et au-dessus des roues accouplées. Sa distribution est du système Walschaert; ses roues sont en fonte. Elle ne présente d'ailleurs rien de particulier.

Gr. VI.
—
Cl. 64.

### Locomotive du Nord.

Cette locomotive, destinée à un service de manœuvres dans les gares importantes, est à quatre roues de petit diamètre, espacées d'axe en axe de $1^m,50$. La chaudière est verticale, à tubes système Field. La surface de chauffe, qui paraît petite au premier abord, est cependant très efficace, étant tout entière en surface directe.

En vue du service spécial auquel elle est destinée, et qui consiste non seulement à tirer ou à pousser directement les wagons, mais encore à les prendre sur une voie parallèle, à les tourner pour les amener sur une autre voie, etc., la machine du Nord est munie d'un cabestan à vapeur mû par un petit moteur à trois cylindres du système Brotherood. Elle porte, en outre, un frein manœuvrable soit à main, soit par le vide, d'après le système Smith. Destinée au même service que les chariots transbordeurs à vapeur employés par d'autres compagnies, elle a sur eux l'avantage de n'avoir pas une zone d'action limitée et de pouvoir se transporter en un point quelconque de la gare; mais elle a l'inconvénient de nécessiter l'emploi des plaques tournantes, que les chariots permettent de supprimer.

## § 10. — LOCOMOTIVES DE MONTAGNE.

### Locomotive à roue dentée de M. Riggenbach.

La machine exposée par M. Riggenbach dans la section suisse représente au Champ de Mars toute une classe intéressante de chemins de fer d'un système particulier, qui, en 1867, n'avait encore reçu aucune application, du moins en Europe; elle mérite donc de fixer un moment notre attention.

L'idée d'utiliser l'engrenage d'une roue dentée motrice portée par la locomotive avec une crémaillère reposant sur la voie n'est pas nouvelle; on la voit apparaître dès le début de l'industrie des chemins de fer, alors que les premiers constructeurs se croyaient obligés d'avoir recours à des artifices particuliers pour assurer, même en terrain plat, la translation de la locomotive. Bientôt abandonnée, dès qu'une pratique de quelques années eut fourni aux ingénieurs une meilleure notion de l'adhérence, cette idée nous donne aujourd'hui une solution du problème qui s'est posé lorsque, après avoir successivement adopté dans le tracé des voies ferrées des profils de plus en plus accidentés, on en est arrivé à chercher les moyens d'en construire sur des points seulement accessibles avec des rampes sur lesquelles la locomotive ordinaire est impuissante à se remorquer elle-même.



Les deux plus anciennes applications de la crémaillère aux chemins à fortes rampes ont été faites en Amérique par Baldwin, en 1852, sur le plan incliné de Madison, et par Marsh, en 1869, sur le chemin de Mount-Washington, près de Boston. Mais ce sont les ingénieux perfectionnements apportés à ce système de chemin de fer par M. Riggenbach, ancien ingénieur de la traction du chemin de fer Central-Suisse, dont les brevets remontent à 1862, qui l'ont rendu réellement pratique et l'ont fait entrer dans la voie des applications industrielles.

Les premiers chemins à crémaillère construits en Europe sont le raccordement des carrières de pierres d'Ostermundigen, près de Berne, ouvert en 1870, et la ligne si connue de Vitznau au Righi, achevée en 1873, mais exploitée partiellement depuis 1871.

Le succès de cette dernière et les brillants résultats de son exploitation attirèrent bientôt l'attention du public et celle des ingénieurs. Aussi vit-on successivement s'ouvrir : en 1874, les chemins du Kahlenberg, près de Vienne (Autriche), et du Schwabenberg, près de Bude (Hongrie), et, en 1875, celui d'Arth au Righi, tous trois spécialement destinés, comme la ligne de Vitznau, au transport des touristes et des promeneurs, et exploités seulement pendant l'été; — en 1875, la ligne de Rorschach à Heiden, près du lac de Constance, chemin à exploitation commerciale permanente pour le transport des voyageurs et des marchandises; — en 1876, une ligne industrielle destinée au transport des minerais et scories des usines royales de Wasseralfingen (Wurtemberg), et construite seulement en partie avec crémaillère; — en 1877, l'embranchement particulier de M. C. Honegger à Rüti (canton de Zurich), qui comprend une petite section à crémaillère; — enfin

Gr. VI. — Cl. 64.

en 1878, un autre embranchement particulier, également construit à crémaillère sur une partie de sa longueur, qui relie des carrières de pierres à la station de Laufen du chemin de fer du Jura-Bernois. Trente-trois locomotives sont actuellement en service sur ces neuf chemins.

Outre les lignes que nous venons de citer, des études très sérieuses viennent d'être faites pour l'application du système à crémaillère à la construction d'une ligne projetée entre Fribourg et Neustadt, et destinée à faire communiquer la vallée du Rhin avec celle du Danube, à travers les montagnes de la Forêt-Noire. On a même songé à utiliser la crémaillère pour l'établissement des rampes d'accès du souterrain du Saint-Gothard, et, quelque extraordinaire que puisse paraître au premier abord l'emploi d'un tel système d'exploitation sur une ligne de transit international, les économies sur les frais de construction que ce projet permettrait de réaliser sont assez considérables pour qu'il mérite au moins de ne pas être repoussé sans discussion.

On voit, par ce qui précède, tout l'intérêt qui s'attache à la locomotive de M. Riggenbach. C'est une machine-tender à quatre roues, destinée à fonctionner alternativement par adhérence sur des voies ordinaires, et par engrenage sur des sections à crémaillère. Le foyer, la chaudière et la distribution ne présentent rien de particulier. Mais les pistons, au lieu d'agir directement sur les manivelles de l'essieu moteur, exercent leur effort, comme dans la plupart des machines à roue dentée, sur un arbre intermédiaire, qui, au moyen de pignons et d'engrenages, le transmet soit à la roue motrice par engrenage, soit, par l'intermédiaire d'un second faux essieu, aux roues motrices par adhérence. Grâce à un embrayage ingénieusement disposé, on peut, à volonté, changer son mode d'action; mais, dans aucun cas, les deux sortes de roues motrices ne travaillent simultanément, et l'on n'a pas à redouter les glissements et les pertes de travail qui, sans cette précaution, ne manqueraient pas de se produire sur les sections garnies de la crémaillère, pour peu que le diamètre de roulement des roues d'adhérence ne fût pas rigoureusement exact au diamètre du cercle primitif de la roue dentée. Cette possibilité d'employer avec la plus grande facilité le même moteur sur les voies des deux systèmes constitue un perfectionnement très important. D'une part, en effet, elle donne le moyen de réduire au strict nécessaire la longueur de la crémaillère et par suite les frais de construction, et, d'autre part, elle élargit sensiblement le champ des applications de ce système d'exploitation, en permettant de l'employer pour le passage d'un point difficile qui aurait nécessité la construction d'ouvrages d'art dispendieux, sur certaines lignes secondaires, dont le tracé peut se trouver ainsi notablement simplifié.

Le petit modèle exposé par M. Riggenbach à côté de sa locomotive nous montre une autre disposition, à l'aide de laquelle la machine peut circuler sans inconvénients sur la voie ordinaire comme sur la crémaillère, bien que la roue dentée soit calée sur l'essieu des roues motrices par adhérence. En effet, cet essieu porte, ainsi que l'autre, deux roues supplémentaires, non calées, qui, sur les portions de voie à crémaillère, roulent sur deux files de rails spéciales, posées à un niveau un peu supérieur à celui des autres rails. Tout le poids de la machine étant alors supporté par ces quatre galets, les roues motrices par adhérence tournent librement en l'air, sans pouvoir jamais donner lieu à la moinde perte de travail. Cette solution, qui a l'avantage de simplifier beaucoup le mécanisme, mais qui par contre exige une voie très dispendieuse, puisqu'il faut quatre rails, n'est évidemment applicable qu'aux lignes sur lesquelles il n'y a qu'une faible longueur de crémaillère; elle est employée sur le raccordement de Laufen, où la crémaillère règne seulement sur 50 mètres de voie.

La locomotive exposée pèse, en état de service, 18 tonnes. Elle a été construite en vue de la ligne de Fribourg à Neustadt, dont le projet présente des rampes de 20 millimètres et de 52 millimètres, ces dernières devant seules être munies de la crémaillère. Elle serait capable de remorquer un train de 80 tonnes sur toute la longueur de la ligne, en marchant par adhérence à la vitesse de 20 à 25 kilomètres à l'heure sur la rampe de 20 millimètres, et à la vitesse de 10 à 12 kilomètres à l'heure sur la rampe de 52 millimètres. Au besoin, elle pourrait franchir

Gr. VI. — Cl. 64.

une rampe de 80 millimètres, en remorquant, à la vitesse de 10 kilomètres, un train de 50 tonnes. Pour modérer la vitesse à la descente, on emploie le système spécial de frein à air, appliqué par M. Riggenbach à toutes les machines à crémaillère[1]; en outre, de puissantes poulies de freins à gorges cannelées, placées sur l'arbre intermédiaire, permettent d'arrêter presque instantanément la locomotive et donnent ainsi toute sécurité.

Sans vouloir exagérer l'importance du système de chemin de fer dont nous venons de nous occuper, système dont les applications seront forcément toujours restreintes, on ne peut méconnaître les mérites très réels d'un moteur capable de passer, avec une simple réduction de vitesse, d'une rampe de 20 millimètres sur une rampe de 52 millimètres, en remorquant sur l'une comme sur l'autre une charge égale à quatre fois et demie son propre poids; dont la puissance est à l'abri de toute influence atmosphérique; qui, enfin, soit à la montée, soit à la descente, offre une sécurité certainement supérieure à celle que l'on rencontre dans l'exploitation des rampes de 25 ou de 30 millimètres avec des locomotives ordinaires, sécurité qui nous est garantie par une expérience de huit années écoulées sans qu'aucun accident soit arrivé sur aucune des lignes à crémaillère, dont l'une, celle de Vitznau au Righi, tracée en rampe de 250 millimètres par mètre, avait déjà servi, le 1er janvier dernier, au transport de près de 600,000 voyageurs et de 25,000 tonnes de bagages et de marchandises.

L'usure des dents de la crémaillère étant absolument insensible, les seuls frais d'exploitation spéciaux à ce système consistent dans l'usure de la roue dentée motrice et des engrenages de la machine. Ces roues sont en acier fondu de première qualité. Une roue motrice à trente-trois dents doit être remplacée après un parcours d'environ 30,000 kilomètres.

**Locomotive à treuil de M. Handyside.**

M. Handyside a imaginé, pour faciliter l'exploitation des rampes

[1] La description de ce frein se trouve au chapitre VI du présent Rapport.

à fortes inclinaisons par la machine locomotive, de transformer à volonté celle-ci en machine fixe et de la faire agir sur la charge à remorquer par l'intermédiaire d'un câble. La locomotive Handyside est une machine-tender, munie de freins à griffe qui permettent de la fixer sur les rails d'une manière invariable, et pourvue, à sa partie postérieure, d'un treuil sur lequel est enroulé un câble en fils d'acier; ce treuil est mû par un petit cheval. Lorsque le train arrive au pied de la rampe, le mécanicien déclenche le tambour, qui déroule le câble resté attaché aux véhicules, pendant que la machine monte seule. Une fois la longueur du câble épuisée, la machine s'arrête, on serre les freins à griffe et on met en mouvement le moteur du treuil pour enrouler le câble et attirer ainsi les wagons jusqu'à la machine. Ceci fait, on serre les freins des wagons, et la machine repart de nouveau toute seule, pour recommencer la même manœuvre autant de fois que l'exige la longueur de la rampe.

Ce système ingénieux, qui a le mérite de n'exiger, au point de vue de la construction de la voie, d'autre condition que l'absence de courbes sur les rampes à gravir au moyen du câble, n'est évidemment applicable que sur des lignes industrielles, comme celles qui desservent des mines, des usines, des arsenaux, etc.; mais il pourrait, dans ces cas particuliers, être d'un emploi utile et économique, et c'est pour ce motif que nous avons tenu à en dire quelques mots, bien que la locomotive à treuil ne soit représentée au Champ de Mars que par un dessin.

### Locomotive à patins de M. Fortin-Hermann.

Nous citerons enfin, à titre de curiosité, les modèles de machines à patins exposés par M. Fortin-Hermann. Ce moteur, qui est d'ailleurs plutôt destiné à être employé comme machine routière que comme locomotive proprement dite, produit son mouvement de translation à l'aide de véritables pieds, alternativement soulevés et pressés contre le sol par la vapeur, et articulés avec les bielles d'une machine horizontale, qui détermine en ordre convenable leur déplacement dans le sens parallèle à la voie, de manière à faire avancer tout le système. L'inventeur, dont le but était de

Gr. VI. — Cl. 64.

rendre les routes à fortes pentes abordables à sa machine avec un effort de traction suffisant, a cherché, par cette transformation du mode ordinaire d'action des locomotives, à obtenir un coefficient d'adhérence supérieur à celui que produit l'effort d'une jante de roue sur un rail ou sur le sol. Des expériences faites au chemin de fer de l'Est avec une machine de ce système ont prouvé, en effet, que la valeur de ce coefficient s'élevait jusqu'à 75 p. o/o du poids de la machine. Mais ce résultat n'est malheureusement atteint qu'avec une complication du mécanisme et une série de chocs pendant la marche, qui doivent présenter des inconvénients sur lesquels il nous semble inutile d'insister.

### Locomotive Larmanjat.

Bien que cette machine ne soit pas une locomotive pour chemins de montagne, nous l'avons classée dans cette catégorie, en raison de son mode de traction par engrenage et crémaillère sur les rampes un peu fortes qui se rencontrent sur les chemins d'intérêt local, pour lesquels M. Larmanjat la propose.

Renonçant en effet à son système de locomotive uno-rail pour chemins d'intérêt local, établis sur l'accotement des routes et dont les roues motrices prenaient leur point d'appui sur le sol, M. Larmanjat expose aujourd'hui une locomotive destinée à fonctionner par adhérence, comme toutes les autres, en palier et en rampes faibles. C'est pour gravir les rampes qui se trouvent sur les routes ordinaires, que M. Larmanjat remplace l'adhérence devenue insuffisante par une crémaillère accolée à l'un des rails, et dans laquelle engrène un engrenage fixé à l'intérieur de l'une des roues. Cet engrenage présente une disposition particulière : il est formé de dents rétractiles et que l'on peut, à volonté, faire saillir sur la jante de la roue pour leur fonctionnement, ou dissimuler dans son intérieur lorsque le fonctionnement par crémaillère est devenu inutile.

Cette locomotive fonctionne donc simultanément dans les rampes par adhérence et par engrenage, ce qui doit donner lieu à des glissements nuisibles et à des chocs que l'on s'est, en général, attaché à éviter par la suppression de cette simultanéité d'action dans les locomotives à crémaillère. Gr. VI. — Cl. 64.

Disons en outre que, si, pour gravir des rampes sur lesquelles l'adhérence devient insuffisante, il y a lieu d'employer un engrenage, le plus simple est sans contredit le meilleur; or ce n'est pas le cas de l'engrenage dont il s'agit, et dont les dents, mobiles dans leurs alvéoles, ne tarderont pas à prendre un jeu promptement destructeur.

### RÉSUMÉ GÉNÉRAL.

Si maintenant nous jetons un coup d'œil en arrière sur le chemin un peu long que nous venons de parcourir, il nous paraît possible de formuler plusieurs conclusions générales.

Depuis l'Exposition de 1867, le type de la machine à roues libres a disparu. Sans aucun doute la machine Crampton demeure une machine excellente, parfaitement stable aux plus grandes vitesses, mais elle ne suffit plus pour enlever, à ces grandes vitesses, des trains lourdement chargés; elle est remplacée par la machine mixte à deux essieux accouplés et à roues de grand diamètre.

Pour les marchandises, deux types répondent à tous les besoins: les machines à trois ou à quatre essieux accouplés. Les dispositions compliquées disparaissent; il n'est plus question de machines à quatre cylindres, de cylindres sur le tender, de tenders conjugués, etc. Pour les locomotives comme pour tant d'autres choses, le retour aux formes simples est un progrès, mais un progrès définitif.

Les machines-tenders sont de jour en jour plus employées, non seulement pour les manœuvres dans les gares, mais pour la traction des trains de voyageurs ou de marchandises n'ayant qu'un faible parcours à effectuer.

Enfin, pour les profils exceptionnels, la machine à crémaillère de M. Riggenbach marche d'une manière régulière, et on peut considérer cette solution nouvelle comme définitivement acquise.

Quant aux dispositions de détail, nous estimons que, sur un grand nombre de points, il y a accord entre les constructeurs, et nous signalerons les faits ci-après.

Gr. VI.
—
Cl. 64.

Augmentation, dans une large proportion, des dimensions des foyers de manière à brûler les combustibles menus, due à M. Belpaire, ingénieur en chef du matériel des chemins de fer belges et l'un des membres du jury de la classe 64. Cette transformation des foyers est un progrès considérable : du coke on est d'abord passé à la houille en gros morceaux; puis ces combustibles de choix et d'un prix chaque jour plus élevé ont été remplacés par des briquettes, c'est-à-dire par des combustibles menus agglomérés mécaniquement. On peut aujourd'hui entrevoir la suppression des briquettes et l'emploi des houilles en poussière.

Emploi des roues de grand diamètre sans surélever le centre de gravité général de la machine.

Emploi général de l'acier pour les essieux, les bandages et les pièces du mécanisme, du fer pour les roues et de la tôle de fer pour les chaudières.

Multiplication des moyens de lavage de la chaudière, l'enlèvement mécanique des dépôts étant encore supérieur à l'emploi de tous les désincrustants connus.

Emploi général du changement de marche à vis.

Enfin, utilisation du poids total de la machine comme moyen d'arrêt, soit que l'on fasse usage de la contre-vapeur, soit que l'on installe directement des sabots sur les roues motrices et sur les roues porteuses.

# CHAPITRE III.

## VOITURES ET WAGONS POUR CHEMINS DE FER À VOIE NORMALE.

---

### § 1er. — DIMENSIONS PRINCIPALES DES VOITURES À VOYAGEURS ET VÉHICULES DIVERS AFFECTÉS AU SERVICE DE LA GRANDE VITESSE.

Comme pour les machines locomotives, nous avons pensé que le meilleur moyen de comparer les voitures envoyées à l'Exposition était de résumer dans des tableaux les principales données relatives à leur construction. A l'aide des tableaux 5 et 6 ci-après, il serait facile de reproduire par le dessin chacune de ces voitures.

| | | | | | | |
|---|---|---|---|---|---|---|
| | Pays de provenance | France. | France. | France. | France. | I |
| | Exposant et constructeur | Lyon. | Midi. | Nord. | Orléans. | D( |
| | Désignation des voitures | Voiture de 1$^{re}$ classe à coupé-fauteuil et à coupé-lit. | Voiture de 1$^{re}$ classe à coupé. | Voiture de 1$^{re}$ classe à coupé-lit et toilette. | Voiture de 1$^{re}$ classe avec compartiment à lits éclairé au gaz. | de à c typ |
| | Numéro de classement | 38. | 46. | 60. | 53. | |
| | Lignes desservies | Lyon. | Midi. | Nord. | Orléans. | |
| Châssis. | Type (tout en bois, en fer, ou mixte) | Fer. | Mixte. | Bois. | Bois doublé en tôle. | |
| Châssis. | Distance de dehors en dehors — des tampons | 8$^{m}$,730 | 8$^{m}$,820 | 7$^{m}$,880 | 10$^{m}$,036 | |
| Châssis. | Distance de dehors en dehors — des traverses extrêmes | 7 ,500 | 7 ,700 | 6 ,800 | 9 ,000 | |
| Châssis. | Écartement intérieur des brancards | 1 ,810 | 1 ,807 | 1 ,807 | 1 ,820 | |
| Châssis. | Longueur des traverses extrêmes | 2 ,570 | 2 ,560 | 2 ,560 | 2 ,600 | |
| Châssis. | Équarrissage du bois ou profil du fer — des brancards | Fer en U 0$^{m}$,250. | 280/90 | 250/100 | Bois 280/12, tôle 280/8. | F 25 |
| Châssis. | Équarrissage du bois ou profil du fer — des traverses extrêmes | Fer en U 0$^{m}$,250. | 280/100 | 250/90 | 280/120 | |
| Essieux et roues. | Nombre d'essieux | 3 | 2 | 2 | 2 | |
| Essieux et roues. | Écartement d'axe en axe des essieux extrêmes | 4$^{m}$,100 | 5$^{m}$,000 | 4$^{m}$,100 | 5$^{m}$,500 | |
| Essieux et roues. | Fusées. — Diamètre des fusées | 0 ,085 | 0 ,100 | 0 ,085 | 0 ,100 | |
| Essieux et roues. | Fusées. — Longueur des fusées | 0 ,170 | 0 ,200 | 0 ,170 | 0 ,200 | |
| Essieux et roues. | Corps de l'essieu. Diamètre — au milieu de l'essieu | 0 ,110 | 0 ,120 (cylindrique). | 0 ,120 | 0 ,125 | |
| Essieux et roues. | Corps de l'essieu. Diamètre — près de la portée de calage | 0 ,118 en dehors. | " | 0 ,134 | 0 ,135 | |
| Essieux et roues. | Corps de l'essieu. Diamètre — à la portée de calage | 0$^{m}$,125 | 0$^{m}$,140 | 0 ,130 | 0 ,150 | |
| Essieux et roues. | Roues. — Type (en fer, en fonte, ou mixte) Arbel, Brunon, Mansell | Arbel (fer). | Centre plein (fer). | Centre plein (fer). | Plein fer. | Arl |
| Essieux et roues. | Roues. — Longueur du moyeu | 0$^{m}$,180 | 0$^{m}$,160 | 0$^{m}$,150 | 0$^{m}$,150 | |
| Essieux et roues. | Roues. — Diamètre de la jante | 0 ,820 | 1 ,000 | 0 ,900 | 0 ,920 | |
| Essieux et roues. | Roues. — Diamètre au contact des rails | 0 ,920 | 1 ,100 | 0 ,985 | 1 ,040 | |
| Essieux et roues. | Roues. — Nature du métal (fer ou acier) | Fer. | Acier. | Acier. | Acier. | |
| Essieux et roues. | Rapport du diamètre de la fusée au diamètre de la roue | 0$^{m}$,1036 | 0 ,110 | 1/11 | 1/10.4 | o |
| Essieux et roues. | Poids moyen d'un essieu monté | 782$^{k}$ | 915$^{k}$ | 810$^{k}$ | 1,000$^{k}$ | |
| Essieux et roues. | Ressorts de suspension. — Nombre de feuilles | 7 au milieu, 8 au coupé, 9 aux fauteuils. | 9 | Bout du coupé. 11 / Bout opposé. 8 | 11 | |
| Essieux et roues. | Ressorts de suspension. — Longueur et épaisseur des feuilles | 75/10 | 75/12 | 75/10 / 75/12 | 90/12 | |
| Essieux et roues. | Ressorts de suspension. — Longueur de la maîtresse feuille d'axe en axe des points de suspension | 1$^{m}$,410 | 1$^{m}$,800 | 2$^{m}$,00 / 2$^{m}$,00 | 2$^{m}$,200 | |
| Essieux et roues. | Ressorts de suspension. — Flexibilité par 1,000 kilogr. | 0 ,080 / 0 ,070 / 0 ,062 | 0 ,089 | 0 ,145 / 0 ,150 / 0 ,135 | 0 ,090 | |
| Essieux et roues. | Ressorts de choc. — Nombre de feuilles | 15 | 13 | 13 | 18 | |
| Essieux et roues. | Ressorts de choc. — Longueur et épaisseur des feuilles | 75/12 | 75/10 | 75/12 | 75/10 | |
| Essieux et roues. | Ressorts de choc. — Longueur de la maîtresse feuille | 1$^{m}$,746 | 1$^{m}$,760 | 1$^{m}$,720 | 1$^{m}$,800 | |
| Essieux et roues. | Ressorts de choc. — Flexibilité par 1,000 kilogr. | 0 ,050 | 0 ,104 | 0 ,040 | 0 ,071 | |
| Essieux et roues. | Ressorts de traction. — Nombre de feuilles | 10 | 9 | 14 (8 de 1$^{m}$,000) | 7 | |
| Essieux et roues. | Ressorts de traction. — Longueur et épaisseur des feuilles | 75/12 | 75/12 | Maîtresse 75/10, autres 75/12 | 75/10 | |
| Essieux et roues. | Ressorts de traction. — Longueur de la maîtresse feuille | 0$^{m}$,880 | 0 ,978 | 1$^{m}$,000 | 0$^{m}$,830 | |
| Essieux et roues. | Ressorts de traction. — Flexibilité par 1,000 kilogr. | 0 ,010 | 0 ,045 | 0 ,007 | 0 ,019 | |

| France. Est. | France. Lyon. | France. Chevalier. | Belgique. Compagnie belge. | Italie. Chemins romains. | Italie. Chemin de la Haute-Italie. | France. Compagnie française. | États-Unis. Pullmann. |
|---|---|---|---|---|---|---|---|
| Voiture de 1re classe à coupé-lit et toilette. | Voiture-salon | Wagon de famille. | Voiture-lit (Sleeping Car). | Wagon-lit. | Voiture-salon. | Voiture pour grande voie à couloir excentré, avec dispositions spéciales. | Wagon-lit de luxe. |
| 43. | 40. | 130. | 6. | 4. | 5. | 198. | D. 3. |
| Est. | Lyon. | " | Internationale. | Romains. | Haute-Italie. | " | " |
| Fer. | Fer. | Bois doublé en tôle. | Bois et fer. | Fer. | | Fer. | |
| 8m,500 | 8m,730 | 9m,786 | 10m,230 | 8m,250 | | 8m,684 | |
| 7,500 | 7,500 | 8,750 | 9,000 | 7,250 | | 7,844 | |
| 1,800 | 1,810 | 1,820 | 1,945 | 1,900 | | 2,042 | |
| 2,650 | 2,670 | 2,600 | 2,954 | 2,700 | | 2,202 | |
| Fer en I 220/100/10 | Fer en U 0m,250 | Bois 280/112 tôle 280/8 | Fer à T 250/115/11 | Fer à U 250/80. | | 250/80 | |
| Fer en U 220/70/10 | Fer en U 0m,250 | 280/112 | 310/120 | Fer à U 250/80 | | 250/80 | |
| 2 | 3 | 2 | 3 | " | | 2 | |
| 4m,500 | 4m,100 | 5m,500 | 6m,000 | " | | 3m,700 | |
| 0,090 | 0,085 | 0,120 | 0,095 | 0m,095 | | 0,080 | |
| 0,180 | 0,170 | 0,230 | 0,200 | 0,190 | | 0,170 | |
| 0,120 | 0,110 | 0,125 | 0,115 | 0,130 | | 0,120 | |
| 0,135 | 0,118 en dehors. | 0,135 | 0,135 | 0,140 | | 0,126 | |
| 0,140 | 0m,125 | 0,150 | 0,135 | 0,140 | | 0,136 | |
| Dietrich. | Arbel (fer). | Centre plein (fer). | Carton comprimé syst. américain. | Brunon. | | Brunon (fer) | |
| 0m,200 | 0m,180 | 0m,150 | 0m,180 | 0m,200 | | 0m,200 | |
| 0,920 | 0,820 | 0,920 | 0,950 | 0,880 | | 0,890 | |
| 1,040 | 0,920 | 1,040 | 1,065 | 1,000 | | 1,000 | |
| Fer. | Fer. | Acier. | Acier. | Acier | | Acier. | |
| 1/11,55 | 0m,1036 | 0m,1153 | 1/11 | 0m,0095 | | 1/12,5 | |
| 996k | 782k | 960k | 1.380k | 970k | | 815k | |
| 12 | 8 au milieu, 9 service, 10 lavabo. | 11 | Extrém. 9 ; Milieu. 8 | 9 | | 12 | |
| 90/12 | 75/10 | 90/12 | 90/13 ; 90/13 | 76/13 | | 75/12 | |
| 2m,300 | 1m,410 | 2m,200 | 2m,250 ; 2m,250 | 1m,900 | | 1m,950 | |
| 0,104 | 0,0625 0,0625 0,0560 | 0,090 | 0,120 ; 0,135 | 0,035 | | 0,0890 | |
| 16 | 15 | 18 | 15 | Ressorts en spirale. | | 10 | |
| 75/10 | 75/12 | 75/10 | 75/12 | | | 75/15 | |
| 1m,750 | 1m,746 | 1m,800 | 1m,746 | | | 1m,948 | |
| 0,078 | 0,050 | 0,071 | 0,050 | 0m,030 | | 0,054 | |
| 5 | 10 | 7 | 10 | Ressorts en spirale. | | 7 | |
| 75/12 | 75/12 | 75/10 | 75/12 | | | 75/11 | |
| 0m,998 | 0m,880 | 0m,830 | 0m,880 | | | 0m,812 | |
| 0,023 | 0,010 | 0,019 | 0,010 | 0m,030 | | 0,015 | |

| | | | | | | |
|---|---|---|---|---|---|---|
| | Pays de provenance | France. | France. | France. | France. | Fr |
| | Exposant et constructeur | Lyon. | Midi. | Nord. | Orléans. | Des |
| | Désignation des voitures | Voiture de 1re classe à coupé-fauteuil et à coupé-lit. | Voiture de 1re classe à coupé. | Voiture de 1re classe à coupé-lit et toilette. | Voiture de 1re classe avec compartiment à lits éclairé au gaz. | Vo<br>de 1<br>à co<br>type l |
| | Numéro de classement | 38. | 46. | 60. | 53. | |
| | Lignes desservies | Lyon. | Midi. | Nord. | Orléans. | L |
| Caisse. | Longueur maximum de la caisse suivant l'axe longitudinal | 7m,700 | 7m,860 | A la ceinture, 7m,119. | 9m,060 | Sans<br>Avec<br>8 |
| | Largeur maximum de la caisse, au milieu de sa longueur | 2 ,670 | 2 ,620 | Coupé, 2m,720. | 2 ,800 | Sans<br>2<br>Avec<br>2 |
| | Largeur maximum de la caisse, au bout de la voiture | 2 ,670 | 2 ,560 | Bout opposé, 2m,506. | " | Sans<br>2<br>Avec<br>2 |
| | Hauteur de la caisse du plancher au plafond, au milieu de sa largeur | 1 ,933 | 2, 000 | 1 ,900 | 2 ,075 | 1 |
| | Nombre de compartiments | 1re classe.. 2<br>Coupé-lit.. 1<br>Coupé-fl-lit 1<br>"<br>"<br>"<br>" | 1re classe.. 2<br>Coupé.... 2<br>"<br>"<br>"<br>"<br>" | Coupé-lit toilette.. 1<br>Comparti<sup>nt</sup> 1re classe. 2<br>"<br>"<br>" | Compartimnt-lit toilette 1<br>Coupé.... 1<br>1re classe.. 2<br>"<br>"<br>" | 1re c<br>Cou |
| | Nombre de places par compartiment | 1re classe.. 8<br>Coupé-lit.. 4<br>Coupé-fl-lit 3<br>"<br>" | 1re classe.. 6<br>Coupé.... 3<br>"<br>"<br>" | Coupé, 5 pl. dont 3 lits.<br>1re classe, 8.<br>"<br>" | Coupé-lit toilette.... 3<br>Coupé.... 4<br>1re classe.. 8<br>" | 1re c<br>Cou |
| | Nombre total de places disponibles | 23 | 18 | 21 | 23 | |
| | Surface du plancher | 18m2,02 | 18m2,180 | Coupé, 6m2,704.<br>1re classe, 4m2,524. | 21m2,790 (total). | 18 |
| | Nombre de mètres carrés par voyageur | 0 ,832 | 1 ,000 | Coupé, 1m2,340.<br>1re classe, 0m2,565. | 0m2,948 | c |
| Poids. | Poids à vide | 10,300k | 9,000k | 8.245k | 11.000k | 9 |
| | Maximum de chargement (les voyageurs avec bagages étant comptés pour 75 kilogr.) | 1,725 | 1,350 | 1,575 | 1.725 | 2 |
| | Poids mort de la voiture par voyageur | 522k,826 | 500 | Poids moyen, 392k,62.<br>Voyag. coupé 689k.<br>Voyag. 1re cl. 300k. | 550 | |
| | Charge maximum par essieu | 3,226 | " | 4,100k | Sans rails, 6,360k.<br>Sans fusées, 5,360k. | 3 |
| | Prix de la voiture | " | " | " | " | |

| | France.<br>Est. | France.<br>Lyon. | France.<br>Chevalier. | Belgique.<br>Compagnie belge. | Italie.<br>Chemins romains. | Italie.<br>Chemin de la Haute-Italie. | France.<br>Compagnie française. | États-Unis.<br>Pullmann. |
|---|---|---|---|---|---|---|---|---|
| | Voiture de 1$^{re}$ classe à coupé-lit et toilette. | Voiture-salon | Wagon de famille. | Voiture-lit (Sleeping Car). | Wagon-lit. | Voiture-salon. | Voiture pour grande voie à couloir excentré, avec dispositions spéciales. | Wagon-lit de luxe. |
| | 43.<br>Est. | 40.<br>Lyon. | 130.<br>″ | 6.<br>Internationale. | 4.<br>Romains. | 5.<br>Haute-Italie. | 198.<br>″ | D. 3.<br>″ |
| | 7$^{m}$,800 | 7$^{m}$,700 | 6$^{m}$,900 sans les plates-formes | 9$^{m}$,000 (caisse solidaire du châssis). | 7$^{m}$,400 | | 6$^{m}$,480. Avec lucarne 7$^{m}$,94 | |
| | 2 ,800 | 2 ,800 | 2$^{m}$,750 | 2$^{m}$,800 | 2 ,800 | | 3 ,130 | |
| | 2 ,800 | 2 ,800 | 2 ,750 | 2 ,800 | 2 ,800 | | 3 ,130 | |
| | 2 ,100 | 2 ,233 | 2 ,200 | 2 ,450 | 2 ,200 | | 1 ,980 | |
| 2<br>2 | A lits..... 1<br>1$^{re}$ classe.. 2<br>″<br>″<br>″<br>″<br>″ | A 4 fauteuils-lits..... 1<br>A 2 lits... 2<br>Domestiq$^{s}$. 1<br>Water-clos. 1<br>″<br>″ | Salon, cham$^{re}$ à coucher 1<br>Compart$^{nt}$ domestiq. 1<br>Cabinet toilette.. 1<br>Cuisine... 1 | 4 compartim$^{nts}$ semblables deux à deux, et à 4 ou à 2 places.<br>″<br>″ | 1$^{re}$ classe.. 2<br>A lits et toilette.... 1<br>″<br>″<br>″<br>″ | | 1$^{re}$ classe.. 1<br>″<br>″<br>″<br>″<br>″ | |
| 8<br>4 | A lits, 5 pl.. dont 3 lits 1$^{re}$ classe. 8<br>″<br>″ | Le jour.. 12<br>La nuit.. 8<br>″<br>″<br>″ | ″<br>″<br>″<br>″<br>″ | 2 compartim$^{nts}$ à 4 places. 8<br>2 compart$^{nts}$ à 2 places. 4<br>P$^{r}$ le garçon. 1 | 1$^{re}$ classe.. 8<br>A lits {jour 7, nuit 3}<br>″<br>″ | | 1$^{re}$ classe. 22<br>″<br>″<br>″<br>″ | |
| | 21 | ″ | ″ | 13 | Jour..... 23<br>Nuit.... 19 | | 22 | |
| 0 | 19$^{m2}$,958 | 18$^{m2}$,540 | 16$^{m2}$,850 | 23$^{m2}$,000 | 18$^{m2}$,30 | | 23$^{m2}$,000 | |
| 9 | Coupé-lit, 1$^{m2}$,600.<br>1$^{re}$ classe, 0$^{m2}$,730. | 1$^{m2}$,320 jour<br>1 ,854 nuit | ″ | 1 ,910 | Jour. 0$^{m2}$,79<br>Nuit. 0 ,96 | | 1 ,050 | |
| | 11,500$^{k}$ | 11,980$^{k}$ | 9,800$^{k}$ | 12,800$^{k}$ | 9,720$^{k}$ | | 8,900$^{k}$ | |
| | 1,575 | 1,050$^{k}$ jour.<br>750 nuit. | 1,000 | 975 | Jour. 1,725$^{k}$<br>Nuit. 1,425 | | 750 | |
| | 546 | ″ | ″ | 985 | Jour... 422$^{k}$<br>Nuit... 511 | | 400 | |
| | 5,540 | ″ | 4,440 | Côté du chauffeur.. 5,170$^{k}$<br>Milieu. 3,870<br>Opp. au chauffeur.. 3,760$^{k}$ | 4,752$^{k}$ | | 4,010 | |
| )$^{f}$ | ″ | ″ | 22,000$^{f}$ | ″ | 13,500$^{f}$ | | ″ | |

| DÉSIGNATIONS. | VOIT[...] VOITURES DE 1$^{re}$ CLASSE. | | | | |
|---|---|---|---|---|---|
| Pays de provenance | France. | Autriche. | Suède. | Suède. | Fr |
| Exposant et constructeur | Midi. | Ch. Louis, Vienne. | Compagnie de la fonderie et des ateliers de l'Atlas. | Compagnie Kockum. | O. |
| Désignation des voitures | Voiture de 1$^{re}$ classe à cabinet de toilette et water-closet. | Voiture de 1$^{re}$ classe. | Voiture de 1$^{re}$ classe. | Voiture à lit. | Vo 1$^{re}$ à 4 c et à |
| Numéro de classement | 44. | 39. | 2. | 4. | |
| Lignes desservies | Midi. | Chemin de Ch. Louis. | " | " | O |
| Châssis. — Type (tout en bois, en fer, ou mixte) | Fer. | Mixte. | Mixte. | Mixte. | M |
| Châssis. — Distance de dehors en dehors des tampons | $8^{m}.640$ | $8^{m},810$ | $8^{m},432$ | $9^{m},753$ | $9^{m}$ |
| Châssis. — Distance de dehors en dehors des traverses extrêmes | 7 ,720 | 7 .372 | 7 .162 | 8 ,483 | 8 |
| Châssis. — Écartement intérieur des brancards | 1 ,807 | 1 .936 | 1 ,920 | 1 ,920 | 1 |
| Châssis. — Longueur des traverses extrêmes | 2 .700 | 2 ,260 | " | " | 2 |
| Châssis. — Équarrissage du bois ou profil du fer des brancards | Fer en U 250/80/10 | Fer à I 237/88/9 | Fer à I 235/95/10 | Fer à I 235/93/10 | Fer 235 |
| Châssis. — Équarrissage du bois ou profil du fer des traverses extrêmes | Fer en U 250/80/10 | Bois 237/120 | Fer en U 300/75/10 | Fer en U 300/75/10 | 25 |
| Essieux et roues. — Nombre d'essieux | 2 | 2 | 2 | 2 | |
| Essieux et roues. — Écartement d'axe en axe des essieux extrêmes | $4^{m},500$ | $4^{m},425$ | $4^{m}.114$ | $4^{m}.114$ | $5^{m}$ |
| Essieux et roues. — Fusées. — Diamètre des fusées | 0 ,100 | 0 ,086 | 0 ,088 | 0 .088 | 0 |
| Essieux et roues. — Fusées. — Longueur des fusées | 0 .200 | 0 ,198 | 0 ,176 | 0 ,176 | 0 |
| Essieux et roues. — Corps de l'essieu. — Diamètre au milieu de l'essieu | 0 ,120 cylindr. | 0 ,131 | 0 ,105 | 0 ,105 | 0 |
| Essieux et roues. — Corps de l'essieu. — Diamètre près de la portée de calage | " | 0 .131 | 0 ,123 | 0 .123 | 0 |
| Essieux et roues. — Corps de l'essieu. — Diamètre à la portée de calage | $0^{m}.140$ | 0 ,130 | 0 ,125 | 0 .125 | 0 |
| Essieux et roues. — Roues. — Type (en fer, en fonte, ou mixte) Arbel, Brunon, Mansell | Brunon (avec remplis en bois) | " | Fer forgé. | En fer forgé. | C en |
| Essieux et roues. — Roues. — Longueur du moyeu | $0^{m},160$ | 0 ,218 | $0^{m},175$ | $0^{m}.175$ | $0^{m}$ |
| Essieux et roues. — Roues. — Diamètre à la jante | 1 ,000 | 0 ,895 | 0 .850 | 0 ,850 | 0 |
| Essieux et roues. — Roues. — Diamètre au contact des rails | 1 .100 | 1 .020 | 0 ,935 | 0 .935 | 1 |
| Essieux et roues. — Roues. — Nature du métal des bandages (fer ou acier) | Acier. | " | Acier. | Acier. | Ac |
| Essieux et roues. — Rapport du diamètre de la fusée au diamètre de la roue | $0^{m}.110$ | 0 ,084 | $0^{m},093$ | $0^{m},093$ | $0^{m}$ |
| Essieux et roues. — Poids moyen d'un essieu monté | $980^{k}$ | $1,000^{k}$ | $800^{k}$ | $800^{k}$ | 9 |
| Essieux et roues. — Ressorts de suspension. — Nombre de feuilles | 12 | 8 | 9 | 9 | |
| Essieux et roues. — Ressorts de suspension. — Longueur et épaisseur des feuilles | 90/11 | 80/13 | 90/13 | 90/13 | 90 |
| Essieux et roues. — Ressorts de suspension. — Longueur de la maîtresse feuille d'axe en axe des points de suspension | $2^{m},030$ | $1^{m}.905$ | $1^{m},850$ | $2^{m},130$ | $2^{m}$ |
| Essieux et roues. — Ressorts de suspension. — Flexibilité par 1,000 kilogr. | 0 ,085 | 0 .075 | " | " | 0 |
| Essieux et roues. — Ressorts de choc. — Nombre de feuilles | 17 | Ress. Baillie. 1 | Ressorts en spirale H. $0^{m},300$ D. 0 .250 | Ressorts en spirale H. $0^{m},300$ D. 0 ,250 | |
| Essieux et roues. — Ressorts de choc. — Longueur et épaisseur des feuilles | 75/10 | 150/7 | | | 75 |
| Essieux et roues. — Ressorts de choc. — Longueur de la maîtresse feuille | $1^{m},754$ | , | | | $1^{m}$ |
| Essieux et roues. — Ressorts de choc. — Flexibilité par 1,000 kilogr. | 0 ,072 | $0^{m},045$ | | | 0 |

| …OIE NORMALE. | | | | | | | MATÉRIEL POUR VOIE ÉTROITE. | |
|---|---|---|---|---|---|---|---|---|
| …E. | 3e CLASSE. | | VOITURES MIXTES. | | | | | |
| …ie … | France. Est. | Suède. Compagnie de la fonderie et des ateliers de l'Atlas. | France. Ouest. | Autriche. Direction I. R. pour la construction des chemins de l'État. | | Belgique. Grand-Central. | France. Compagnie française. | France. Chevalier. |
| … sse … st. | Voiture de 3e classe avec chauffage par thermo-siphon. | Wagon de 3e classe, pour voyageurs. | Voiture à frein contenant les 3 classes et 1 compartimt à bagages. | Wagon de 1re et 2e classes. | Wagon de 2e et 3e classes. | Voiture à voyageurs avec système de chauffage Belleroche. | Voiture à essieux fixes pour voie de 0m,75 avec attelage spécial. | Voiture à couloir central et à 2 trucs avec water-closet. |
| | 47. | 2. | 48. | 40. | 40. | " | " | 196. |
| | Est. | " | Ouest. | " | " | G.-C. | " | Brésil. |
| | Fer. | Mixte. | Mixte. | Mixte. | Mixte. | Fer. | Fer. | Fer |
| … | 8$^{m}$.000 | 8$^{m}$.432 | 8$^{m}$,220 | 9$^{m}$,340 | 8$^{m}$.400 | 8$^{m}$,080 | 5$^{m}$,344 | Pas de tampons aux trucs. |
| … | 7 .000 | 7 .162 | 6 ,800 | 2 .360 | 2 ,400 | 7 ,000 | 4 .790 | 2$^{m}$.200 |
| … | 1 ,800 | 1 .920 | 1 ,820 | 1 .918 | 1 .918 | 1 ,800 | 1 ,450 | 1 ,360 |
| … | 2 ,650 | " | 2$^{m}$,630 côté du frein; 2$^{m}$,450 du côté opposé. | 2 ,400 | 2 ,400 | 2 .360 | 1 ,540 | 1 ,600 |
| …o | Fer à T 220/100/10 | Fer à T 235/95/10 | Fer en U 250/90/10 | Fer à I 237/90/9 | Fer à I 237/90/9 | Fer en U 250/91/11 | Fer en U 140/45 | Longerons en tôle découpée. |
| …o | Fer à T 220/70/10 | Fer en U 300/75/10 | 250/100 | 267/100 | 267/90 | Fer en U 250/94/14 | Fer en U 140/45 | |
| | 2 | 2 | 2 | 2 | 2 | 2 | 2 | 4 |
| … | 4$^{m}$,500 | 4$^{m}$,114 | 3$^{m}$,750 | 3$^{m}$,800 | 3$^{m}$,200 | 4$^{m}$,000 | 1$^{m}$.800 | d'un truc 1$^{m}$,200 |
| … | 0 .090 | 0 ,088 | 0 .080 | 0 ,085 | 0 .085 | 0 ,080 | 0 ,054 | 0 ,070 |
| … | 0 ,180 | 0 ,176 | 0 .160 | 0 ,170 | 0 ,170 | 0 ,130 | 0 ,115 | 0 ,140 |
| …5 | 0 ,120 | 0 ,105 | 0 ,115 | 0 ,130 | 0 ,115 | 0 ,130 | 0 ,070 | 0 ,090 |
| …5 | 0 ,135 | 0 .123 | 0 ,125 | 0 .130 | 0 .115 | 0 ,130 | 0 .070 | 0 ,090 |
| … | 0 ,140 | 0 .125 | 0 ,130 | 0 ,130 | 0 ,115 | 0 .130 | 0 ,072 | 0 ,100 |
| …lein | Dietrich. | Fer forgé. | Centre plein. | Mixte. | Fer forgé. | Fer forgé type de la Sté de la Dyle. | Fonte. | Arbel. |
| … | 0$^{m}$,200 | 0$^{m}$,175 | 0$^{m}$,160 | 0$^{m}$,200 | 0$^{m}$,170 | 0$^{m}$,185 | 0$^{m}$,125 | 0$^{m}$,130 |
| … | 0 ,920 | 0 .850 | 0 ,920 | 0 ,870 | 0 .800 | 0 ,890 | " | 0 ,650 |
| … | 1 .040 | 0 .935 | 1 .030 | 0 ,990 | 0 ,900 | 1 ,000 | 0 .600 | 0 ,750 |
| | Fer. | Acier. | Acier. | Acier. | Acier. | Fer. | " | Acier. |
| …76 | 0$^{m}$,0865 | 0$^{m}$,093 | 0$^{m}$,0777 | 0$^{m}$,085 | 0$^{m}$,094 | 2/25 | 1/11.1 | 0$^{m}$,0933 |
| | 996$^{k}$ | 800$^{k}$ | 900$^{k}$ | 850$^{k}$ | 750$^{k}$ | 890$^{k}$ | 200$^{k}$ | 400$^{k}$ |
| | 10 | 9 | 12 | 11 | 9 | 9 | 5 | Ressorts à pincettes. 16 |
| … | 75/10 | 90/13 | 90/10 | 80/11 | 80/11 | 75/12 | 60/8 | 75/8 |
| …o | 1$^{m}$,400 | 1$^{m}$,850 | 1$^{m}$.540 | 1$^{m}$.895 | 1$^{m}$.440 | 1$^{m}$,620 | 0$^{m}$.841 | 0$^{m}$.900 |
| …o | 0 ,062 | " | 0 ,055 | 0 ,100 | 0 ,050 | 0 ,075 | 0 .073 | 0 ,080 |
| | 16 | Ressorts en spirale H. 0$^{m}$,300 D. 0 ,250 | 13 | " | " | 1 | " | 2 ressorts en spirale placés dans le châssis de caisse et présentant une résistance à l'aplatissement de 2.400 kilogr. |
| … | 75/10 | | 75/11 | 130/7 | 130/7 | 80/10 5 | Ressorts en spirale | |
| …o | 1$^{m}$,750 | | 1$^{m}$.750 | 2$^{m}$.900 | 2$^{m}$.900 | 2$^{m}$,220 | | |
| …5 | 0 .078 | | 0 .075 | 0 ,150 | 0 ,150 | Charge min. d'aplatisst 4,140$^{k}$ | | |

| DÉSIGNATIONS. | VOITU | | | | |
|---|---|---|---|---|---|
| | VOITURES DE 1re CLASSE. | | | | |
| Pays de provenance | France. | Autriche. | Suède. | Suède. | Fra |
| Exposant et constructeur | Midi. | Ch. Louis, Vienne. | Compagnie de la fonderie et des ateliers de l'Atlas. | Compagnie Kockum. | Oue |
| Désignation des voitures | Voiture de 1re classe à cabinet de toilette et water-closet. | Voiture de 1re classe. | Voiture de 1re classe. | Voiture à lit. | Voit de 1re cl à 4 com et à f |
| Numéro de classement | 44. | 39. | 2. | 4. | 50 |
| Lignes desservies | Midi. | Chemin de Ch. Louis. | " | " | Oue |
| Essieux et roues. (*Suite.*) — Ressorts de traction. — Nombre de feuilles | 7 | Ressorts Baillie. 1 | Ressorts en spirale H. 0m,200 D. 0 .160 | Ressorts en spirale H. 0m,200 D. 0 .160 | Formé ressort choc gués. |
| Longueur et épaisseur des feuilles | 75/10 | 140/7 | | | |
| Longueur de la maîtresse feuille. | 0m,830 | " | | | 1m,( |
| Flexibilité par 1,000 kilogr | 0 .018 | 0m,056 | | | 0 .( |
| Caisse. — Longueur maximum de la caisse suivant l'axe horizontal | 7 ,560 | 7 .506 | 7m,162 | 7m.483 | 8 .: |
| Largeur maximum de la caisse — au milieu de sa longueur | 2 ,750 | 2 .423 | 2 ,743 | 2 .845 | 2 ,( |
| au bout de la voiture | 2 ,750 | 2 .423 | 2 ,743 | 2 .845 | 2 .( |
| Hauteur de la caisse, du plancher au plafond au milieu de sa largeur | 2, 060 | 2 ,001 | 2 ,130 | 2 ,130 | 1 ,( |
| Nombre de compartiments | 1re classe.. 3<br>Cabinets.. 2<br>"<br>" | Comp[ts]... 3<br>Cabinets.. 2<br>"<br>" | 1re classe.. 3<br>On peut arranger pour la nuit 8 pl. à lit et 2 pl. ordinaires. | 1re classe.. 4<br>"<br>"<br>" | 1re clas<br>"<br>"<br>" |
| Nombre de places par compartiment | 1re cl. { 2 de 7 / 1 de 6 }<br>"<br>" | 2 comp[ts] de 5<br>1 comp[t] de 4<br>" | 2 comp[ts] de 7<br>1 comp[t] de 4<br>" | 1re classe.. 6<br>Pour la nuit, les compartiments peuvent être arrangés à lit, le compartiment fournit alors 2 pl., soit en tout 8 places. | 1re clas<br>" |
| Nombre total des places disponibles | 20 | 14 | 18 | 24 | 32 |
| Surface du plancher | 19m²,260 | 16m²,100 | 17m²,50 | 18m².90 | 19m². |
| Nombre de mètres carrés par voyageur | 0 ,963 | 1 ,15 | 0 ,97 | 0 .78 | 0 . |
| Poids. — Poids à vide | 9,200k | 8,890k | 8,500k | 9,000k | 9.70 |
| Maximum du chargement (les voyageurs avec bagages étant compris pour 75 kilogr.) | 1,500 | 1,050 | 1,350 | 1,800 | 2.40 |
| Poids mort de la voiture par voyageur | 460 | 635 | 470 | 375 | 37 |
| Charge maximum par essieu | " | 3,970 | 4,125 | 4,600 | 5,12 |
| Prix. — Prix de la voiture | " | " | " | " | 14,9 |
| Frein. — Type du frein | " | " | " | " | " |

| …VOIE NORMALE. | | | | | | | MATÉRIEL POUR VOIE ÉTROITE. | |
|---|---|---|---|---|---|---|---|---|
| …E. | 3e CLASSE. | | VOITURES MIXTES. | | | | | |
| … iie :. | France. Est. | Suède. Compagnie de la fonderie et des ateliers de l'Atlas. | France. Ouest. | Autriche. Direction I. R. pour la construction des chemins de l'État. | | Belgique. Grand-Central. | France. Compagnie française. | France. Chevalier. |
| … sse , st. | Voiture de 3e classe avec chauffage par thermo-siphon. | Wagon de 3e classe pour voyageurs. | Voiture à frein contenant les 3 classes et 1 compartim$^{t}$ à bagages. | Wagon de 1re et 2e classes. | Wagon de 2e et 3e classes. | Voiture à voyageurs avec système de chauffage Belleroche. | Voiture à essieux fixes pour voie de $0^{m}$,75 avec attelage spécial. | Voiture à couloir central et à 2 trucs avec water-closet. |
| | 47. | 2. | 48. | 40. | 40. | " | " | 196. |
| | Est. | " | Ouest. | " | " | G.-C. | " | Brésil. |
| …les de …ju- | 5 | Ressorts en spirale H. $0^{m}$,200 D. 0 ,160 | Formé par les ressorts de choc conjugués. | " | " | " | Ressorts en spirale. | 2 ressorts en spirale placés dans le châssis de caisse et présentant une résistance à l'aplatissement de 2,400 kilogr. |
| | 75/12 | | | 130/7 | 130/7 | 130/7 | | |
| , | $0^{m}$,998 | | $1^{m}$,000 | $2^{m}$,900 | $2^{m}$,900 | $1^{m}$,610 | | |
| …25 | 0 ,023 | | 0 ,0125 | 0 ,150 | 0 ,150 | Charge min. d'aplatiss$^{t}$ 3,800$^{k}$ | | |
| ) | Ext$^{r}$ $7^{m}$.350 | $7^{m}$.162 | 7 ,000 | 6 ,600 | 5 ,520 | $7^{m}$.300 / 7 ,100 | $3^{m}$.650 / 4 .890 avec terrasse. | " / $10^{m}$,550 |
| ) | Ext$^{r}$ 2 ,800 | 2 ,743 | 2 .690 | 2 ,850 | 2 .800 | 2 .700 | $1^{m}$.920 | 2 ,420 |
| ) | $2^{m}$.800 | 2 .743 | 2 ,660 | 2 ,850 | 2 .800 | 2 .500 | 1 ,920 | 2 ,420 |
| … | 1 ,985 | 2 ,130 | 1 ,935 | 2 ,100 | 2 ,100 | 1 ,920 | 2 .100 | 2 ,150 |
| 4 | 3e classe.. 5 | 1re classe.. 3 | 1re classe.. 1 | 1re classe. 1 | 2e classe.. 1 | 1re cl$^{sse}$ 1 1/2 | 1re classe. 1 | 1re classe.. 1 |
| | " | On peut arranger pour la nuit 8 pl. à lit et 2 pl. ordinaires. | 2e classe.. 1 | 2e classe. 1 | 3e classe.. 1 | 2e classe. 2 | 2e classe. 1 | Compartiment garde-frein 1 |
| | " | | 3e classe.. 2 | " | " | " | Terrasse. 2 | Water-closet 1 |
| | " | | A bagages. 1 | " | " | " | " | " |
| 10 | 3e classe.. 10 | 2 comp$^{ts}$ de 7 | 1re classe. 4 | 1re classe. 6 | 2e classe.. 8 | 1re classe. 8 | 1re classe. 4 | 1re classe.. 36 |
| | " | 1 comp$^{t}$ de 4 | 2e classe. 10 | 2e classe. 16 | 3e classe.. 28 | 2e classe. 10 | 2e classe. 10 | " |
| | " | " | 3e classe. 10 | " | " | " | Terrasse.. 2 | " |
| | 50 | 18 | 34 | 22 | 36 | 32 | 18 | 36 |
| …10 | $17^{m2}$.907 | $17^{m2}$,50 | C$^{ts}$ $13^{m2}$,82 / Bag. 3 ,42 | $17^{m2}$,87 | $14^{m2}$,40 | $16^{m2}$,00 | $7^{m2}$.50 | $22^{m2}$,38 |
| …18 | 0 .390 | 0 .97 | $0^{m2}$,500 | 0 ,81 | 0 ,40 | 0 .50 | " | 0 ,621 |
| … | 9.420$^{k}$ avec appareil de chauffage. | 8.500$^{k}$ | 8.600$^{k}$ | 8,000$^{k}$ | 5,800$^{k}$ | 7,800$^{k}$ | 2.000$^{k}$ | " |
| | 3.750$^{k}$ | 1,350 | C$^{ts}$ 2.550$^{k}$ / Bag. 1,700 | 1,650 | 2,700 | 2.400 | 1,350 | " |
| | 264 | 470 | 252$^{k}$ | 364 | 161 | 244 | 110 | " |
| | 5,395 | 4,125 | 5,525 | 3,975 | 3.500 | " | 1,475 | 3,350$^{k}$ |
| …f | " | " | 10.000$^{f}$ | 8,600$^{f}$ | 5,050$^{f}$ | 8.032$^{f}$ | " | " |
| …en V | " | " | Frein dit en V | " | " | " | " | " |

Gr. VI.
—
Cl. 64.

## § 2. — VOITURES DE LUXE.

En passant en revue les voitures exposées, on est tout d'abord frappé du nombre de véhicules étudiés et construits en vue d'offrir aux voyageurs plus de confortable que les voitures ordinaires de 1re classe. Ce fait que, sur 28 voitures à voyageurs figurant à l'Exposition, 15 sont des voitures de luxe mises à la disposition du public, prouve qu'un besoin nouveau s'est produit dans le service du transport des voyageurs: les gens d'affaires, aussi bien que les touristes, veulent voyager sans fatigue et avec autant de commodité qu'il est possible. Les diverses administrations de chemin de fer ont répondu à ce besoin en offrant au public des voitures présentant une très grande capacité par voyageur et des sièges confortables pouvant se transformer en lits, enfin munies de cabinets de toilette et de water-closet.

### Coupés et coupés-lits.

Les coupés sont depuis longtemps regardés, du moins en France, comme des compartiments de luxe; ils sont de plus en plus recherchés. Aussi chacune des six grandes compagnies françaises a-t-elle pu exposer un type de coupé. Les premiers qui ont été offerts au public étaient des compartiments à quatre places seulement, placés aux extrémités de la voiture; la face opposée aux sièges, comprenant quatre vitres, donnait aux voyageurs une certaine vue sur la campagne; mais ces vitres favorisaient singulièrement les courants d'air, et l'on dut rendre dormantes celles du milieu.

La compagnie de l'Est eut l'idée de placer, sous les vitres, des planches rembourrées mobiles, qui, se rabattant vers les sièges, prolongeaient ceux-ci et permettaient aux voyageurs de se coucher. Mais, en 1867, la même compagnie présenta à l'Exposition une disposition beaucoup plus avantageuse : le dossier, parfaitement rembourré sur les deux faces, est mobile; on peut le renverser sur le siège, qui disparaît en arrière, et constitue ainsi un véritable lit.

Le nombre des sièges était réduit à trois. Successivement adoptée par les compagnies de Lyon, d'Orléans et du Nord, cette disposition est, on peut le dire, très goûtée du public.

L'amélioration la plus marquée récemment apportée aux coupés consiste en l'adjonction d'un cabinet de toilette avec water-closet, disposé dans un petit compartiment attenant au coupé, et occupant soit toute la largeur de la voiture (Orléans), soit un tiers environ de cette largeur (Nord et Est).

### Voiture de 1re classe à coupés de la compagnie de Lyon.

La voiture de 1re classe à coupés du chemin de fer de Lyon comprend au centre deux compartiments de 1re classe et un coupé à chacune des extrémités. L'un des coupés est muni de trois fauteuils articulés pouvant former lit. Le coupé de l'autre bout de la voiture possède une banquette mobile constituant un lit transversal pour une seule personne. Dans une partie fixe, à l'extrémité de la banquette, est placé un water-closet, qui a l'inconvénient de n'être point isolé.

### Voiture de 1re classe à coupés de la compagnie du Midi.

Cette voiture comprend deux compartiments de 1re classe au centre, avec deux coupés aux extrémités. Elle n'offre d'autre particularité que la réduction du nombre de places, qui n'est plus que de trois par banquette dans tous les compartiments. Les stalles des coupés sont à coulisses et peuvent former fauteuil de repos au moyen d'un strapontin sur lequel s'appuient les pieds des voyageurs, comme dans la première disposition réalisée sur le chemin de l'Est.

### Voiture de 1re classe à coupé-lit et à toilette de la compagnie du Nord.

L'un des compartiments extrêmes de cette voiture est un coupé à trois stalles. Les dossiers des sièges se rabattent, comme dans le coupé de la compagnie de l'Est, pour former les lits. Un water-closet et une toilette sont renfermés dans un petit cabinet, dont l'entrée est fermée par une porte roulante faisant face aux sièges. Les

Gr. VI. — Cl. 64.

deux côtés libres de ce cabinet sont occupés par deux strapontins. Les deux autres compartiments de la voiture sont des compartiments ordinaires de 1re classe.

**Voiture de 1re classe à compartiment-lits et à coupé de la compagnie d'Orléans.**

La voiture de 1re classe exposée par la compagnie d'Orléans est à quatre compartiments, dont deux de 1re classe à une des extrémités, un compartiment à lits vers le milieu et un coupé à l'extrémité.

Le compartiment à lits est à trois stalles, d'après la disposition de l'Est. En face de la stalle du milieu se trouve l'entrée du cabinet de toilette avec water-closet, occupant toute la largeur de la voiture. Le compartiment à coupé, qui ne présente aucune particularité intéressante, est, en réalité, un demi-compartiment de 1re classe.

**Voiture de 1re classe à coupé-lit de la compagnie de Lyon, et voiture de 1re classe à deux coupés de la compagnie de l'Ouest.**

Ces deux voitures, construites d'après les plans des compagnies de Lyon et de l'Ouest, sont présentées par MM. Desouches, David et Cie. La 1re classe de la compagnie de Lyon est à quatre compartiments, dont trois de 1re classe, et le quatrième, placé à une des extrémités, muni d'une banquette formant lit transversal.

Cette disposition a déjà été signalée au sujet de la voiture de 1re classe exposée par la compagnie de Lyon.

Pour la compagnie de l'Ouest, MM. Desouches, David et Cie ont construit une voiture dans laquelle les compartiments à lits sont placés aux extrémités de la voiture; le milieu du véhicule est occupé par deux compartiments de 1re classe. L'aménagement des coupés se rapproche de l'installation présentée par la compagnie de Lyon. Le lit est formé transversalement par la banquette, dont l'une des extrémités se relève pour former oreiller; à l'autre extrémité de la banquette est installé le water-closet, que recouvre le coussin.

#### Coupés-lits de la compagnie de l'Est.

Les inconvénients de la disposition des coupés au bout de la voiture ont donné à la compagnie de l'Est, comme à celle d'Orléans, l'idée de prendre le compartiment du milieu pour en faire le compartiment-lits.

Cette disposition présente l'avantage d'une stabilité plus grande, le milieu du véhicule échappant à l'influence du mouvement de lacet et ressentant moins les cahots des roues sur les joints de rails.

Le nombre des places d'un compartiment-lits étant souvent insuffisant pour une famille, la compagnie de l'Est a songé a utiliser la place rendue disponible de chaque côté du cabinet de toilette, et elle a pu ainsi porter à cinq le nombre des places offertes dans ce compartiment. Le cabinet de toilette contient un water-closet.

Les lits, dissimulés dans le dossier de cette voiture, peuvent se développer suivant un lit horizontal, ou suivant une sorte de chaise longue pour les malades.

#### Salon de famille de la compagnie de Lyon.

La compagnie de Lyon, ayant à transporter des familles nombreuses de Paris à Marseille ou à Nice, a étudié un salon de famille pouvant admettre quatorze personnes. Un compartiment central, formant salon, contient quatre fauteuils fixes transformables en lits et quatre chaises. A chacune des extrémités du véhicule se trouve un compartiment à quatre sièges, formant, à volonté, deux lits et un tambour. L'un des tambours forme cabinet de toilette et water-closet; l'autre, muni de banquettes, peut recevoir deux domestiques assis. Cette voiture est des plus confortables, mais il est fâcheux que, pour y pénétrer, il faille passer forcément par le compartiment central, seul muni de portes.

#### Salon de famille de M. Chevalier.

Le salon exposé par M. Chevalier est spécialement destiné au service d'un particulier ayant à faire de longs voyages. Il com-

Gr. VI. — Cl. 64.

prend un salon pouvant recevoir six à huit personnes pendant le jour et quatre personnes pendant la nuit, un petit compartiment pour une personne, un cabinet de toilette avec water-closet, enfin une cuisine.

Pour passer la nuit, on dispose, dans le salon, de deux lits complets et de deux fauteuils. Les personnes qui voyagent dans une semblable voiture peuvent ne pas aller dans les hôtels. L'ensemble est bien étudié ; mais, précisément en raison de sa destination toute spéciale, cette voiture offre moins d'intérêt que celles qui sont destinées au public.

**Voiture de la société internationale des wagons-lits.**

La compagnie belge pour la construction du matériel des chemins de fer a exposé une voiture construite pour la société internationale des wagons-lits et présentant les derniers perfectionnements apportés par cette société dans l'aménagement de son matériel.

Cette voiture est divisée en quatre compartiments, desservis par un couloir latéral. Un siège pour le conducteur, une armoire à linge et à provisions sont placés à l'une des extrémités de ce couloir latéral, dont l'autre extrémité aboutit au couloir d'entrée, disposé transversalement et donnant issue des deux côtés de la voiture. Sur le côté du couloir d'entrée sont établis deux cabinets de toilette avec water-closets, dont l'un est réservé aux dames. La chaudière de l'appareil de chauffage par circulation d'eau est placée entre ces deux cabinets. Deux des compartiments reçoivent quatre personnes, et les deux autres, deux personnes seulement. Pour la nuit, chaque banquette à deux places se transforme en lit, par la simple superposition d'un matelas, tandis que son dossier, relevé horizontalement et garni également d'un matelas, constitue un second lit. Par cette ingénieuse disposition, on obtient, tout comme dans le système de M. Pullmann, autant de lits que de sièges, en diminuant l'encombrement et en évitant de former les lits inférieurs par le rapprochement des sièges opposés.

**Voitures de la société des chemins de fer romains.**

Le compartiment du milieu de la voiture exposée par les chemins de fer romains renferme deux banquettes, à trois places chacune, et un fauteuil. En face de celui-ci, une porte donne accès dans un petit vestibule, précédant un cabinet de toilette avec water-closet. Pour la nuit, on transforme chacune des banquettes en un lit, par le rabattement du dossier sur la banquette; en rabattant le dossier du fauteuil, on obtient le troisième lit. On a cherché à faciliter la circulation des voyageurs, soit pour se rendre au cabinet de toilette, soit pour sortir; mais ce dernier but n'est pas atteint, si l'on doit sortir de la voiture du côté du fauteuil alors qu'il est transformé en lit, celui-ci se rabattant précisément devant la porte. L'isolement du water-closet est une bonne chose; mais il fait perdre de la place, et l'utilisation de la surface serait critiquable, si l'on n'avait pas l'intention d'utiliser les sept places disponibles pendant le jour, au même titre que celles des coupés ordinaires à quatre places, en raison de la jouissance du cabinet de toilette.

**Voiture-salon des chemins de fer de la Haute-Italie.**

La voiture-salon exposée par les chemins de fer de la Haute-Italie comprend une petite terrasse formant vestibule, un salon, une petite chambre à coucher, un compartiment pour les domestiques et un water-closet. Elle est destinée au transport des grands personnages, ce qui justifie le luxe de sa décoration.

**Voiture de luxe pour grande voie.**

Cette voiture, exposée par la compagnie française de matériel des chemins de fer, est à couloir central avec plates-formes d'accès aux extrémités. Une cloison longitudinale, avec porte à deux ventaux, isole les compartiments de l'un des côtés de la voiture. Les sièges de ces compartiments isolés peuvent se transformer en lits. Sur l'une des plates-formes se trouve l'entrée du water-closet-cabinet de toilette. Cette disposition est très convenable, puisque les water-closets n'ont pas de communication avec l'inté-

Gr. VI. — Cl. 64.

rieur de la voiture. Pour pouvoir circuler sur les lignes françaises, la largeur de la caisse de cette voiture devrait être réduite d'environ 30 centimètres, et ses dispositions intérieures ne seraient plus alors que difficilement applicables.

**Voiture Pullmann.**

Nous devons ranger dans la catégorie des voitures de luxe la voiture américaine Pullmann, qui en fait essentiellement partie, et que la presque totalité des visiteurs de l'Exposition a considérée à tort comme le type de la voiture des chemins de fer américains. Elle a été créée pour les voyageurs riches qui veulent, autant que possible, diminuer la fatigue des grands voyages et ne trouvent absolument aucun confort dans la voiture américaine ordinaire, qui ne comporte qu'une seule classe de places fort mal aménagées, si on les compare aux voitures européennes.

La voiture Pullmann consiste en une caisse de très grande longueur avec plates-formes aux extrémités. La caisse repose sur deux trucs à deux paires de roues.

On pénètre dans la voiture par une porte s'ouvrant de la plate-forme sur un couloir central, dont l'un des côtés est occupé par un cabinet de toilette, et l'autre par un water-closet et une lingerie. A l'extrémité de ce couloir, on trouve le compartiment principal, que traverse également un passage central.

De chaque côté de ce passage, sont disposées, pendant le jour, quatre doubles banquettes à deux places. Une table mobile peut être installée entre chaque paire de sièges. Pour la nuit, on enlève les tables, et on forme le lit inférieur en rapprochant les deux sièges placés face à face, et sur lesquels on pose un matelas. Le lit supérieur est renfermé dans une caisse, qui contient également le matelas du lit inférieur. Pendant le jour, cette caisse est relevée obliquement contre le plafond de la voiture. Tout le système est équilibré par un ressort, qui, au moyen d'une chaîne, se bande lorsque le lit est rabattu. Les oreillers sont renfermés dans une boîte placée sous les sièges inférieurs. Chaque lit peut recevoir deux voyageurs. A l'extrémité du compartiment principal se trouve une autre lingerie, puis, au delà, deux compartiments isolés dans lesquels on pénètre par un couloir longeant l'un des côtés de la voiture. Chacun de ces compartiments est à quatre places, et on y rencontre répétées les dispositions déjà décrites pour former les lits. Au delà des compartiments isolés se trouve un couloir central se terminant sur la plate-forme. Sur l'un des côtés de ce couloir est un cabinet de toilette-water-closet pour dames; de l'autre côté, l'appareil de chauffage à circulation d'eau chaude. Des ouvertures munies de châssis mobiles sont pratiquées dans la partie surélevée du pavillon, pour la ventilation. L'éclairage est assuré par des lampes au pétrole suspendues au milieu du couloir central et dont le service se fait à l'intérieur de la voiture.

Nous venons de décrire la voiture Pullmann, tant de fois célébrée. Elle répond évidemment à des besoins qui ne sont pas connus en Europe; mais nous estimons qu'il y a quelque exagération à dire que, sans elle, les longs voyages n'auraient pas été possibles. On met quatre-vingt-trois heures pour aller de New-York à San-Francisco et parcourir neuf mille kilomètres, presque le quart du méridien terrestre. Nous estimons qu'on pourrait rester le même temps dans les voitures de luxe exposées par les constructeurs européens, et même dans les voitures ordinaires, qu'on ne saurait comparer aux anciennes diligences, dans lesquelles on demeurait étroitement emballé pendant trois, quatre et même cinq jours.

Les voitures américaines ordinaires ou du type Pullmann admettent en principe la présence simultanée d'un grand nombre de voyageurs dans un même compartiment[1]. En Europe, le but poursuivi par chaque voyageur est, au contraire, d'être isolé le plus possible, et il y a à ce sujet divergence d'idées absolue.

Au point de vue du service technique, on peut dire que le poids d'une voiture Pullmann est excessif. En la supposant pleine, il dépasse mille kilogrammes par voyageur; s'il faut ajouter une voiture de ce genre pour un ou deux voyageurs, on a une augmentation de charge très considérable.

[1] Beaucoup de voyageurs européens parlent avec enthousiasme du séjour sur les plates-formes placées à chaque extrémité de la voiture Pullmann; un des attraits de ce séjour n'est-il pas d'échapper, quelques instants, aux odeurs de l'intérieur ?

Gr. VI. — Cl. 64.

Enfin le prix d'une voiture Pullmann est excessif : on a cité des chiffres de cent mille francs par véhicule. La taxe perçue n'est pas en rapport avec cette base. On ne pourrait donc la multiplier qu'en consacrant au luxe des voyageurs riches une part des recettes prélevées sur les taxes payées par les voyageurs ordinaires.

## § 3. — VOITURES DE 1re CLASSE.

### Voitures françaises.

#### VOITURE DU MIDI À WATER-CLOSET.

Au point de vue de la disposition générale des voitures de 1re classe, on constate que, sauf la compagnie du Midi, tous les chemins de fer français conservent le type à compartiments isolés à huit places.

Pour mettre un cabinet de toilette avec water-closet à la disposition des voyageurs des trains express, le Midi dispose, dans la largeur de la voiture, deux cabinets, fait communiquer l'un d'eux avec un compartiment extrême, qui sera réservé aux dames voyageant seules, et le second cabinet avec les deux autres compartiments, entre lesquels s'ouvre une porte. Afin de ménager aux voyageurs la disposition des fenêtres, les communications sont pratiquées contre l'axe longitudinal de la voiture. Chaque compartiment conserve ses deux portes latérales. On voit à quel prix ce confortable a été obtenu : la voiture ne présente plus que vingt places, au lieu de vingt-quatre, et sa longueur s'est accrue de la largeur des cabinets.

La disposition adoptée par le Midi a pris naissance en Allemagne, et nous la retrouverons dans les voitures de 1re classe exposées par l'Autriche et par la Suède. Pour nous, elle a le grave inconvénient de trop rapprocher le water-closet des compartiments; et, quelle que soit la propreté du cabinet au départ, il sera difficile d'éviter les odeurs, avec un public se renouvelant forcément pendant un long voyage. Nous voudrions tout au moins qu'une porte extérieure permît aux gens de service de faire un nettoyage pendant les arrêts.

VOITURE DE LA COMPAGNIE D'ORLÉANS.

La solution adoptée à ce sujet par la compagnie d'Orléans consiste à placer, en tête des trains rapides, un fourgon à l'arrière duquel est disposé un compartiment de 1re classe, à deux places, qui est en communication avec un cabinet water-closet. Pendant de longues années, la compagnie de l'Est a mis en service des fourgons ayant une disposition semblable; elles les a supprimés, personne ne s'en servant. On conçoit, en effet, la répugnance des voyageurs à quitter leur voiture pendant l'intervalle qui sépare deux arrêts et à monter devant les agents de la gare et des trains dans un compartiment semblable. L'expérience dira si le fourgon de la compagnie d'Orléans est adopté par le public.

AMÉLIORATIONS DE DÉTAIL.

Les voitures de 1re classe ont été naturellement les premières à bénéficier des améliorations apportées récemment dans les organes du roulement, de la traction, de la suspension, et dans le mode de construction. Ces améliorations ont, du reste, été étendues à tout le matériel à voyageurs, comme nous l'indiquerons plus loin.

Nous citerons, parmi les améliorations spéciales aux voitures de 1re classe de toutes les compagnies françaises :

L'interposition de rondelles ou de plaques de caoutchouc entre la caisse et le châssis, afin de détruire les petites vibrations désagréables par leur dureté et qui contribuent, en outre, à assourdir la caisse; les rondelles sont supportées par des consoles fixées aux brancards (Orléans), et les plaques reposent simplement sur les brancards et les traverses (Paris-Lyon-Méditerranée et Est);

L'emploi d'un double plancher, dont l'intervalle est rempli de varech, de copeaux de bois ou de rognures de papier, pour amortir le bruit du roulement, et d'un double pavillon pour préserver, par une couche d'air, contre les effets de la chaleur et du froid;

L'adoption de châssis de glace, soit complètement recouverts de velours (Orléans) ou de drap (Paris-Lyon-Méditerranée), soit garnis latéralement de règles recouvertes de velours (Ouest et Est). L'Orléans fait en outre glisser ses châssis de glace contre des

Gr. VI. — Cl. 64.

règles à ressorts. Les accotoirs mobiles sont actuellement adoptés par presque toutes les compagnies. Le chemin de fer de l'Est, dont la voiture de 1re classe exposée en 1867 présentait pour la première fois cette disposition, a cru devoir la compléter, en divisant chaque banquette en deux parties que l'on peut rendre isolément horizontales, tout en augmentant la largeur du coussin. On dispose ainsi, dans chaque compartiment, de quatre sortes de chaises longues.

### Autriche.

VOITURE DE 1re CLASSE DU CHEMIN DE FER CHARLES-LOUIS DE GALLICIE.

La voiture de 1re classe exposée par le chemin de fer Charles-Louis est destinée au service des trains express. La disposition générale est celle de la voiture du Midi; mais, suivant l'habitude allemande, le nombre des places est réduit à trois sur les banquettes entières et à deux contre la communication, qui est ainsi dans l'axe longitudinal de la voiture. Il n'existe pas de porte entre les deux compartiments qui communiquent, et leur cloison de séparation ne monte pas au-dessus des dossiers. En France, on eût créé un isolement plus complet.

Cette voiture présente toutes les dispositions ayant pour but le confort que nous avons rencontré dans les voitures françaises. Nous devons noter celle qui a été adoptée pour éviter les battements des châssis de glaces : un cadre mobile entoure l'ouverture de la fenêtre; il articule autour de charnières à axe horizontal fixées à sa partie supérieure, et des ressorts, cachés sous la traverse du bas, l'appuient constamment contre le châssis de glaces. En raison du petit nombre de places offertes (14), cette voiture, parmi toutes celles qui ont été exposées, donne le poids mort par voyageur le plus considérable (635 kilogr.), les places de luxe étant, bien entendu, mises à part.

Cette voiture est munie de l'appareil de chauffage à la vapeur de Haag.

### Suède.

VOITURE DE 1re CLASSE DES ATELIERS «ATLAS».

La compagnie de la fonderie et des ateliers *Atlas* expose une voiture de 1re classe avec water-closet intérieur, dont les dispositions rappellent celles du nouveau type de la compagnie du Midi et présentent les mêmes inconvénients. Les banquettes sont à coulisses et, en les rapprochant face à face, on forme des lits longitudinaux, en réduisant toutefois de moitié le nombre des places. La voiture peut être appropriée au transport des blessés, en temps de guerre. Quand le type de voitures à communication par terrasse n'est pas adopté, on ménage des portes au milieu des fonds et dans les cloisons de séparation, et on dispose un tablier en tôle pour servir de passerelle au-dessous de chacune des portes des fonds. En temps ordinaire, ces tabliers sont relevés et les portes condamnées. La voiture de 1re classe des ateliers *Atlas* nous offre ces dispositions.

VOITURE DE 1re CLASSE DE LA COMPAGNIE KOCKUM.

Une autre voiture de 1re classe destinée au service des lignes du Nord est présentée par la compagnie Kockum. Deux terrasses disposées à chacun des bouts de la caisse et un couloir latéral donnent accès à quatre compartiments à six places. Des portes simples, à pivot, s'ouvrant sur les plates-formes, ferment le couloir, tandis que chaque compartiment s'isole au moyen d'une porte à coulisse. Pour la nuit, les banquettes peuvent être transformées en un lit sur lequel la partie inférieure du dossier se rabat pour former matelas; on ne réalise cette disposition qu'en diminuant le nombre de places disponibles, qui se trouve réduit de vingt-quatre à huit.

Cette voiture ne possède pas de water-closet, et les voyageurs doivent faire usage de celui qui est installé dans une des voitures de 3e classe du train, uniquement composé de véhicules à couloir latéral et à terrasses.

Les voitures suédoises sont munies de la communication électrique appliquée en France par les lignes du Nord et de Lyon, et d'une disposition spéciale de chauffage à vapeur dont nous parlerons plus loin. Tous les châssis de glaces sont à doubles vitres et la fermeture en est assurée par un cadre mobile à ressort, comme le sont ceux de la voiture du chemin de fer Charles-Louis de Gal-

Gr. VI. — Cl. 64.

licie. Les voitures suédoises sont convenablement installées, et les aménagements intérieurs sont confortables, sans toutefois présenter le luxe de certaines voitures françaises. On y sent l'influence du goût allemand.

§ 4. — VOITURES DE 2e CLASSE ET DE 3e CLASSE.

**Compagnie de l'Ouest (2e classe).**

La seule voiture de 2e classe qui figure à l'Exposition est une voiture du type de la compagnie de l'Ouest, construite et exposée par la compagnie française de matériel de chemins de fer. Elle est à quatre compartiments, avec vigie extérieure accessible des deux côtés de la voiture et munie du frein dit à V, adopté d'une manière générale, comme frein à main, par la compagnie de l'Ouest. L'aménagement intérieur de cette voiture ne présente aucune particularité. L'éclairage, consistant en deux lanternes placées dans les cloisons de séparation, nous paraît peu confortable pour une voiture de 2e classe.

**Chemins de fer de l'Est (3e classe).**

La voiture exposée par la compagnie de l'Est a été construite dans ses ateliers, à la Villette, conformément au type adopté depuis 1873 pour la construction des voitures de 3e classe. La caisse est à cinq compartiments de dix places. Toutes les améliorations susceptibles d'augmenter le bien-être des voyageurs ont été appliquées. Les banquettes sont à siège creux et à dossier cintré avec appuie-tête. Des planchettes remplacent les filets des autres classes de voitures et permettent de déposer les bagages à la main. La caisse a été divisée en trois parties par l'isolement du compartiment du milieu, affecté aux dames voyageant seules. Enfin, cette voiture est munie d'un appareil de chauffage par thermosiphon, dont nous parlerons plus loin.

**Suède (3e classe).**

La compagnie de la fonderie des ateliers *Atlas* expose une voiture de 3e classe avec plates-formes et passage central. Cette voiture, qui doit toujours prendre place à la suite des voitures de 1re classe à communication du type décrit plus haut, est divisée en deux parties complètement isolées. Le côté mis en relation avec les voitures de 1re classe par une passerelle comprend un compartiment à couloir central, renfermant le water-closet, le cabinet de toilette et un siège à l'usage des voyageurs de 1re classe. Au delà de ce compartiment se trouve l'emplacement occupé par le garde-frein.

La partie occupée par les voyageurs de 3e classe occupe l'extrémité opposée au water-closet, et on y pénètre de chaque côté de la voiture par une portière latérale. Un passage dessert les diverses rangées de sièges, qui sont construits, comme certains sièges de jardin, en lattes de bois étroites fixées sur des supports en fer pliés.

Cette voiture a été étudiée de façon à être facilement transformée en ambulance, par le simple démontage des sièges de la cloison de séparation.

## § 5. — VOITURES MIXTES.

### France. — Ouest.

La compagnie de l'Ouest a étudié ce type de véhicule dans le but de desservir les petits embranchements sans nécessiter l'arrêt du train. La voiture exposée contient un compartiment de 1re classe, un de 2e, deux de 3e et un compartiment à bagages avec niche à chiens.

La voiture, devant être attelée en queue des trains, est munie d'un frein avec vigie à escalier double permettant l'accès des deux côtés de la voie. A chaque extrémité de la voiture se trouve un tendeur à déclenchement, qui se manœuvre de la vigie. Ce tendeur est d'une construction assez compliquée, d'un poids considérable, et son enclenchement étant subordonné au fonctionnement de ressorts, nous ne pouvons dire si, en service, il répondra à tous les désirs des constructeurs.

Gr. VI.
—
Cl. 64.

**Autriche. — Direction I. R. P. pour la construction du chemin de fer de l'État.**

La voiture mixte de 1$^{re}$ et 2$^{e}$ classes, destinée aux lignes de Dalmatie, est du type à plates-formes extrêmes et à couloir central. Elle comprend un compartiment-salon de 1$^{re}$ classe, à six sièges et tables mobiles. Au delà du compartiment-salon, le véhicule est divisé transversalement par deux cloisons, avec portes de communication, entre lesquelles se trouvent un water-closet et une toilette. On trouve ensuite le compartiment de 2$^{e}$ classe, qui se compose de quatre rangées de banquettes placées de chaque côté de la voiture.

Tous les sièges de cette voiture sont en fer, avec dossiers et banquettes en lames d'acier, recouvertes simplement de cuir. Ce mode de garnissage n'est pas très confortable, mais paraît être accepté dans le pays.

La voiture mixte à frein de 2$^{e}$ et de 3$^{e}$ classes, destinée à des chemins d'intérêt local, est de même à plate-forme et couloir central; elle comprend un compartiment de 2$^{e}$ classe, séparé, par une cloison pleine et une porte, des places de 3$^{e}$.

La caisse est garnie extérieurement de frises verticales. Les sièges sont, pour la 2$^{e}$ classe, en lames d'acier et cuir, et, pour la 3$^{e}$, en bois.

L'éclairage de ces deux voitures est obtenu par des lanternes à l'huile de colza placées sur les parois des bouts.

**Grand-Central belge.**

Le Grand-Central belge a exposé une voiture mixte de 1$^{re}$ et 2$^{e}$ classes, du type ordinaire de son matériel. Cette voiture ne figure que pour la démonstration du système de chauffage Belleroche, dont nous donnerons les détails ci-après.

## § 6. — VOITURES AUTOMOBILES.

**Belgique. — Voitures système Belpaire.**

L'Exposition nous présente deux voitures automobiles du système de M. Belpaire, comprenant, sur un bâti commun, un compartiment de 1re classe, un compartiment de 2e, un fourgon et le moteur.

Les aménagements intérieurs des compartiments à voyageurs rappellent ceux des voitures de tramways. Comme les trajets doivent être de peu de durée, on a considérablement réduit l'espace accordé à chaque voyageur; peut-être même a-t-on exagéré la réduction.

## § 7. — AMÉLIORATIONS APPORTÉES AUX VOITURES À VOYAGEURS. ÉCLAIRAGE ET CHAUFFAGE.

### Construction générale.

Les voitures de luxe et de première classe constituent, nous l'avons dit, la presque totalité des voitures exposées. Celles de 3e classe sont peu nombreuses, et les voitures mixtes sont, pour ainsi dire, seules à nous présenter des compartiments de 2e classe. Nous ne pouvons donc pas, par le seul examen des voitures exposées, établir les tendances actuelles des divers chemins de fer pour la construction de chacun de ces types de voitures; mais nous constatons que partout des efforts ont été faits pour accroître le bien-être et la sécurité des voyageurs.

Parmi les améliorations récentes nous devons citer :

1° L'augmentation générale de la capacité de caisse en hauteur et en largeur, de manière à donner plus d'espace à chaque voyageur;

La recherche, pour les sièges, des formes les plus commodes, en conservant toutefois le bois pour les 3es classes;

2° L'application, aux 3es classes, d'un double plancher, destiné à atténuer le bruit du roulement et à mieux défendre contre le froid, et des garde-mains pour éviter les accidents lors de la fermeture des portes;

3° L'emploi de longs ressorts de suspension à grande flexibilité pour atténuer les trépidations;

4° L'augmentation de l'écartement des roues, dans le but de réduire le mouvement de lacet;

Gr. VI.
—
Cl. 64.

5° Enfin, l'emploi d'une barre d'attelage continue, ou l'application de ressorts de traction indépendants de ceux du choc.

Au point de vue de la construction proprement dite, nous devons signaler la tendance générale à l'augmentation des dimensions des principales pièces des châssis et des charpentes des caisses. Les châssis entièrement en fer sont adoptés par les compagnies de Lyon, du Midi et de l'Est, et par les chemins de fer belges. Les voitures autrichiennes et suédoises sont montées, comme celles de la compagnie de l'Ouest, sur des châssis mixtes. Les compagnies du Nord et d'Orléans, qui craignent la sonorité des châssis en fer, arment du moins les brancards par des plates-bandes en tôle. L'emploi des grands panneaux en tôle pour recouvrir les caisses des voitures est universel à l'étranger; en France, les chemins de fer d'Orléans et de l'Est et certains constructeurs les ont adoptés. La suppression des nombreuses baguettes en bois recouvrant la jonction des petits panneaux fait disparaître une des causes de l'infiltration de l'eau, qui pourrit les charpentes. Les grands panneaux contribuent, en outre, à augmenter notablement la solidité des caisses. Toutes les voitures à voyageurs sont montées sur deux paires de roues, à l'exception de celles de la compagnie de Lyon, qui fait usage de châssis à trois paires de roues pour les voitures employées au service des grandes lignes.

### Éclairage des voitures.

L'emploi de l'huile de colza est toujours général en France et à l'étranger pour l'éclairage des voitures de première classe.

La lanterne placée dans la partie supérieure du pavillon a été conservée par toutes les compagnies françaises; mais des améliorations sensibles ont été apportées dans les installations, soit en augmentant le nombre des lanternes, soit en augmentant leur pouvoir éclairant. Les compagnies du Midi et d'Orléans placent deux lanternes par compartiment de première classe. Celles de l'Ouest et de l'Est ont conservé la lampe unique, mais en en doublant le pouvoir éclairant, ce qui a l'avantage de ne pas augmenter le travail des lampistes. Dans la lampe de la compagnie de l'Est, on a ramené la flamme en dessous du pavillon, sans toutefois augmenter la saillie de la coupe en verre. Cette disposition permet de projeter la lumière dans tous les coins du compartiment.

La voiture de première classe exposée par la compagnie d'Orléans porte les appareils à gaz comprimé de MM. Hugon et Cie. Ce système d'éclairage est actuellement en essai entre Paris et Bordeaux. L'éclairage au gaz comprimé est aussi appliqué sur la voiture-salon du chemin de fer de la Haute-Italie.

Les voitures exposées par la Suède nous montrent une application du pétrole à l'éclairage des voitures. Pour éviter les inconvénients que semblent avoir, dans ce pays froid, les ouvertures pratiquées dans le pavillon pour les lampes et la circulation des lampistes sur les toitures, et, en outre, pour ne pas introduire du pétrole dans les voitures, les ingénieurs suédois placent leurs lanternes à l'extérieur, au droit des baies de côté, dans les voitures de 1re classe. Dans la voiture de 3e classe, les lanternes au pétrole projettent la lumière par des ouvertures spéciales pratiquées dans les panneaux de côté. Cette disposition des lampes exige que les dimensions du gabarit et l'écartement des voies soient tels que l'on n'ait pas à craindre l'enlèvement des lanternes par des obstacles rencontrés en cours de route.

### Chauffage des voitures.

Depuis l'Exposition de 1867, la question du chauffage des voitures de toutes classes, longtemps agitée, a enfin été résolue affirmativement en France et sur un grand nombre de lignes étrangères.

La compagnie des chemins de fer de l'Est a fait pendant trois ans une série d'expériences et de recherches sur tous les procédés de chauffage connus, et ses ingénieurs sont arrivés à cette conclusion que l'eau chaude satisfait mieux que toute autre substance à toutes les conditions d'un chauffage constant et hygiénique. L'eau peut être employée, soit dans la bouillotte mobile, qui n'exige aucune transformation du matériel existant, et qui a été conservée par toutes les compagnies françaises, soit dans des appareils de circulation placés sous les pieds des voyageurs.

Gr. VI. — Cl. 64.

Les résultats des recherches faites par la compagnie de l'Est ont été réunis dans un volume accompagné d'un atlas de trente-sept planches, publié par M. Regray, ingénieur en chef du matériel et de la traction de ce réseau.

### CHAUFFERETTES MOBILES.

Le chauffage des voitures des trois classes devant être appliqué, en France, aux trains dont le parcours est supérieur à deux heures, il y avait lieu de se préoccuper, en premier lieu, du mode le plus rapide à employer pour la préparation du grand nombre de chaufferettes à fournir.

Il fallait tout d'abord supprimer la vidange et le remplissage, et deux solutions ont été adoptées pour atteindre ce but :

Le réchauffage par immersion dans un bain d'eau chaude et le réchauffage par injection de vapeur.

La compagnie de l'Est a appliqué le réchauffage par immersion, qui supprime la main-d'œuvre importante du débouchage de la chaufferette, indispensable dans le réchauffage par injection.

Les chaufferettes froides sont placées dans les godets d'une noria qui circule dans une fosse verticale remplie d'eau dont la température est maintenue à un point voisin de l'ébullition, par une injection de vapeur. Les chaufferettes réchauffées remontent du côté opposé à leur introduction, se dégagent automatiquement du godet de la noria et sont placées sur le chariot de transport.

L'appareil est mis en marche par un petit moteur qui lui donne la vitesse nécessaire pour que chaque chaufferette séjourne cinq minutes dans l'eau chaude, temps suffisant pour porter la température de 0 à 90 degrés centigrades. — 24 chaufferettes sont constamment immergées; on peut donc avoir une production de 288 bouillottes par heure, production plus que suffisante pour les besoins actuels.

Les compagnies d'Orléans, de Lyon, du Nord et de l'Ouest ont donné la préférence à l'injection directe de vapeur dans l'eau des chaufferettes.

Les dispositions de l'appareil d'injection et des chariots employés pour le transport des chaufferettes diffèrent suivant l'emplacement qu'occupe le bouchon de fermeture de la bouillotte.

Les compagnies d'Orléans et de Lyon, dont les chaufferettes s'ouvrent sur l'un des bouts, emploient des chariots à casier pouvant contenir 20 chaufferettes. Ce casier est supporté par deux tourillons, pivote à volonté pour prendre la position horizontale lors du chargement ou du déchargement des chaufferettes, ou la position verticale pour le réchauffage. Lorsque les chaufferettes froides sont placées dans le casier, on le redresse verticalement et l'on procède au débouchage; on amène ensuite le chariot dans un bâti supportant une herse composée de tuyaux creux qui pénètrent par un mouvement de haut en bas dans les orifices des chaufferettes, et l'on ouvre le robinet d'introduction de vapeur.

Lorsque l'eau a atteint la température convenable, on referme le robinet, on relève les tubes, on sort le chariot de dessous et l'on remet les bouchons des chaufferettes. Pour obtenir une fermeture plus rapide que celle des bouchons à vis, la compagnie d'Orléans emploie une fermeture à baïonnette, qui paraît donner de bons résultats.

Les compagnies du Nord et de l'Ouest, dont les chaufferettes sont munies de bouchons sur la partie plate, ont légèrement modifié les dispositions citées plus haut pour l'injection de vapeur. Les chaufferettes sont placées horizontalement et disposées en gradins sur les chariots, de telle sorte que les orifices des bouchons soient tous apparents. Le chariot est amené sous une herse montée sur un bâti en fonte ressemblant assez à une machine à mortaiser, et les opérations d'injection se font ensuite dans les mêmes conditions qu'à la compagnie d'Orléans.

Les diverses méthodes en usage sur les lignes françaises pour le réchauffage des bouillottes présentent tous les avantages qui leur sont propres, et ne semblent pas différer quant aux résultats et au prix de revient particuliers. Ces divers systèmes sont surtout appropriés aux dispositions des chaufferettes que possédaient déjà les compagnies au moment de l'organisation générale du service du chauffage. Il est évident que celles du Nord et d'Orléans, dont les chaufferettes sont garnies extérieurement

Gr. VI. — Cl. 64.

de frises protectrices en bois, n'auraient pu faire usage de l'appareil d'immersion de la compagnie de l'Est, quoique cet appareil dispense des opérations du dévissage et du remontage du bouchon, chaque fois que la chaufferette doit être réchauffée.

Le réchauffage à la vapeur ou par immersion a aussi nécessité le remplacement des rondelles de joints en cuir par d'autres rondelles pouvant résister sans altération à de hautes températures. Après différents essais, entre autres celui des rondelles en chanvre comprimé fait par la compagnie d'Orléans, le caoutchouc paraît avoir conservé la préférence.

### THERMOSIPHON DE LA COMPAGNIE DE L'EST.

L'appareil thermosiphon exposé par la compagnie de l'Est est appliqué sur une voiture de 3e classe à cinquante places.

Cet appareil consiste en une chaudière en fonte, à foyer intérieur, placée vers le milieu de la voiture, sous la saillie que forme la caisse sur le brancard du châssis. De la partie supérieure de cette chaudière partent deux branchements qui distribuent l'eau chaude aux deux extrémités de la voiture.

Cette eau chaude circule dans des chaufferettes en fonte placées transversalement entre les banquettes de chaque compartiment, et retourne ensuite à la partie inférieure de la chaudière par une canalisation spéciale de retour.

Un vase d'expansion, communiquant avec l'atmosphère, est placé sous l'une des banquettes; il permet la dilatation de l'eau et sert, en même temps, de réserve d'eau pour réparer les pertes dues à l'évaporation. La cheminée de la chaudière passe au travers de la caisse, dans l'axe d'une cloison de séparation, et s'élève au-dessus de la toiture.

Cet appareil a été appliqué en service courant, pendant les hivers 1876-1877 et 1877-1878, à six trains de grande ligne, et les résultats ont été très appréciés des voyageurs. En effet, il maintient sous les pieds une température de 50 à 60 degrés, et élève la température intérieure du véhicule de 8 à 10 degrés au-dessus de celle du dehors; enfin, il évite l'ouverture des portières.

La dépense de combustible peut être évaluée à 5 centimes par heure et par voiture. Gr. VI. — Cl. 64.

GRAND-CENTRAL BELGE. — APPAREIL BELLEROCHE.

M. Belleroche, ingénieur au chemin de fer du Grand-Central belge, expose une voiture mixte de 1re et 2e classes munie de son appareil de chauffage. Ce système consiste à refouler, dans un circuit placé sous les pieds des voyageurs et partant du tender pour y revenir, un jet d'eau réchauffée par un injecteur spécial de chauffage. L'eau qui a circulé dans le train retourne dans le tender, ou se rend directement, partie à l'injecteur de chauffage, partie à l'injecteur d'alimentation de la chaudière.

Cet appareil, qui nécessite un double accouplement supplémentaire pour réunir la canalisation des voitures, présente d'ingénieuses dispositions et peut donner, au contact des chaufferettes, une température de 50 à 60 degrés. Cette température s'abaisse à mesure que l'on s'éloigne de la machine, et en même temps la résistance à la circulation et, par suite, la pression dans les conduites augmentent.

L'application nous paraît donc devoir être restreinte à des lignes secondaires, sur lesquelles la composition des trains est constante et ne comporte qu'un petit nombre de voitures.

CHAUFFAGE À LA VAPEUR.

*a.* Autriche.

La voiture de 1re classe exposée par le chemin de fer de Charles-Louis de Gallicie est munie de l'appareil de chauffage à la vapeur de Haag, d'Augsbourg. Cet appareil consiste en tuyaux métalliques placés horizontalement sous les banquettes. Les tuyaux de chauffe communiquent avec une conduite générale qui règne le long du train et reçoit la vapeur soit de la locomotive, soit d'une chaudière spéciale. Malgré les inconvénients de la communication à établir entre les véhicules et les risques que comporte inévitablement l'emploi de la vapeur, ces appareils sont l'objet de nombreuses applications en Allemagne.

*b.* Suède.

Nous trouvons sur la voiture de 1re classe exposée par la compagnie Kockum un appareil de chauffage par la vapeur et l'air chaud combinés. Un tuyau en fer, sur lequel ont été fondues un grand nombre de rondelles destinées à augmenter la surface de rayonnement, est placé, suivant l'axe horizontal de la voiture, dans une boîte en bois suspendue sous le châssis. La vapeur circule dans ce tuyau suivant les dispositions ordinaires des appareils de chauffage à vapeur. L'air, amené dans la caisse par des prises extérieures, s'échauffe au contact du tuyau et se répand entre les deux planchers, puis dans les compartiments, par des bouches de chaleur placées sous les sièges. Cette disposition a, sur celle de Haag, l'avantage de réduire considérablement le nombre des joints et de diminuer les inconvénients des fuites de vapeur dans les compartiments.

**Communications entre les voyageurs et les agents des trains.**

Aucune amélioration nouvelle n'a été apportée, depuis 1867, aux moyens propres à établir une communication entre les voyageurs et les agents des trains.

En France, les chemins de fer de Lyon et du Nord, et, à l'étranger, ceux de l'État suédois, font seuls usage de la communication électrique.

La compagnie de l'Est emploie, pour ses trains rapides, une double corde parcourant toute la longueur du train. Chacune de ces cordes pénètre, par son extrémité libre, dans un des fourgons du train, tandis que l'autre extrémité vient s'attacher au mouvement d'un timbre de grande dimension placé sur la toiture du fourgon opposé.

On compense à la main les dilatations et contractions des cordes, qui, passant sur le bord des pavillons, peuvent, en cas de besoin, être actionnées par les voyageurs.

### § 8. — VOITURES POUR LE SERVICE DES POSTES.

**France.**

Les bureaux-poste de l'Administration française ne présentent aucune disposition nouvelle dans leur aménagement intérieur; mais l'importance croissante du service, sur certaines lignes, a rendu leurs dimensions insuffisantes. Pour n'apporter aucune modification dans les types existants, MM. Chevalier et Cie, constructeurs, ont réalisé, depuis longtemps déjà, l'accouplement des bureaux deux à deux.

Les dispositions de cet accouplement ne nécessitent aucune modification aux attelages et permettent de faire circuler isolément les véhicules.

Deux passerelles en tôle se croisent au-dessus des attelages et établissent le passage entre les parois de bout des deux bureaux. Ce passage est complètement fermé par la réunion de deux soufflets en cuir, semblables à ceux des accordéons. Chacun de ces soufflets est suspendu sur une potence placée à la partie supérieure du wagon, au-dessus de la porte. La suspension se fait par l'intermédiaire d'un galet, qui permet le jeu des attelages. Les deux soufflets sont fixés sur des cadres en fer qui se réunissent au moyen de simples loqueteaux.

**Autriche.**

Dans la section autrichienne, M. Ringhoffer, de Suichow, expose un bureau ambulant composé, comme celui de l'Administration française, de deux véhicules réunis bout à bout. L'accouplement entre les deux véhicules est rigide sur la barre d'attelage, mais des tampons de choc permettent cependant un léger rapprochement entre les véhicules. Deux passerelles en tôle et un soufflet en cuir complètent l'aménagement du passage. L'installation des deux wagons diffère essentiellement. L'un d'eux, destiné au classement des objets, est entouré d'une table surmontée de casiers, comme dans les bureaux français; une cloison transversale, avec porte de communication, isole, du côté de l'accouplement, un

Gr. VI. — Cl. 64.

petit compartiment renfermant un poêle, un vater-closet et un lavabo.

Du côté du poêle, la cloison pleine est remplacée par un grillage, qui permet à la chaleur de se répandre dans le grand compartiment.

L'éclairage consiste en quatre lampes d'Argant, au colza, placées dans la toiture et disposées pour que le service puisse en être fait de l'intérieur. Une lampe mobile et des porte-bougie complètent cet aménagement. Ce wagon ne possède pas d'entrée extérieure; il ne peut, du reste, circuler isolément, puisque les attelages et le tamponnement du côté de l'accouplement sont d'un type spécial.

Le second véhicule, dans lequel se font la réception et le déchargement des objets, est muni, de chaque côté, d'une grande porte à deux battants et d'un frein avec guérite extérieure. Deux rangs de larges tablettes occupent toutes les parois, sauf les passages des portes. C'est, en résumé, une allège destinée à recevoir les paquets ou objets divers, avant ou après leur classement. L'éclairage intérieur de ce wagon est fait au moyen de trois lampes d'Argant, placées dans l'axe longitudinal de la toiture.

Entre les roues de chacun des châssis est installée une caisse fermée avec portes latérales. L'accès de ces civières se fait avec facilité, en relevant la palette de marchepied, munie, à cet effet, d'une partie mobile à charnières.

L'installation de ces deux véhicules est très soignée, et les aménagements intérieurs sont établis d'une manière très confortable.

## § 9. — FOURGONS.

Nous ne trouvons à l'Exposition que trois spécimens de fourgons à bagages pour le service des voyageurs.

### Compagnie du Midi.

La compagnie du Midi expose un fourgon de grandes dimensions, dont la construction ne présente d'autres particularités que l'application d'un frein à huit sabots.

**Compagnie du Nord.**

Le fourgon exposé par la compagnie du Nord est du type ordinaire, en tôle, avec membrure de caisse apparente. Ce véhicule, muni de l'appareil Lapeyrie, du frein par le vide de Smith et de la communication électrique, nous frappe par ses dimensions réduites et surtout par le peu de hauteur de la caisse. Il ne présente d'autre particularité intéressante que le moyen employé pour lester le côté de la caisse où se trouve la vigie, et qui consiste à construire la niche à chiens en panneaux de fonte.

L'éclairage est assuré par deux lanternes placées dans l'axe longitudinal du pavillon.

**Compagnie d'Orléans.**

Le fourgon de la compagnie d'Orléans est le plus grand véhicule de ce genre construit jusqu'à présent. Il est disposé pour être placé en tête du train et possède, à l'avant, un compartiment pour le graisseur de route et des niches à chiens. Au milieu, se trouve le compartiment des bagages, et, à l'arrière, le compartiment de 1re classe, à deux places, en communication avec un cabinet water-closet, dont nous avons déjà parlé.

Ce fourgon est muni d'un frein à chaîne à huit sabots de Héberlin.

Sur le tableau n° 7, nous donnons tous les renseignements relatifs aux fourgons à voyageurs.

### § 10. — WAGONS À MARCHANDISES.

L'exposition des véhicules à marchandises n'a réuni qu'un petit nombre de types, présentant peu de dispositions nouvelles, mais remarquables par une étude approfondie des dispositions de détail, ainsi que par la solidité et le fini de leur construction. Les tableaux nos 7 et 8, ci-après, contiennent tous les renseignements relatifs aux wagons à marchandises.

| DÉSIGNATIONS. | | | MATÉRIEL COUR | | | |
|---|---|---|---|---|---|---|
| Pays de provenance | | | France. | France. | France. | F |
| Exposant et constructeur | | | Atelier de la Bouheyre et de Dax. | Nord. | Orléans. | ( |
| Désignation des wagons | | | Fourgon à bagages, type du Midi. Série DD. | Fourgon à bagages. | Fourgon à bagages avec water-closet. | Wago avec |
| Numéro de classement | | | 112. | 60. | 52. | |
| Lignes desservies | | | Midi. | Nord. | Orléans. | ( |
| Châssis. | Type (tout en bois, en fer ou mixte) | | Bois doublé en tôle. | Mixte. | Mixte. | Mixte |
| | Longueur de dehors en dehors | des tampons | 7$^{m}$.870 | 7$^{m}$.520 | 10$^{m}$,036 | 7 |
| | | des traverses extrêmes | 2 ,780 | 2 ,560 | 2 ,600 | 2 |
| | Écartement intérieur | des brancards | 1 .807 | 1 ,807 | 1 .820 | 1 |
| | | des traverses extrêmes | 6 ,750 | 6 ,500 | 8 .800 | 6 |
| | Équarrissage du bois ou profil du fer | du brancard | Bois 280/90. fer 280/10. | Fer à I 250/100/10. | Bois 280/112, fer 280/8. | à I 2 |
| | | des traverses extrêmes | 250/110 | 250/90 | 280/120 | 26 |
| Essieux et roues. | Nombre d'essieux | | " | 2 | 2 | |
| | Écartement d'axe en axe des essieux extrêmes | | 4$^{m}$.400 | 4$^{m}$,000 | 5$^{m}$,500 | 3 |
| | Fusée. | Diamètre de la fusée | 0 .100 | 0 .085 | 0 ,100 | 0 |
| | | Longueur de la fusée | 0 .200 | 0 ,170 | 0 ,200 | 0 |
| | Corps de l'essieu. Diamètre | au milieu de l'essieu | 0 .120 | 0 ,120 | 0 .125 | 0 |
| | | près de la portée de calage | 0 ,120 | 0 ,134 | 0 ,135 | 0 |
| | | à la portée de calage | 0 ,140 | 0 .130 | 0 .150 | 0 |
| | Roues. | Type (en fer, en fonte, mixte, Arbel ou Brunon) | Fer plein. | Centre plein fer. | Plein en fer. | A |
| | | Longueur du moyeu | 0$^{m}$,160 | 0$^{m}$,150 | 0$^{m}$,150 | 0 |
| | | Diamètre à la jante | 1 .000 | 0 ,900 | 0 ,920 | 0 |
| | | Diamètre au contact des rails | 1 ,100 | 0 .985 | 1 ,040 | 1 |
| | | Nature du métal des bandages | Acier. | Acier. | Acier. | I |
| | Rapport du diamètre de la fusée à celui de la roue | | 0$^{m}$.090 | 1/11 | 1/10,4 | 0 |
| | Poids moyen par essieu monté | | 915$^{k}$ | 810$^{k}$ | 1,000$^{k}$ | 9 |
| | Ressorts de suspension. | Nombre de feuilles | 10 | 11 | 12 | |
| | | Largeur et épaisseur des feuilles | 75/12 | 75/10 | 90/12 | 9 |
| | | Longueur de la maîtresse feuille | 1$^{m}$,386 | 1$^{m}$,400 | 1$^{m}$,800 | 1$^{m}$ |
| | | Flexibilité par 1,000 kilogrammes | 0 ,036 | 0 ,050 | 0 .042 | 0 |
| | Ressorts de choc. | Nombre de feuilles | 13 | 13 | 18 | |
| | | Largeur et épaisseur des feuilles | 75/10 | 75/12 | 75/10 | 7 |
| | | Longueur de la maîtresse feuille | 1$^{m}$.760 | 1$^{m}$,720 | 1$^{m}$,800 | 1$^{m}$ |
| | | Flexibilité par 1,000 kilogrammes | 0 ,104 | 0 ,040 | 0 ,071 | 0 |
| | Ressorts de traction. | Nombre de feuilles | 2 | 14 (8 de 1$^{m}$). | 7 | Mêmes que p$^{r}$ |
| | | Largeur et épaisseur des feuilles | 75/12 | Maîtresse feuille 75/10. autres 75/12. | 75/10 | |
| | | Longueur de la maîtresse feuille | 0$^{m}$,978 | 1$^{m}$.000 | 0$^{m}$.830 | 1$^{m}$ |
| | | Flexibilité par 1.000 kilogrammes | 0 ,045 | 0 ,007 | 0 ,019 | 0 |
| Caisse. | Mode de construction | | " | Bois. | " | B |
| | Longueur maximum de la caisse suivant l'axe | | 6 ,890 | 6$^{m}$,400 | 8 ,840 | 6$^{m}$. |
| | Largeur maximum de la caisse au milieu de sa longueur | | " | 2 ,280 | 2 ,650 | 2 , |
| | Hauteur de la caisse du plancher au plafond | | 1 ,950 | 1 ,900 | 2 ,130 | 2 , |
| | Volume intérieur | | 31$^{m3}$,500 | 26$^{m3}$.922 24$^{m3}$.234 [a]. | 21$^{m3}$,480 [b]. | 32$^{m}$. |
| Poids. | Poids à vide | | 7,100$^{k}$ | 7,800$^{k}$ | 12,000$^{k}$ | 7, |
| | Maximum du chargement | | 5.000 | 2.000 | 6,000 | 10, |
| | Poids mort du wagon par tonne de chargement | | 1,420 | 3,900 | 2.000 | |
| | Charge maximum par essieu | | 5,135 | 4.090 | 8.000 | 7, |
| Frein. | Système du frein | | A main et crémaillère. | " | Héberlin. | Frein |
| | Nombre de sabots | | 8 fonte. | " | " | |

| | MATÉRIEL POUR TRANSPORTS SPÉCIAUX. | | | | | | |
|---|---|---|---|---|---|---|---|
| ıc. de -ur- nd. | Russie. Lilpop Rau, à Varsovie. | France. Chevalier. | Autriche. Righoffer. | France. Lepage, à Épinal. | Autriche. Chemin de fer Ch.-Louis. | Autriche. Société I. pour la construction de chemins de fer. | OBSERVATIONS. |
| u d[rs]. | Wagon et accessoires. | Bureau ambulant des Postes. | Bureau ambulant des Postes. | Wagon-réservoir pour vins et alcools. | Wagon pour transport de la viande. | Wagon pour le transport de la bière. | |
| | 2. | 120. | 22. | 123. | 39. | 40. | |
| ur- nd. | " | " | " | " | Charles-Louis. | Chemins de l'État. | |
| | Mixte. | Bois. | Mixte. | Fer. | Mixte. | Fer. | (a) $24^{m3},234$, déduction faite du siège du garde-frein et des niches à chiens.<br>(b) 1 compartiment de 1re classe à 2 places, 1 water-closet, 1 compartiment pour le graisseur, 1 guérite, 4 niches à chiens.<br>(c) Le frein est muni d'un appareil pour diminuer le nombre de tours au desserrage.<br>(d) Peut servir au transport de 55 hectolitres de bière. |
| | $7^m,690$ | $8^m,170$ | " | $7^m,010$ | $8^m,070$ | $7^m,668$ | |
| | 3 ,000 | 2 ,670 | " | 2 ,700 | 2 ,785 | " | |
| | 2 ,030 | 1 ,810 | " | 1 ,808 | 1 ,830 | 1 ,842 | |
| | 6 ,490 | 7 ,000 | " | 6 ,100 | 6 ,870 | 6 ,480 | |
| | Fer en U 236/91/13. | 280/115 | Fer à I 270/90/9. | Fer en U 250/80. | Fer en U 237/85/13. | Fer en U 230/80. | |
| | 295/95 | 280/115 | " | Fer en U 250/100. | 237/120 | Fer en U 260/80. | |
| | 2 | 3 | 2 | 2 | 2 | 2 | |
| | $3^m,820$ | $4^m,100$ | $3^m,480$ | $3^m,100$ | $3^m,480$ | $3^m,660$ | |
| | 0 ,094 | 0 ,085 | " | 0 ,095 | 0 ,086 | 0 ,075 | |
| | 0 ,170 | 0 ,170 | " | 0 ,190 | 0 ,198 | 0 ,190 | |
| | 0 ,137 | 0 ,110 | " | 0 ,120 | 0 ,131 | 0 ,130 | |
| | 0 ,137 | 0 ,125 | " | 0 ,142 | 0 ,131 | 0 ,130 | |
| | 0 ,128 | 0 ,125 | " | 0 ,140 | 0 ,130 | " | |
| | Fer. | Mixte. | " | Fer Arbel. | " | " | |
| | $0^m,230$ | $0^m,180$ | " | $0^m,180$ | $0^m,218$ | $0^m,200$ | |
| | 0 ,900 | 0 ,820 | " | 0 ,820 | 0 ,895 | " | |
| | 0 ,990 | 0 ,930 | " | 0 ,910 | 1 ,020 | 1 ,100 | |
| | Fer. | Acier. | " | Acier. | " | " | |
| | $0^m,094$ | $0^m,0914$ | " | 1/9,57 | $0^m,084$ | $0^m,070$ | |
| | $950^k$ | $875^k$ | " | $740^k$ | $1,000^k$ | " | |
| | 10 | A l'extrémité 9, milieu 8. | 10 | 12 | 10 | 9 | |
| | 75/13 | 75/10 | " | 75/11 | 80/13 | 80/13 | |
| | $1^m,080$ | $1^m,450$ | " | $1^m,000$ | $1^m,100$ | Corde $2^m,100$. | |
| | " | A l'extr. 0,076, milieu 0,085. | " | 0 ,014 | 0 ,013 | " | |
| | Ressorts en spirale. | 18<br>75/10<br>$1^m,746$<br>0 ,068 | Ressorts en spirale. | Ressorts à lames.<br>9<br>75/14<br>$1^m,736$<br>0 ,053 | Ressorts Baillie.<br>1<br>150/7<br>"<br>$0^m,045$<br>1<br>140/7<br>"<br>$0^m,056$ | Ressorts en spirale. | |
| | | Mêmes ressorts que pour le choc. | | | | | |
| | " | " | " | Bois. | " | " | |
| | $6^m,660$ | $7^m,200$ | $6^m,640$ | $5^m,820$ | $6^m,870$ | $6^m,520$ | |
| | 2 ,940 | 2 ,630 | 2 ,686 | 2 ,390 | 2 ,730 | 2 ,720 | |
| | 2 ,100 | 2 ,148 | 2 ,072 | 2 ,200 | 2 ,670 | 2 ,150 | |
| | $37^{m3},133$ | " | " | $30^{m3},000$ | $42^{m3},828$ | $32^{m3},000$ (d) | |
| | $6,735^k$ | " | " | $7,500^k$ | " | $8,340^k$ | |
| | 12,300 | " | " | 10,500 | " | " | |
| | 547 | " | " | 710 | " | " | |
| | 8,567 | " | " | 8,260 | " | " | |
| | " | " | Frein à vis. | A main. | " | " | |
| | " | " | 8 | 1 | " | " | |

| DÉSIGNATIONS. | MATÉRIEL COURANT POUR VOIE NORM | | | | | |
|---|---|---|---|---|---|---|
| Pays de provenance. Exposant et constructeur. | France. Chevalier. | France. Atelier de la Bouheyre et de Dax. | France. Ouest. | France. Lyon. | France. Tissier. | F I |
| Désignation des wagons | Wagon plate-forme type Ouest. | Wagon plate-forme type du Midi. | Wagon à marchandises avec guérite. | Wagon à houille. | Wagon à ballast versant par le fond et les côtés. | W plat tou |
| Numéro de classement. Lignes desservies. | 193. Ouest. | 129. Midi. | 99. Ouest. | 39 bis. Lyon. | 207. | |
| Châssis. Type (tout en bois, en fer ou mixte) | Mixte(acier) | Bois. | Mixte(acier) | Fer. | | M |
| Châssis. Longueur de dehors en dehors — des tampons | 7$^{m}$,600 | 7$^{m}$,460 | 6$^{m}$,700 | 6$^{m}$,500 | | 6' |
| Châssis. Longueur de dehors en dehors — des traverses extrêmes | 2 ,800 | 2 ,900 | 2 ,940 | 2 ,460 | | 2 |
| Châssis. Écartement intér$^{r}$ — des brancards | 1 ,825 | 1 ,807 | 1 ,880 | 1 ,810 | | 1 |
| Châssis. Écartement intér$^{r}$ — des traverses extrêmes | 6 ,500 | 6 ,180 | 5 ,600 | 5 ,500 | | 5 |
| Châssis. Équarrissage du bois ou profil du fer — du brancard | Fer à I 235/99/9 | 250/110 | Fer à I 235/95/9 | Fer en U 0$^{m}$,250 | | F 29 |
| Châssis. Équarrissage du bois ou profil du fer — des traverses extrêmes | 300/100 | 250/110 | 265/100 | Fer en U 0$^{m}$,250 | | 25 |
| Essieux et roues. Nombre d'essieux | 2 | 2 | 2 | 2 | | |
| Écartement d'axe en axe des essieux extrêmes | 3$^{m}$,500 | 3$^{m}$,400 | 3$^{m}$,000 | 2$^{m}$,700 | | 2' |
| Fusée. Diamètre de la fusée | 0 ,080 | 0 ,085 | 0 ,100 | 0 ,085 | | 0 |
| Fusée. Longueur | 0 ,160 | 0 ,170 | 0 ,180 | 0 ,170 | | 0 |
| Corps de l'essieu. Diamètre au milieu de l'essieu | 0 ,115 | 0 ,120 | 0 ,130 | 0 ,110 | | 0 |
| Corps de l'essieu. Diamètre près de la portée de calage | 0 ,125 | 0 ,120 | 0 ,145 | 0 ,118 | | 0 |
| Corps de l'essieu. Diamètre à la portée de calage | 0 ,130 | 0 ,130 | 0 ,150 | 0 ,125 | | 0 |
| Roues. Type (en fer, en fonte, mixte, Arbel ou Brunon) | Mixte. | Arbel. | Arbel. | Fer Arbel. | | F |
| Roues. Longueur du moyeu | 0$^{m}$,170 | 0$^{m}$,170 | 0$^{m}$,170 | 0$^{m}$,180 | | 0' |
| Roues. Diamètre à la jante | 0 ,920 | 0 ,900 | 0 ,920 | 0 ,820 | | |
| Roues. Diamètre au contact des rails | 1 ,030 | 1 ,000 | 1 ,030 | 0 ,930 | | 1 |
| Roues. Nature du métal des bandages | Acier. | Acier. | Fer. | Acier. | | A |
| Rapport du diamètre de la fusée à celui de la roue | 0$^{m}$,0776 | 0$^{m}$,085 | 0$^{m}$,097 | 0$^{m}$,091 | | 0' |
| Poids moyen par essieu monté | 875$^{k}$ | 790$^{k}$ | 930$^{k}$ | 782$^{k}$ | | |
| Ressorts de suspension. Nombre de feuilles | 10 | 11 | 10 | 13 | | |
| Ressorts de suspension. Larg. et épais. des feuilles | 90/10 | 75/10 | 90/10 | 75/10 | | 9 |
| Ressorts de suspension. Longueur de la maîtresse feuille | 1$^{m}$,000 | 1$^{m}$,010 | 1$^{m}$,000 | 1$^{m}$,040 | | 1' |
| Ressorts de suspension. Flexibilité par 1,000 kil. | 0 ,018 | 0 ,022 | 0 ,018 | 0 ,016 | | 0 |
| Ressorts de choc. Nombre de feuilles | Même ressort. 9 | 9 couples rondelles de Bellev$^{lle}$. | 10 | 13 | | R( |
| Ressorts de choc. Larg. et épais. des feuilles | 75/15 | | 75/15 | 75/14 | | |
| Ressorts de choc. Longueur de la maîtresse feuille | 1$^{m}$,750 | | 1$^{m}$,750 | 1$^{m}$,736 | | l( |
| Ressorts de choc. Flexibilité par 1,000 kil. | 0 ,045 | 0$^{m}$.0115 | 0 ,045 | 0 ,0366 | | |
| Ressorts de traction. Nombre de feuilles | 9 | 8 | 10 | formé par les ressorts de choc conjugués. | | |
| Ressorts de traction. Larg. et épais. des feuilles | 75/15 | 75/12 | 75/15 | | | 7 |
| Ressorts de traction. Longueur de la maîtresse feuille | 1$^{m}$,180 | 0$^{m}$,838 | 1$^{m}$,180 | | | 1' |
| Ressorts de traction. Flexibilité par 1,000 kil. | 0 ,012 | 0 ,0105 | 0 ,012 | | | 0 |
| Caisse. Mode de construction | Tôle et bois. | " | Bois. | Charp. fer. planch. et frises bois. | | ] e( |
| Caisse. Longueur maximum de la caisse — suivant l'axe | 6$^{m}$,380 | 6 ,400 | 5$^{m}$,510 | 5$^{m}$,430 int$^{r}$ | | 4" |
| Caisse. Longueur maximum de la caisse — au milieu de sa longueur | 2 ,788 | 2$^{m}$,900 ext. | 2 ,600 | 2$^{m}$,500 | | 2 |
| Caisse. Haut. de la caisse du plancher au plafond | 0 ,220 | 0$^{m}$,250 | 1 ,460 | 0 ,900 | | 0 |
| Caisse. Volume intérieur | " | 4$^{m3}$,319 | 20$^{m3}$,090 | 12$^{m3}$,218 | | |
| Poids. Poids à vide | 5,620$^{k}$ | 5,400$^{k}$ | 6,600$^{k}$ | 5,950$^{k}$ | | 5, |
| Poids. Maximum de chargement | 10,000 | 10,000 | 10,000 | 10,000 | | 10, |
| Poids. Poids mort du wagon par tonne de charg$^{t}$. | 562 | 1,850 | 660 | 1,595 | | |
| Poids. Charge maximum par essieu | 6,935 | 6,910 | 7,370 | 7,193 | | |
| Frein. Système du frein | A main. | A main. | " | A vis. | | |
| Frein. Nombre de sabots | 1 | " | " | 2 | | |

| WAGONS POUR VOIE ÉTROITE. | | | | | | | |
|---|---|---|---|---|---|---|---|
| | | | | WAGONS DÉCOUVERTS POUR TERRASSEMENTS. | | | |
| France. C$^{ie}$ de M$^{el}$ de chemin de fer. Wagon à toiture mobile (voie de 0$^{m}$,750). 201. | France. Delettrez. Wagon plat à tamp$^{t}$ et attelage central automatique. 218. | Belgique. Société de la Dyle. Wagon fermé à marchandises. 33. | Belgique. Société de la Dyle. Wagon ouvert. 33. | France. Caizergue. Wagon pour terrassements 204. | France. Raynaud et Béchade. Wagonnet (voie 0$^{m}$,800) 205. | France. Raynaud et Béchade. Wagonnet (voie 0$^{m}$,800) 205. | OBSERVATIONS. |
| • | ″ | ″ | ″ | ″ | ″ | ″ | |
| Fer. | Mixte. | Fer. | Fer. | Mixte. | Bois. | Bois. | (a) Ce wagon est muni d'une bascule-romaine; la plate-forme tournante a 1$^{m}$,320 de diamètre et repose sur 6 galets de 0$^{m}$,20 de diamètre. |
| 3$^{m}$.730 | 4$^{m}$.370 | 5$^{m}$,160 | 5$^{m}$,160 | 1$^{m}$,780 | 1$^{m}$,810 | 1$^{m}$,810 | |
| 1 ,700 | 1 ,900 | 2 ,000 | 2 ,000 | 1 ,100 | 1 ,050 | 1 ,100 | |
| 1 ,686 | 1 ,412 | 1 .362 | 1 ,362 | 1 ,000 | 0 ,950 | 0 ,950 | |
| 3 ,100 | 4 ,000 | 4 .400 | 4 ,440 | ″ | 1 ,050 | 1 ,365 | |
| Fer en U 140/45 | Fer en U 120/28/58 | Fer en U 175/65/12 | ″ | ″ | 150/100 | 150/100 | |
| Fer en U 140/45 | Fer en U 120/28/58 | Fer en U 175/65/12 | ″ | ″ | 150/100 | 150/100 | |
| 2 | 2 | 2 | 2 | 2 | 2 | 2 | |
| 1$^{m}$,500 | 1$^{m}$,800 | 2$^{m}$,200 | 2$^{m}$,200 | 0$^{m}$,990 | 0$^{m}$.770 | 0$^{m}$,650 | |
| 0 ,054 | 0 .060 | 0 .075 | 0 ,130 | ″ | 0 ,050 | 0 .050 | |
| 0 ,115 | 0 ,120 | 0 ,130 | 0 ,075 | ″ | 0 .080 | 0 ,080 | |
| 0 .070 | 0 ,075 | 0 ,100 | 0 .100 | ″ | 0 ,060 | 0 .060 | |
| 0 ,070 | 0 ,080 | 0 ,095 | 0 ,095 | ″ | 0 ,060 | 0, 060 | |
| 0 ,072 | 0 ,080 | 0 ,100 | 0 .100 | ″ | ″ | 0 .055 | |
| Fonte. | Fer forgé. | Fer forgé. | Fer forgé type de la Société. | ″ | Fer et fonte. | Fer et fonte. | |
| 0$^{m}$.125 | 0$^{m}$.125 | 0$^{m}$,145 | 0$^{m}$,145 | ″ | 0$^{m}$,120 | 0$^{m}$.110 | |
| ″ | 0 .640 | 0 .520 | 0 .520 | ″ | 0 ,400 | 0 ,380 | |
| 0 .525 | 0 ,710 | 0 .610 | 0 ,610 | ″ | ″ | 0 ,420 | |
| ″ | Acier. | Acier. | Acier. | ″ | F$^{te}$ trempée. | F$^{te}$ trempée. | |
| | | | | | ″ | ″ | |
| 1/9,7 | 1/11,8 | 0$^{m}$.123 | 0$^{m}$,123 | ″ | | | |
| 195$^{k}$ | 265$^{k}$ | 350$^{k}$ | 350$^{k}$ Ac. rain. | ″ | 115$^{k}$ | 113$^{k}$ | |
| 5 60/8 | 7 65/10 | 7 75/12 | 7 75/12 | ″ | ″ | ″ | |
| 0$^{m}$.583 | 0$^{m}$.865 | 0$^{m}$,800 | 0$^{m}$,800 | ″ | ″ | ″ | |
| 0 ,020 | 0 ,037 | 0 ,017 | 0 ,017 | ″ | ″ | ″ | |
| ″ | Ressorts Belleville. | ″ | ″ | ″ | ″ | ″ | |
| Ressorts en spirale. | Nombre de couples 12. Dimension, 65/10 Flexibilité, 0$^{m}$,036 | Ressorts en spirale. | Ressorts en spirale. | ″ | ″ | ″ | |
| ″ | ″ | ″ | ″ | ″ | ″ | ″ | |
| Bois. | Bois et fer. | ″ | ″ | Bois et fer. | ″ | ″ | |
| 3$^{m}$,050 | 3$^{m}$,880 | 4$^{m}$,400 | 4$^{m}$,400 | 1$^{m}$.550 | ″ | 1$^{m}$,400 | |
| 1 ,650 | 1 ,780 | 1 .860 | 1 .860 | 1 ,240 | ″ | 1 ,400 | |
| 1 .800 | 0 ,250 | 2 .040 | 0 .850 | ″ | 0$^{m}$,600 | 0 .600 | |
| 9$^{m3}$.060 | ″ | 16$^{m3}$.795 | 7$^{m3}$.185 | 1$^{m3}$.000 | ″ | ″ | |
| 1,410$^{k}$ | 1,640$^{k}$ | 3,470$^{k}$ | 2,600$^{k}$ sans frein. | 580$^{k}$ | 600$^{k}$ | 600$^{k}$ | |
| 3.500 | 5.000 | 8,000 | 8.000$^{k}$ | ″ | 2.000 | 2,500 | |
| 403 | 328 | 433 | 325 | ″ | 300 | 240 | |
| 2,260 | 3,055 | 5,737 | 4.950 | ″ | 1,185 | 1.437 | |
| ″ | ″ | Frein américain à vis. | Frein américain à vis facultatif. | ″ | Frein simple à levier. | ″ | |
| • | ″ | 4 | ″ | ″ | 1 | ″ | |

Gr. VI.
—
Cl. 64.

**Wagons couverts.**

Le chemin de fer de l'Ouest présente un wagon couvert, avec guérite extérieure accessible des deux côtés de la voie, et frein à vis. Ce véhicule est monté sur un châssis mixte, dont les brancards en I sont en acier doux; la caisse est entièrement en bois. Dans les sections étrangères, nous remarquons le wagon à marchandises du chemin de fer du Nord de l'Empereur-Ferdinand, à châssis mixte et caisse en bois, sauf les courbes de pavillon, faites en fer en U. Ce véhicule est muni du frein Becker. La construction de ce véhicule est extrêmement soignée.

En Russie, la société industrielle Lilpop, Ran et Lavenstein, de Varsovie, présente un wagon couvert à marchandises, à châssis mixte et caisse en bois, dont les roues sont disposées pour pouvoir prendre à volonté l'écartement de la voie russe ou de la voie allemande. A cet effet, le moyeu de chaque roue peut glisser à frottement doux. L'écartement variable est obtenu par un manchon circulaire en deux parties et à charnière, muni de gorges et de saillies intérieures, disposées pour s'emboîter exactement, dans diverses positions, sur des saillies ménagées sur l'essieu et à l'extrémité du moyeu. Cette disposition, dans laquelle le corps de roue n'est relié à l'essieu que par une simple clavette et le manchon d'assemblage, ne nous paraît pas présenter une grande sécurité.

**Wagons découverts.**

Le wagon de la compagnie de l'Ouest, construit par M. Chevalier, est remarquable par l'emploi de la tôle pour la construction de la caisse. On accroît ainsi la capacité du véhicule sans en augmenter les dimensions extérieures. Les bouts et la partie centrale des côtés se rabattent pour former pont de chargement.

Les traverses de caisse sont en saillie sur le plancher; mais cette saillie a été réduite autant que possible, afin de pouvoir être facilement franchie par les roues des véhicules ordinaires ou de l'artillerie, chargées sur la plate-forme.

Dans le wagon exposé par la compagnie du Midi, le plancher de la plate-forme ne présente aucune saillie.

Nous retrouvons dans les wagons-tombereaux un spécimen exposé par la compagnie de l'Ouest, dont les panneaux de caisse sont pleins jusqu'à la hauteur nécessaire pour recevoir un chargement de 10 tonnes de houille, puis à claire-voie jusqu'au niveau supérieur de la caisse, pour les marchandises moins denses.



Ce véhicule, à carcasse de caisse en bois, est monté sur châssis mixte, à brancards en acier; il est muni d'un frein à vis et d'une guérite extérieure accessible des deux côtés du véhicule. Cette vigie est placée au-dessus du niveau supérieur de la caisse, dans laquelle elle ne fait aucune saillie.

Le wagon découvert de la compagnie de Lyon, construit à l'usine de Commentry-Fourchambault, est exclusivement destiné au transport des houilles. La carcasse de caisse est en fer avec remplissage en bois. Un siège entièrement découvert est fixé à l'un des angles du wagon, à portée de la manivelle du frein.

En résumé, on remarque dans les véhicules à marchandises exposés une tendance générale à l'accroissement des dimensions utilisables pour le trafic, tout en se maintenant dans la limite générale du chargement à 10 tonnes.

On constate également de nombreuses améliorations dans les détails de construction, ainsi que l'augmentation de la force de toutes les pièces principales des caisses et des châssis, pour arriver à établir des véhicules dont la résistance et la solidité répondent aux conditions de l'exploitation actuelle.

La plupart des châssis sont établis entièrement en fer, et les compagnies de l'Ouest et de Lyon font les premières applications, en France, de brancards de châssis en acier.

L'adoption de ressorts de suspension à rouleaux devient générale, et, dans les wagons couverts, on abandonne le principe de l'indépendance de la caisse et du châssis, afin d'accroître la solidité du véhicule.

Nous remarquons aussi quelques exemples de l'emploi de fers profilés pour la construction des carcasses des caisses.

Enfin la solidité des attelages paraît avoir attiré l'attention de toutes les compagnies, car les véhicules exposés sont tous munis

Gr. VI. — Cl. 64.

de tendeurs, de crochets de traction et de chaînes de sûreté, dont les dimensions présentent toutes garanties de sécurité.

### § 11. — MATÉRIEL POUR TRANSPORTS SPÉCIAUX.

#### France.

WAGON-RÉSERVOIR POUR VINS ET ALCOOLS.

Le wagon-réservoir de M. Lepage, d'Épinal, est un véhicule de la forme ordinaire d'un wagon couvert, dans lequel est installé un réservoir cylindrique en tôle étamée, d'une capacité de 105 à 110 hectolitres. Divers aménagements intérieurs, tels que pompe pour le remplissage et la vidange, clapet d'échappement des gaz à l'extérieur de la caisse, tube de niveau du liquide, etc., complètent cette installation. En usage depuis plusieurs années sur les lignes françaises, ces wagons sont appréciés du commerce et leur nombre paraît devoir s'accroître.

**Wagon Entz à plate-forme tournante.**

M. Entz se propose de munir les wagons des appareils nécessaires pour opérer le chargement et le déchargement des chariots, sans qu'il soit besoin d'avoir recours aux installations fixes des gares. A cet effet, il encastre dans le plancher des véhicules une plate-forme tournante, dont l'installation, complétée par un treuil et un pont de chargement, lui permet de monter transversalement tout véhicule muni de roues. Le chariot, élevé sur le wagon, est ensuite tourné longitudinalement au moyen de la plaque tournante.

Ces dispositions sont évidemment compliquées et ne répondent pas aux besoins du commerce, qui a toujours des quais à sa disposition. M. Entz paraît avoir eu en vue l'embarquement des pièces d'artillerie; mais là encore la plaque tournante, en supposant qu'elle facilite la mise en place d'une partie du chargement, serait une gêne pour le complément. Du reste les artilleurs, une fois leurs pièces sur la plate-forme, les arriment facilement.

### Autriche.

WAGON POUR LE TRANSPORT DE LA VIANDE.

Le véhicule exposé par le chemin de fer Charles-Louis de Gallicie est spécialement aménagé pour le transport des viandes abattues.

Il consiste en une caisse à doubles parois, entre lesquelles on introduit des matières isolantes. A la partie supérieure du wagon sont placés deux récipients en tôle, que l'on remplit de glace. Au-dessous de ces récipients se trouvent des traverses garnies de crocs pour accrocher les pièces. L'aération intérieure est produite par un ventilateur mis en mouvement, lors de la marche du véhicule, par une courroie et une poulie montée sur un des essieux. La prise d'air du ventilateur se trouve à l'intérieur du wagon. Avant d'arriver au ventilateur, l'air circule dans une série de tuyaux à ailettes placés horizontalement au-dessus du plancher, dans une caisse spéciale, que l'on remplit de glace. Le tuyau d'échappement est installé dans des conditions semblables. Quatre prises d'air extérieures fournissent le renouvellement de l'air et assurent l'alimentation du ventilateur.

Ce véhicule est aménagé très convenablement pour l'usage auquel il est destiné.

WAGON POUR LE TRANSPORT DE LA BIÈRE.

Le wagon exposé par la société I. R. P. des chemins de fer de l'État autrichien est aménagé pour le transport de la bière en fûts. Il consiste en une caisse de wagon couvert entièrement en bois, à parois latérales et pavillon double, dont l'intervalle est rempli de paille sèche hachée. Le châssis, tout en fer, est fermé à sa partie inférieure par un plancher et rempli également de paille hachée.

Deux réservoirs en tôle occupent toute la surface de la partie supérieure de la caisse et sont destinés à recevoir la glace qui doit empêcher l'élévation de la température. Des tubes mettent ces réservoirs en communication avec l'extérieur et servent à l'écoule-

Gr. VI. — Cl. 64.

ment de l'eau produite par la glace fondue. Pour éviter les rentrées d'air, les tubes plongent dans de petits vases en fonte suspendus contre les brancards de caisse.

Des wagons de ce type sont depuis longtemps en service sur les chemins de fer allemands et français, et répondent parfaitement aux besoins en vue desquels ils ont été construits.

### § 12. — DISPOSITIONS PERMETTANT D'ATTELER LES WAGONS SANS PÉNÉTRER ENTRE LES TAMPONS.

#### Autriche.

##### SYSTÈME BECKER.

L'Exposition présente un certain nombre de systèmes permettant d'atteler les wagons sans pénétrer entre les tampons. Le plus simple est celui de M. Becker, consistant à remplacer le tendeur actuel par un tendeur dont la vis est munie, en son milieu, d'un rochet. Les deux écrous coulissent dans une règle disposée parallèlement à la vis. Cette règle porte une fourchette à l'extrémité qui correspond à la maille extérieure du tendeur. Pour faire l'attelage, l'homme d'équipe, à l'aide d'un crochet terminant un bâton de $1^{m},50$ environ de longueur, saisit la traverse qui surmonte le cliquet et soulève la vis, en prenant un point d'appui sur l'un des tampons. La maille extérieure vient alors reposer sur la fourchette de la règle et se place dans le prolongement de la vis. Après avoir fait retomber la maille extérieure dans le crochet du wagon que l'on veut atteler, on imprime, toujours à l'aide du bâton, un mouvement alternatif à la manivelle du rochet pour faire tourner la vis et serrer l'attelage.

Ce système soulève plusieurs objections. Le rochet, dont les dimensions sont forcément réduites, est très délicat; soumis aux influences atmosphériques, il doit être d'un entretien difficile; en second lieu le maniement, pendant la nuit et à l'extrémité d'un levier, d'un tendeur du poids d'environ 30 kilogrammes doit être difficile; enfin, il faut un temps considérable pour serrer l'attelage, chaque oscillation du cliquet ne faisant avancer la vis que d'environ 1/3 de tour. Cet attelage est cependant adopté d'une manière générale par la ligne du Nord de l'Empereur-Ferdinand.

### Belgique.

#### SYSTÈME NYST.

M. Nyst remplace le tendeur à vis par deux mailles articulées, qui peuvent être soulevées et maintenues au-dessus de l'horizontale par un bras monté sur un arbre à manivelle placé sous la traverse extrême. Pour permettre l'attelage et la tension du tendeur, le crochet de traction peut, au moyen d'engrenage d'angles et d'un système d'arbres filetés, être animé d'un mouvement longitudinal. La manœuvre consiste à faire ressortir le crochet de traction et par suite le tendeur, à soulever les mailles, puis, après avoir engagé celles-ci dans le crochet du véhicule voisin, à faire rentrer la barre d'attelage jusqu'à la tension complète. Ce système est étudié en vue de l'emploi de ressorts en spirale ; il est rationnel, mais il a contre lui la complication du mécanisme.

#### SYSTÈME PENY ET MABILLE.

L'appareil Peny et Mabille se compose d'une maille de tendeur suspendue par deux bielles articulées sur des écrous mobiles. Ces écrous, au moyen d'une vis montée sur la face de la traverse extrême, peuvent être animés d'un mouvement latéral. Ce mouvement latéral est utilisé pour écarter les écrous et, par suite, raccourcir la longueur primitive de l'attelage. La maille du tendeur est munie d'un système de levage identique à celui de l'appareil Becker, avec cette différence que les bâtons restent sur le véhicule. La manœuvre à opérer pour l'attelage de deux véhicules consiste à allonger l'attelage en rapprochant ces écrous, à soulever la maille du tendeur à l'aide de l'un des bâtons fixés aux buttoirs, enfin à donner le serrage en écartant les écrous.

Ce système nous paraît défectueux, car les bielles reliant le tendeur aux écrous prennent une position oblique, qui augmente considérablement les efforts de traction qu'elles ont à subir; enfin, la

Gr. VI. — Cl. 64.

vis elle-même, soumise à des efforts de flexion, ne saurait résister, sans être de dimensions considérables et impossibles à réaliser en pratique.

**France.**

SYSTÈME MÉYÈRE.

Dans sa disposition, M. Méyère a admis une faible saillie des tampons, ce qui lui a permis de supposer des mailles d'attelage d'une seule pièce. Il obtient la variation de la longueur de l'attelage, en déplaçant l'ensemble de la barre d'attelage et du ressort de traction; de là résulte la nécessité, après la jonction des véhicules, de développer le travail nécessaire pour bander les ressorts de traction. L'ensemble du mécanisme n'est nullement étudié de façon à supporter les efforts de traction.

En résumé, l'appareil Becker, dont la manœuvre est difficile, est d'une construction bien délicate, et les autres appareils exigent une transformation générale des attelages actuels. On peut donc conclure qu'aucun des systèmes exposés ne résout d'une manière complète le problème qui se pose dans toutes les administrations de chemins de fer.

# DEUXIÈME PARTIE.

## CHEMINS DE FER À VOIE ÉTROITE, TRAMWAYS, MACHINES ROUTIÈRES ET OBJETS DIVERS.

## CHAPITRE IV.

### CHEMINS DE FER À VOIE ÉTROITE : VOIES ET MATÉRIEL ROULANT.

#### § 1er. — QUESTION GÉNÉRALE DE LA VOIE ÉTROITE. — POIDS DES RAILS. SYSTÈMES DE CHÂSSIS MOBILES. — APPAREILS DECAUVILLE.

Nous ne saurions aborder ici l'examen de la question générale de la voie normale et de la voie étroite. Au premier abord, la discussion paraît pour ainsi dire impossible. Tous les chemins de fer construits dans un même pays doivent avoir la même largeur de voie; un wagon doit pouvoir circuler partout; puis, il faut le dire, les mots de chemins à voie étroite, de chemins à petite voie, sonnent mal dans un pays où le mot *égalité* exerce une si grande influence. Nous avons entendu développer très sérieusement cette théorie que, tous payant l'impôt, tous avaient droit à des chemins de fer de même nature et surtout de même largeur.

On peut cependant répondre qu'un chemin de fer est un instrument puissant, destiné à rendre les plus grands services, mais que c'est un instrument très cher, et qu'il faut ne l'établir que là où il aura à rendre des services en rapport avec la dépense qu'il aura occasionnée.

Tous les cultivateurs ont à rentrer leurs récoltes : le grand fermier se sert de belles voitures attelées de quatre ou cinq chevaux de prix. Dira-t-on : On ne doit rentrer le blé qu'avec de pareils attelages; il vaut mieux le laisser sur place que de se résigner à le charger dans une modeste charrette traînée par un vieux cheval, peut-être même par un âne?

Gr. VI. — Cl. 64.

A coup sûr on critiquerait un pareil langage, et cependant il s'applique à bien des embranchements. Là où pour 40,000 ou 50,000 francs le kilomètre, on peut construire un chemin de fer à voie d'un mètre, tracé avec des courbes de très faible rayon, faut-il absolument dépenser au moins le double en vue de satisfaire le principe abstrait de l'égalité? Là où l'on n'aura que quelques tonnes à faire remorquer à chaque train, faut-il obligatoirement employer une grosse machine capable de remorquer 200 ou 300 tonnes? Nous estimons qu'agir ainsi serait commettre une grosse erreur économique.

L'Amérique du Nord voit, chaque année, augmenter le nombre des chemins de fer à voie étroite. Au moment de l'Exposition de Philadelphie, les concessions de lignes de cette nature atteignaient 13,000 kilomètres, sur lesquels le quart était déjà exploité. Le Deuwer et Rio-Grande Rail-Road doit avoir 2,740 kilomètres. Comment, en présence de pareils faits, peut-on discuter encore la possibilité de faire, en France, quelques lignes à petite voie?

Pour nous borner à l'objet de cette étude, nous dirons que l'Exposition contenait un nombre important de machines pouvant circuler sur des voies étroites, et qu'au point de vue technique, le problème des chemins de fer à voie étroite est absolument résolu.

Si l'on hésite beaucoup encore à proposer des chemins de fer de cette nature pour le transport des personnes et des choses, on n'a point la même hésitation pour des transports spéciaux, tels que les terrassements dans les travaux publics ou les matières extraites par l'industrie minérale. Dans les deux cas, les chemins de fer à voie étroite sont admis, et leur emploi ira chaque jour en augmentant.

### Largeur des chemins à voie étroite et poids des rails.

L'expérience n'a point indiqué de règles précises pour la largeur à donner à ces chemins. L'Exposition renfermait quinze locomotives pouvant circuler sur des voies dont la largeur variait entre 1 mètre et 50 centimètres :

| | |
|---|---|
| Cinq machines étaient à voie de | $1^m$,000 |
| Une à voie de | 0 ,915 |
| Une à voie de | 0 ,914 |
| Deux, dont une à air comprimé, à voie de | 0 ,800 |
| Une à voie de | 0 ,750 |
| Une à voie de | 0 ,700 |
| Deux, dont une à air comprimé, à voie de | 0 ,600 |
| Deux à voie de | 0 ,500 |

Nous avouons ne pas comprendre le but de tant de divisions; il nous semble que, sans en faire l'objet d'aucune disposition légale, on pourrait réduire ces largeurs à trois types : 1 mètre, $0^m$,80 et $0^m$,60. On ne comprend pas des largeurs de $0^m$,915, $0^m$,914; quant à celle de $0^m$,50, elle est vraiment bien faible pour recevoir des appareils mécaniques.

Les rails des voies étroites présentent pour ainsi dire toutes les formes et tous les poids; les albums des usines françaises et étrangères donnent au choix, nous dirons presque au caprice des ingénieurs, la plus grande latitude. Il n'y a évidemment qu'une règle à observer, celle du service auquel le chemin de fer est destiné. Il ne faudra pas adopter la même forme pour un chemin de fer qui recevra des wagonnets chargés de 1,000 à 1,500 kilogrammes de betteraves et un autre destiné à l'exploitation d'une carrière qui donnera des blocs de 2 mètres cubes, pesant 5,000 à 6,000 kilogrammes. Dans aucun cas, il ne nous paraît prudent d'adopter des rails pesant moins de 6 à 7 kilogrammes le mètre; au prix où sont arrivés les fers, on fera une bien médiocre économie en employant des barres par trop faibles.

### Voies disposées sur châssis. — Appareils Decauville.

M. Decauville aîné, de Petit-Bourg (Seine-et-Oise), expose un système complet de petite voie avec ses accessoires et un matériel roulant spécial.

La voie est formée par une suite de châssis ayant 5 mètres de longueur, composés de rails pesant 4 kilogrammes le mètre, reliés par des traverses en fer; les rails sont espacés de 40 centimètres, et un homme peut porter un châssis pesant 47 kilo-

Gr. VI. — Cl. 64.

grammes. Ajustés bout à bout, ces châssis forment en très peu de temps une voie continue suffisamment résistante.

Les accessoires comprennent des passages à niveau, des croisements, des plaques tournantes. Enfin le matériel roulant présente une série de types appropriés aux besoins des usines qui ont adopté ce système général pour leurs transports intérieurs. Nous citerons des wagons avec caisse à bascule de divers modèles, des wagons à bords transversaux pour le transport des caisses à sucre, des wagons plats avec coussinets pivotants pour le transport des grosses pièces d'artillerie, des voitures à huit places pour le transport des ouvriers, etc.

La maison Decauville donne l'indication de 385 installations très diverses effectuées par ses soins ou ceux de ses correspondants pour des industries nombreuses, mais notamment pour tout ce qui concerne la production du sucre. Nous estimons que, par la facilité de leur installation, ces appareils sont appelés à rendre des services sérieux.

### § 2. — LOCOMOTIVES POUR CHEMINS DE FER À VOIE ÉTROITE.

Les quinze machines locomotives pour chemins à voie étroite qui figurent à l'Exposition de 1878 sont les suivantes : une à tender séparé, exposée par la société de Fives-Lille; douze portant leur approvisionnement d'eau et de charbon; deux marchant par l'air comprimé.

Sur ces quinze locomotives, l'Angleterre en a exposé une; l'Autriche, une; la Belgique, une; la France, dix; la Suède, une; la Suisse, une.

Dans le paragraphe précédent (p. 171), nous avons indiqué comment, au point de vue de la voie, se répartissaient ces quinze machines.

Le nombre important de machines exposées par la France semble indiquer la faveur dont commencent à jouir dans notre pays ces modestes moteurs.

Ces locomotives sont destinées, soit à remorquer des trains de voyageurs et de marchandises, soit à servir dans les travaux d'exploitations agricoles, de terrassements, d'usines, de mines. Pour les terrassements, elles deviennent d'un usage courant : la compagnie de l'Est vient d'en faire un très grand usage pour des travaux de construction de seconde voie sur des lignes en exploitation. Il est à peu près impossible d'employer des chevaux le long d'une voie parcourue par des trains marchant à leur vitesse normale. Ces machines locomotives de petite voie ont permis d'établir des chantiers ayant une longueur de plusieurs kilomètres. La vulgarisation de ces machines changera complètement les règles suivies autrefois par les ingénieurs pour ce que l'on appelait la *répartition des terrasses*.

Mettant à part les machines à air comprimé, nous examinerons d'abord chacune de ces locomotives au point de vue : 1° de l'appareil de vaporisation; 2° du mécanisme; 3° du véhicule; 4° de la puissance de traction.

### Locomotives à vapeur.

Nous rappellerons que les dimensions principales de toutes ces machines ont été données dans le tableau n° 3, faisant suite aux tableaux donnant les dimensions des machines des chemins de fer à voie normale.

#### 1° CHAUDIÈRES.

Les chaudières de machines à voie étroite présentent, de l'une à l'autre, des dispositions complètement différentes.

Dans les machines de Fives-Lille et de l'île de Gothland, la boîte à feu est du type Belpaire à faces planes parallèles. Elle s'élargit en dessus des longerons de manière à augmenter la largeur du foyer à la partie supérieure. Des tirants transversaux entretoisent les faces latérales de l'enveloppe du foyer, et la face d'arrière est reliée au corps cylindrique de la chaudière au moyen de tirants longitudinaux. La plaque d'avant de l'enveloppe de la boîte à feu est emboutie pour sa réunion au corps cylindrique et est rivée sur ce dernier.

Les autres machines ont l'enveloppe de la boîte à feu à section circulaire à la partie supérieure et dans le prolongement du corps

Gr. VI. — Cl. 64.

cylindrique. Cette partie de l'enveloppe est, dans les machines de 15 à 20 tonnes, généralement armaturée au moyen de fers à T. La face plane de la plaque d'arrière est renforcée, soit au moyen de bandes de tôle pliée, soit au moyen de fers cornières ou fers à T, soit enfin au moyen de tirants reliant la plaque arrière au corps cylindrique, comme dans la machine *la Mignonne*. A l'exception de cette dernière, où la boîte à feu s'élargit vers le bas, toutes ces machines ont les faces latérales de la boîte à feu parallèles. La machine *Lilliput*, de MM. Corpet et Bourdon, et la locomotive à grue de la société de Winterthur ont la boîte à feu à section horizontale circulaire et se prolongeant au-dessus du corps cylindrique de manière à former dôme. Enfin, la maison Cail a appliqué une chaudière à tubes Field au plus petit modèle de machine qu'elle a exposé.

Sous le corps cylindrique de la machine de mines construite par la société autrichienne des chemins de l'État, se trouve une ouverture, au-dessous de laquelle est appliquée une cuvette dans laquelle se rassemblent les dépôts, qu'un robinet permet de faire écouler à volonté pendant que la chaudière est en pression et que ces dépôts sont encore à l'état boueux.

*Foyer.* — Les foyers des machines dont la boîte à feu est dans le prolongement du corps cylindrique ou du système Belpaire ont tous le ciel plan, à l'exception pourtant de la machine de la société autrichienne, qui a le ciel de son foyer ondulé, ce qui permet de supprimer les fermes servant ordinairement d'armatures. La liaison du foyer avec l'enveloppe est faite au moyen d'entretoises en cuivre rouge. Dans la machine de Fives-Lille et dans celle de l'île de Gothland, le ciel est relié à la face plane de l'enveloppe par des tirants verticaux, taraudés dans le foyer et dans l'enveloppe, et maintenus par des écrous placés à l'extérieur des deux parois. Dans les autres machines, le ciel du foyer est armé, comme à l'ordinaire, par des fermes en long.

La machine de la société de Winterthur présente cette particularité que son foyer, à section horizontale circulaire, est en acier comme sa chaudière. De plus il est aplati à l'endroit des tubes, et le ciel, légèrement bombé, a ses bords relevés, à l'inverse de ce qui a lieu d'ordinaire. Des tirants obliques, filetés à leurs extrémités, réunissent le ciel du foyer à la paroi supérieure du dôme qui le surmonte. L'aplatissement donné à la plaque tubulaire du foyer, dans la région des tubes, se remarque aussi dans la petite locomotive exposée par MM. Corpet et Bourdon, pour voie de 50 centimètres.

La partie inférieure du foyer est reliée à la partie correspondante de l'enveloppe de la boîte à feu, au moyen de cadres en fer à oreilles pour les machines des sociétés de Fives-Lille et des Batignolles, et de cadres simples pour toutes les autres.

*Grille. Combustible.* — L'emploi des grilles horizontales et à barreaux minces est général ; cependant la machine de Fives-Lille a sa grille inclinée. Ces grilles ne sont pas destinées à brûler un combustible de préférence à un autre. Le faible espacement qui reste entre les barreaux leur permet de brûler du bois, des charbons menus ou du coke.

*Appareils fumivores.* — Aucune des machines à voie étroite n'est munie d'un appareil fumivore spécial.

*Tubulure.* — Les constructeurs ont employé généralement des tubes de laiton ; cependant, la machine de Winterthur a des tubes en acier, avec bouts en cuivre aux deux extrémités. Le diamètre intérieur est très variable. Les tubes de la machine *la Mignonne* ont 0m,0333 de diamètre, tandis que ceux de la machine de 14 tonnes de MM. Corpet et Bourdon en ont un de 45 millimètres.

La longueur des tubes pour les machines pouvant être affectées au même service est comprise entre des limites assez étendues. Ainsi, pour les machines-tenders à voie de 1 mètre, des constructeurs, comme la société Cail, emploient des tubes relativement courts, tandis que d'autres, comme celle des Batignolles, leur préfèrent les tubes longs. On peut pourtant dire qu'il y a tendance à employer des tubes courts.

Gr. VI. — Cl. 64.

*Souffleur. Échappement.* — Pour activer le tirage en stationnement, ces machines sont généralement pourvues d'un souffleur; cependant, les machines *la Mignonne,* de la société autrichienne, de Cail pour voie de 60 centimètres, de la société de Marcinelle, n'en ont pas.

Les cinq machines à voie de 1 mètre sont toutes munies d'un échappement variable à valves, qu'on manœuvre, au moyen d'un levier, de la plate-forme du mécanicien.

*Boîte à fumée.* — Les chaudières ont généralement leur boîte à fumée dans le prolongement du corps cylindrique; cependant, les machines de l'île de Gothland et *la Mignonne* ont leur boîte à fumée d'un diamètre plus grand que celui de la chaudière et rapportée sur le corps cylindrique au moyen d'une cornière.

La fermeture de la boîte à fumée pour le plus grand nombre des machines françaises est à double battant. Dans les machines étrangères, celles de Winterthur et *la Mignonne,* entre autres, elle est d'une seule pièce circulaire, et assurée au moyen d'une vis de serrage ou de pression.

Pour éviter que les flammèches provenant du foyer ne sortent par la cheminée, quelques machines, comme celles des sociétés de Fives-Lille et des Batignolles, ont des grilles dans la boîte à fumée.

*Cheminée.* — La forme de la cheminée est tantôt conique, tantôt cylindrique.

*Cendrier.* — Toutes ces machines sont pourvues d'un cendrier. Dans les machines Cail pour voie de 1 mètre, Corpet et Bourdon, le cendrier est ouvert par le fond. Le cendrier des machines Cail pour voies de 80 centimètres et 60 centimètres et de Black Hawthorn est aussi ouvert; mais sous la grille se trouve une plaque de tôle, qui produit la hauteur de chute, et empêche les charbons incandescents de rebondir sur le sol. Dans les autres machines le cendrier est fermé. L'arrivée, dans le foyer, de l'air nécessaire à la combustion se fait par des portes placées à l'avant et à l'arrière

Gr. VI. — Cl. 64.

pour les machines de l'île de Gothland, des sociétés de Passy, de Fives-Lille, des Batignolles, et par une porte placée à l'arrière pour les machines de la société de Winterthur et de la société autrichienne. La machine de Marcinelle et Couillet a un cendrier fermé, sans porte de réglage pour l'entrée de l'air.

*Surface de chauffe.* — La machine de Fives-Lille a une surface de chauffe totale de $53^{mq},67$, tandis que celle des autres machines à voie de 1 mètre varie entre $26^{mq},31$, qui est la surface de chauffe de la machine de la société des Batignolles, et $33^{mq},25$, qui est celle de la société de Passy.

Le rapport de la surface de chauffe directe à la surface de chauffe des tubes est plus considérable pour les machines Corpet et Bourdon, Cail et de la société de Passy que pour celles des sociétés des Batignolles ou de Fives-Lille.

Pour les premières, il est en effet de 1/8,4, 1/7,6 et 1/9,3, tandis que, pour les dernières, il est de 1/11 et de 1/13,8. Cette différence est due surtout à l'emploi de tubes plus longs dans le second cas que dans le premier.

La puissance de vaporisation par mètre carré de surface de chauffe est naturellement moindre pour les machines de Fives-Lille que pour les autres. Cela tient à ce que le rapport de la surface de chauffe des tubes à la surface de chauffe directe est plus grand pour cette machine que pour les autres.

Le rapport de la surface de grille à la surface de chauffe totale est :

| | | |
|---|---|---|
| 1/54,2 | pour les machines | Corpet et Bourdon; |
| 1/62,3 | | de la société des Batignolles; |
| 1/63,1 | | de Fives-Lille; |
| 1/48 | | de Cail; |
| 1/58,4 | | de Passy. |

Pour une même surface de grille, les machines des sociétés des Batignolles et de Fives-Lille ont une plus grande surface de chauffe que les autres machines.

Pour les petites machines, la surface de chauffe du foyer prend encore des dimensions plus importantes relativement à la sur-

Gr. VI. — Cl. 64.

face de chauffe des tubes, et le rapport des deux surfaces oscille entre 1/4 et 1/5.

*Volumes d'eau, de vapeur. — Dômes. — Soupapes.* — Toutes ces machines ont un dôme de vapeur, placé généralement à l'avant. Dans celles de l'île de Gothland et des sociétés des Batignolles et de Marcinelle, le dôme est placé sur le milieu du corps cylindrique. Dans la machine Cail pour voie de 80 centimètres, il se trouve, partie sur le corps cylindrique, partie sur la boîte à feu.

Dans tous ces moteurs, les soupapes de sûreté sont à balances et fixées sur le dôme, excepté dans les deux locomotives de Winterthur et de la société autrichienne, où elles sont du type Ramsbottom.

La capacité du réservoir de vapeur est très variable. Elle atteint 1,100 litres pour la machine de Fives-Lille, tandis qu'elle n'est seulement que de 380 litres pour la machine Cail, qui est également à voie de 1 mètre. Il en est de même pour les volumes d'eau mesurés à 10 centimètres au-dessus du ciel du foyer. Pour celles de Fives-Lille, il est de $1^{\text{mc}}$,700, tandis que, pour la machine Cail, il est de 650 litres. Le rapport du volume d'eau au volume de vapeur est de :

| | | |
|---|---|---|
| 1,7 | pour la machine | Cail; |
| 2 | | de la société des Batignolles; |
| 2,8 | | de la société de Winterthur; |
| 2,4 | | de Passy; |
| 2,5 | | Corpet et Bourdon; |
| 1,5 | | de Fives-Lille. |

Pour les petites machines, ce rapport présente les mêmes discordances. Il est de :

| | | |
|---|---|---|
| 4 | pour la machine | Cail à voie de 80 centimètres; |
| 3 | | de la société de Marcinelle; |
| 2 | | *Lilliput.* |

Enfin, pour la machine Cail à chaudière Field, il y a égalité entre la capacité de la chambre de vapeur et la quantité d'eau.

Les machines de Winterthur, de Corpet et Bourdon pour voie

de 50 centimètres ont leur boîte à feu se prolongeant au-dessus du corps cylindrique, de manière à former dôme de vapeur. Gr. VI. — Cl. 64.

Une cuvette sur laquelle se font les différentes prises de vapeur est presque toujours disposée à l'arrière, au-dessus de la boîte à feu. Il n'y a que les locomotives de l'île de Gothland, des sociétés des Batignolles et de Winterthur qui n'en sont pas munies.

*Appareils d'alimentation.* — L'injecteur est appliqué sur toutes les machines comme appareil d'alimentation; seule, *Lilliput* est alimentée par une pompe dont le piston est commandé par la tête de la tige du piston du cylindre d'avant. Outre un injecteur Friedmann, la machine de Fives-Lille est pourvue d'une pompe. Sur le tuyau d'arrivée d'eau venant du tender se trouve un robinet à deux voies, permettant d'alimenter, soit avec la pompe, soit avec l'injecteur.

La pompe injecteur Chiazzari est installée sur la machine Cail, concurremment avec l'injecteur Friedmann. Un éjecteur Friedmann se trouve en outre à l'avant de la chaudière et permet d'approvisionner la machine en aspirant directement dans le puits, à condition que la hauteur d'aspiration ne dépasse pas 7 mètres.

Les injecteurs employés sont généralement non aspirants, système Friedmann ou autres.

*Approvisionnement d'eau et de combustible.* — La machine de Fives-Lille s'accouple avec un tender qui contient 4,000 litres d'eau et porte 2000 kilogrammes de charbon.

Dans les autres machines, les soutes sont disposées latéralement à la chaudière. Dans celle de Winterthur les caisses à eau sont comprises entre les longerons du châssis, qui en forment les parois latérales.

Pour ceux de ces moteurs qui sont de force comparable, l'approvisionnement d'eau et de combustible est très variable. La capacité des soutes à eau, qui est de 2,000 et 2,300 litres dans les machines de la société de Passy et de Corpet et Bourdon, est de moitié moindre dans celles de Cail et de la société des Batignolles. Il en est de même de l'approvisionnement de combustible.

Gr. VI.
—
Cl. 64.

Le service à faible parcours auquel elles sont destinées ne nécessite pas d'ailleurs de grands approvisionnements, qui sont une surcharge inutile.

*Prise de vapeur. — Régulateur.* — Dans les machines qui ont un dôme, la prise de vapeur se fait à la partie supérieure.

Le régulateur est presque toujours disposé directement sur ce tuyau; quelquefois aussi la machine est pourvue d'une boîte de régulateur spéciale placée sur la chaudière. Tel est le cas de la machine à grue de Winterthur et de la machine de mines de la société autrichienne.

Dans la locomotive *la Mignonne,* la boîte du régulateur est dans la boîte à fumée. Le régulateur est généralement à tiroirs; ceux des machines *la Mignonne* et de Winterthur font seuls exception : le premier est à valve et le second à double soupape.

Les tuyaux partent du régulateur, conduisent la vapeur, soit directement aux cylindres, comme cela se remarque dans les machines de la société autrichienne, de Corpet et Bourdon pour voie de 60 centimètres, et de Cail à chaudière Field; soit, le plus souvent, en passant dans la boîte à fumée, ce qui les garantit contre le refroidissement.

*Enveloppe. — Vidange. — Nettoyage.* — Toutes ces machines sont garnies d'une enveloppe en tôle de fer mince laissant une couche d'air entre elle et la chaudière. Des robinets de vidange et des ouvertures de nettoyage sont placés sur les côtés, les angles, à la partie supérieure de la boîte à feu et dans la boîte à fumée. La machine de l'île de Gothland a, dans le même but, une large ouverture à la partie inférieure du corps cylindrique.

*Réunion de la chaudière et du châssis.* — La chaudière est fixée sur le châssis à l'avant.

Dans les machines dont le corps cylindrique atteint 3 mètres de longueur, les supports, agrafes et intermédiaires à dilatation pour les flancs de la boîte à feu et le corps cylindrique sont d'un emploi général. Il n'y a que celle de la société des ateliers de Passy qui ait conservé les supports à boulons de dilatation.

Pour les machines d'une longueur restreinte dans lesquelles la dilatation est moins considérable, les supports à dilatation sont moins fréquents; pourtant on les remarque dans la machine de 3 tonnes exposée par la maison Cail et dans la machine *la Mignonne*, où ils consistent en cornières rivées sur la boîte à feu et s'appuyant sur les longerons.

Les boîtes à feu des machines *Lilliput* et de la société de Marcinelle sont fixées au châssis, au moyen de pattes rivées sur le devant de la boîte à feu et sur le châssis.

### 2° MÉCANISME.

Les dimensions données aux cylindres pour des machines de même surface de chauffe varient beaucoup d'une machine à l'autre. Ainsi, les machines pour voie de 1 mètre de MM. Corpet et Bourdon, de Cail et de la société de Passy, qui ont à peu près la même surface de chauffe, ont des diamètres de 300, 250 et 280 millimètres, la course du piston étant de 400, 360 et 440 millimètres. La machine de l'île de Gothland a des cylindres d'un diamètre relativement petit, eu égard à sa surface de chauffe, si on la compare aux autres, notamment à celle de la société de Passy.

L'emploi des tiroirs en bronze est général, et la réunion à la tige a lieu comme à l'ordinaire, au moyen d'un cadre le plus souvent forgé avec elle.

Les pistons sont tous du type suédois à segments métalliques. La tête du piston est le plus souvent guidée par deux glissières en acier; cependant les machines de la société des Batignolles et de Corpet et Bourdon pour voie de 1 mètre n'ont qu'une seule glissière. La tête du piston entoure alors la glissière.

Les bielles motrices à fourche sont peu employées. Les constructeurs leur préfèrent les bielles droites, dont la grosse tête est alors généralement fermée, et les coussinets maintenus serrés au moyen de clavettes et de contre-clavettes. La petite tête de ces bielles est aussi fermée, et les coussinets sont serrés, soit au moyen de coins, soit au moyen de clavettes et d'écrous. Les bielles d'accouplement ont généralement des têtes rectangulaires et fermées; la machine de la société des Batignolles ainsi que celles de petites dimensions ont cependant des bielles à tête ronde, garnies simplement d'enveloppe.

*Distribution.* — Le mouvement de distribution est le plus souvent extérieur, ainsi que les cylindres. Il n'est intérieur que pour *la Mignonne* et les locomotives de la société de Passy.

La coulisse de Stephenson est la plus employée : six machines en sont pourvues.

La coulisse droite se trouve sur trois machines : celles de l'île de Gothland, de la société des Batignolles, et enfin celle de 14 tonnes de Corpet et Bourdon.

La coulisse de Gooch ne se rencontre que sur la machine de la société de Passy.

Les machines des sociétés de Marcinelle et de Winterthur ont, l'une, la distribution Walschaert, l'autre, la distribution Brown. Quant à *Lilliput,* dont les cylindres sont dans l'axe de la machine, elle est à détente fixe et est manœuvrée par un excentrique unique pour les deux cylindres.

*Changement de marche.* — Le changement de marche à vis est préféré, en général, au changement de marche à levier pour toutes les machines de dimensions un peu importantes. Cependant le levier se remarque sur celles des sociétés de Passy et de Winterthur. Pour les petites, on emploie exclusivement le levier, à l'exception de la machine *Lilliput,* dans laquelle on change, au moyen d'une commande par engrenages, le calage de l'excentrique unique, lorsqu'il s'agit de changer le sens de la marche.

*Métaux employés.* — L'acier est employé, surtout par les constructeurs étrangers, pour la confection des mouvements moteurs et de distribution. En France on emploie indifféremment le fer ou l'acier.

### 3° VÉHICULE.

Le châssis n'est extérieur que pour les machines des sociétés de Marcinelle et de Passy. Dans tous les cas, les longerons sont découpés d'une seule pièce dans une tôle de fer. Ils sont presque toujours réunis: à l'avant, par un caisson en tôle et une traverse; à l'arrière, par une traverse et par les tôles d'attelage. Des entretoises et des supports intermédiaires en maintiennent en outre l'écartement. Dans les machines Cail et Corpet et Bourdon, pour une voie de 1 mètre, les traverses ont une très grande hauteur et descendent jusqu'à 60 centimètres au-dessus des rails, afin de servir de points d'appui dans les déraillements assez fréquents occasionnés par le peu de régularité et de solidité des voies de terrassements.

*Cylindres.* — Dans les locomotives à chaudière du type ordinaire, les cylindres sont extérieurs et fixés à l'avant contre les longerons et le caisson. La locomotive à chaudière Field pour voie de $0^{m},60$ n'a qu'un seul cylindre, fixé verticalement contre l'avant de la chaudière.

*Machine Lilliput.* — Dans la locomotive *Lilliput*, en vue de diminuer le mouvement de lacet, on a placé les deux cylindres au-dessous du corps cylindrique de la chaudière, dans le plan médian de la machine.

Ces cylindres, au lieu d'agir sur des manivelles à 90 degrés l'une de l'autre, font entre eux un angle de 90 degrés et agissent sur une même manivelle portée par l'essieu d'avant, sans qu'il y ait à craindre de points morts. Ces cylindres sont fixés aux longerons au moyen de deux pattes en fonte reliées par une nervure qui forme entretoise des longerons.

*Essieux.* — La machine Cail pour voie de $0^{m},60$ à chaudière Field, bien que son cylindre soit placé entre les longerons, a ses deux essieux droits.

Le mouvement du piston est communiqué aux essieux par l'intermédiaire d'un arbre coudé, dont les supports sont fixés au châssis, et qui porte un pignon commandant un engrenage calé sur l'essieu d'avant.

*Manivelles.* — Les machines à cylindres extérieurs ont toutes

Gr. VI. — Cl. 64.

leurs manivelles calées sur le corps de roue; il n'y a que la machine exposée par la société de Passy qui ait les manivelles calées sur l'essieu.

*Roues et essieux.* — Les roues, dans la plupart des machines, sont en fer forgé avec bandages rapportés. Pour les petites locomotives, comme *la Mignonne, Lilliput,* celles de la société autrichienne et de Cail à chaudière Field, les roues sont pleines et en fonte avec bandages rapportés. Les roues de la machine Cail sont complètement en fonte et à âme pleine. Les roues de celle de Winterthur sont en fonte et à rais.

Dans les roues à bandages rapportés, le métal constituant les bandages est le plus souvent l'acier. Il en est de même pour les essieux droits, les manivelles et les boutons de manivelles. L'essieu coudé de la machine Corpet est cependant en fer.

*Suspensions.* — La suspension est, en général, faite au moyen de ressorts à lames. On ne trouve de balanciers que dans les locomotives de Fives-Lille à voie de 1 mètre, et dans celle de l'île de Gothland.

Les boîtes à graisse sont généralement en acier pour les machines de dimensions importantes, et en fonte pour les autres. Les coussinets sont en bronze. Dans celle de Winterthur, les boîtes sont elles-mêmes en bronze. Les glissières sont le plus souvent en fonte et sans coins de serrage.

*Dispositions spéciales pour le passage des courbes.* — Malgré l'avantage que présente, au point de vue du passage des courbes, le nombre minimum des essieux, on est cependant forcé, dans la plupart des cas, en raison de la faiblesse des rails des chemins de fer d'usine auxquels ces locomotives sont destinées, de répartir la charge sur un plus grand nombre d'appuis. Plusieurs de ces machines sont à six roues, l'une même à huit. Aussi trouvons-nous des dispositions pour le passage des courbes : dans les locomotives de Cail et de Corpet et Bourdon, où le boudin de la roue du milieu a été supprimé; dans la locomotive de Winterthur, où l'essieu d'avant a reçu un certain jeu dans ses boîtes. Enfin dans la machine à huit roues, dont six accouplées, de Fives-Lille, destinée à la ligne de Pernambuco, qui présente des courbes de 100 mètres de rayon, on a employé un avant-train de Bissel à deux roues système Paterson, chargées en leur milieu au moyen de plans inclinés, qui en limitent le déplacement et le ramènent en alignement dans la position normale.

*Moyens d'arrêt.* — Toutes ces locomotives sont munies d'un frein à sabots agissant sur les roues, et commandé par l'intermédiaire d'une vis.

Seule, *Lilliput* a un frein à patin agissant sur le rail.

La locomotive de Fives-Lille est seule munie de l'appareil d'injection à contre-vapeur.

*Sablières.* — Presque toutes les machines sont pourvues de sablières avec mouvement à valve pour chacun des tuyaux amenant le sable sous les roues.

4° PUISSANCE DE TRACTION.

Au point de vue de leur puissance de traction, ces machines présentent des différences considérables, l'effort tangentiel qu'elles sont susceptibles de développer variant de 2,800 kilogrammes, pour la plus forte, qui est celle de Fives, pesant en charge 20,000 kilogrammes, avec un poids adhérent de 16,000 kilogrammes, à 181 kilogrammes, pour la locomotive de Cail, d'un poids total en charge de 1,500 kilogrammes.

**Locomotives à grue pour le service des gares.**

Parmi les locomotives que nous venons d'étudier, il en est une qui a été construite pour une destination spéciale : c'est la machine à grue pour service de gare et à voie de 0m,75 de M. Brown, de Winterthur. Elle est spécialement construite en vue de faire mécaniquement et d'une manière économique les transbordements sur les chemins à voie étroite aboutissant aux grandes lignes.

*Grue.* — La grue consiste en un balancier oscillant autour d'un

Gr. VI. — Cl. 64.

axe et portant, à l'une de ses extrémités, la chaîne et le crochet de levage, tandis qu'il est actionné, à l'autre, par un piston qui se meut dans un cylindre plongé dans le dôme de vapeur. Le dessus du piston est pressé constamment par la vapeur de la chaudière. tandis que la face inférieure peut être, à volonté, mise en communication avec l'atmosphère ou avec la vapeur de la chaudière. L'équilibre de pression sur les deux faces du piston peut ainsi être établi ou rompu à volonté. C'est par l'intermédiaire de l'eau que la pression de la vapeur est transmise à la face supérieure du piston, et la vitesse d'écoulement ou d'entrée de cette eau à travers un orifice de section réduite règle la vitesse de montée ou de descente de la charge, qui peut être de 2,000 kilogrammes au maximum.

Des bielles articulées réunissent l'axe d'oscillation du balancier à une plate-forme tournant sur galets autour du cylindre du dôme de la chaudière, et dont la tige de piston occupe le centre. Pour empêcher le déversement de la machine, quand le balancier avec sa charge se trouve faire un angle voisin d'un angle droit avec l'axe de la chaudière, des supports à vis de pression sont disposés de chaque côté de la machine, de manière à prendre leur point d'appui sur le sol.

Il nous reste à examiner les deux locomotives de mines à air comprimé de M. Mekarski et de M. Petau.

### Locomotives à air comprimé pour les mines et les usines.

L'emploi des moyens mécaniques pour la traction des wagons s'impose aujourd'hui dans toutes les galeries de mines. Lorsque celles-ci sont parfaitement ventilées, lorsque les gaz irrespirables qui se dégagent trop souvent du sol, ou qui sont produits par l'explosion de la poudre et de la dynamite, ont un écoulement facile et rapide à l'intérieur, on peut, sans grand inconvénient, se servir de machines locomotives ordinaires, bien qu'il soit toujours regrettable d'augmenter la masse de gaz délétères dans de semblables milieux. Mais, lorsque les galeries sont mal ventilées, l'emploi des machines à air comprimé, qui, à chaque coup de piston, lancent de l'air frais, doit être considéré comme un véritable progrès. Nous trouvons à l'Exposition deux machines à air comprimé, toutes deux françaises et présentées, l'une par M. Mekarski, l'autre par M. Petau.

Nous ne parlons pas ici des appareils à air comprimé, qui jouent aujourd'hui un si grand rôle dans l'industrie des mines et dans le percement des souterrains de grande longueur (mont Cénis, Saint-Gothard); ces appareils seront décrits dans d'autres Rapports. Nous nous bornons aux locomotives, et encore aux locomotives exposées.

### MACHINE MEKARSKI.

La machine Mekarski comprend :

1° Un réservoir en tôle, assez résistant pour supporter une pression de 30 atmosphères et que l'on emplit d'air comprimé destiné à produire le travail;

2° Une bouillotte remplie d'eau chaude à la température de 160 degrés, et destinée à chauffer l'air avant son emploi dans les cylindres;

3° Un régulateur de pression intermédiaire entre les réservoirs d'air de la locomotive et la bouillotte précédente, et qui permet de faire varier la pression entre certaines limites;

4° Enfin un appareil moteur, analogue à celui des locomotives ordinaires, distribuant l'air comprimé à deux cylindres dont les pistons donnent le mouvement à deux essieux accouplés.

L'air, à sa sortie des cylindres, est lancé dans l'atmosphère; on n'a à se préoccuper d'aucune question de tirage, puisque la machine n'a point de foyer.

Dans les locomotives à air comprimé employées depuis plusieurs années, on se contentait d'emporter un approvisionnement d'air ayant au départ une pression assez considérable pour que la machine pût effectuer un parcours d'une certaine étendue; la pression dans les cylindres était naturellement décroissante, et, en poussant les choses à la limite, on se serait arrêté au moment où se serait établi l'équilibre entre la pression à l'intérieur du réservoir et l'air extérieur.

Très simple en apparence, une combinaison semblable entraî-

Gr. VI. — Cl. 64.

nait évidemment un ralentissement continu dans l'allure de la machine travaillant sous des pressions constamment décroissantes; en second lieu, le refroidissement dû à la détente entraînait une perte de travail considérable.

M. Mekarski a cherché à éviter ce double inconvénient, en réchauffant l'air comprimé et en ne l'employant qu'après l'avoir fait passer dans un régulateur de pression.

L'air emmagasiné dans le réservoir porté par la machine est, avant d'être dépensé, amené en minces filets, par un tuyau percé de trous, à travers l'eau à 160 degrés qui remplit la bouillotte; il s'échauffe à son contact et vient se dégager, saturé de vapeur, à la partie supérieure de la bouillotte formant réservoir d'air.

Là, il est pris pour être conduit aux cylindres par un régulateur de pression à ressort d'air, dont on peut faire varier à volonté la pression, et qui règle celle sous laquelle l'air est employé dans les cylindres.

Cette pression est ordinairement de $4^{k},5$ à 5 kilogrammes, et l'on peut l'augmenter, au besoin, pour surmonter une résistance accidentelle plus forte, pour gravir une rampe, etc., sans faire varier les conditions dans lesquelles se produit la détente.

L'emploi de la bouillotte et du régulateur de pression fait de la locomotive à air comprimé de M. Mekarski un moteur d'une grande souplesse. L'expérience seule pourra rassurer complètement les constructeurs sur la délicatesse des organes employés, organes qui sont de véritables appareils de physique, exigeant par conséquent une grande précision.

L'industrie a fait à cet égard de tels progrès, les machines-outils ont aujourd'hui acquis une précision si grande, que l'on doit à cet égard avoir les espérances les plus fondées, et telle pièce de machine, impossible presque à concevoir il y a vingt-cinq ans, ne tardera pas à devenir d'un usage courant.

#### MACHINE LOCOMOTIVE À AIR COMPRIMÉ DU SYSTÈME PETAU.

La locomotive du système Petau est également à deux essieux accouplés. On s'est proposé, avec cette machine, d'employer l'air qui sert dans les mines pour le service des perforateurs, des élévateurs, etc., air qui est à une pression ne dépassant pas, en général, quatre à cinq atmosphères. On considère, en effet, comme bien difficile d'avoir une canalisation un peu étendue contenant de l'air à une pression notablement supérieure. Or, pour emporter sous forme d'air aussi faiblement comprimé une provision suffisante de travail emmagasiné, une locomotive, même n'ayant qu'un court trajet à effectuer, devrait être munie d'un réservoir de dimensions considérables et tout à fait incompatibles avec la largeur et la hauteur des galeries de mines.

Pour obtenir la pression qui lui est nécessaire, la machine Petau est mise en communication avec les conduites placées dans la mine, et, sous l'action de l'air de ces conduites, une pompe à simple effet refoule de l'air dans le réservoir, jusqu'à ce que l'on ait obtenu une pression de treize atmosphères.

On réalise ainsi une combinaison analogue à celle qu'on met en usage dans les distributions d'eau des villes. Pour faire parvenir à un quartier très élevé une petite quantité d'eau, on fait passer sur une roue hydraulique une quantité d'eau qui correspond au travail à produire. Au lieu d'employer l'air comprimé de la conduite générale à actionner un perforateur ou un élévateur, on l'emploie à comprimer à une plus haute pression un petit volume d'air.

Le réservoir d'une machine Petau a une capacité de 1,050 litres; il permet le remorquage de 15 tonnes sur une longueur de 700 mètres.

Si les branchements d'alimentation d'air sont convenablement distribués dans la mine, sur le chemin que la machine doit parcourir, elle peut faire un service analogue à celui d'une locomotive à vapeur qui s'alimente également à des points déterminés de son parcours.

Cette machine n'a pas de régulateur d'admission; un simple robinet qu'on ouvre plus ou moins en tient lieu; la pression initiale de treize atmosphères rend l'emploi d'un régulateur moins indispensable que dans la machine Mekarski, où l'air est à une pression de trente atmosphères.

Pour éviter les effets nuisibles du refroidissement résultant de la détente de l'air, les cylindres sont simplement entourés d'eau

Gr. VI. — Cl. 64.

chaude, qu'on peut renouveler à chaque arrêt ou réchauffer en la mettant en communication avec la bâche qui entoure le compresseur, et dont l'eau se trouve échauffée au contact des parois du cylindre pendant le travail de compression.

L'emploi, pour la compression de l'air à 13 kilogrammes, de l'air comprimé d'abord à 4 kilogrammes, n'est certainement pas économique; mais cette manière d'opérer a l'avantage de supprimer les conduites d'air à haute pression, ainsi que nous l'avons dit plus haut, et si cette locomotive est moins parfaite, théoriquement, que celle de M. Mekarski, il semble qu'elle puisse être aussi, dans certains cas spéciaux, d'un usage avantageux.

Nous ajouterons que les locomotives à air comprimé peuvent être employées dans des circonstances qui se présentent encore assez fréquemment dans l'industrie. Les machines motrices ont très souvent une force non utilisée, quelques outils ne marchent pas, des métiers sont arrêtés, etc.; il serait facile d'employer cette force disponible à comprimer de l'air, que dépenserait ensuite une petite locomotive.

## § 3. — MATÉRIEL ROULANT.

Nous avons indiqué (ci-dessus, p. 128 et 160) sur les tableaux n^os^ 6 et 8 les données principales des voitures à voyageurs et des wagons des chemins à voie étroite, de façon que l'on puisse, comme nous l'avons fait pour les locomotives, établir une comparaison avec le matériel des chemins à grande voie. Nous nous contenterons de passer rapidement en revue les voitures et wagons exposés.

### Voiture mixte de 1^re^ et 2^e^ classes.

Exposée par la compagnie française de construction de matériel, cette voiture, contenant quatre places de première classe et dix de seconde, est disposée comme les voitures de tramways à couloir central et plates-formes extrêmes, permettant l'accès des deux côtés de la voie; elle ne présente d'autre particularité que son système d'attelage à tampon central dont nous parlerons plus loin.

### Voiture à couloir central et à deux trucs.

La voiture construite par M. Chevalier est destinée au Brésil; sa longueur est relativement considérable; pour qu'elle puisse circuler sur des courbes à faible rayon, elle repose sur deux trucs indépendants, portant une cheville ouvrière et suspendus sur des ressorts à pincette.

Un appareil unique sert au choc et à la traction; il se compose d'un tampon évidé, reposant sur un ressort en spirale, et dont l'extrémité extérieure, en forme de coupe, reçoit dans sa concavité un anneau retenu par deux chevilles.

La caisse peut contenir trente-six voyageurs; elle renferme un water-closet et un siège pour le garde-frein. Les banquettes sont placées transversalement et séparées par le couloir central; les dossiers sont mobiles pour permettre aux voyageurs de ne jamais aller en arrière. Cette voiture est de dimensions très vastes, et les aménagements intérieurs répondent bien aux besoins des pays chauds.

### Voiture pour le transport des ouvriers sur les voies agricoles.

M. Decauville a construit, pour les chemins de fer portatifs de son système, un petit wagonnet affecté au transport des ouvriers. Ce wagonnet, d'une construction très simple et très légère, porte longitudinalement un siège double à quatre places de chaque côté. Ce siège est accessible des deux côtés de la voie et seulement recouvert par une toiture en toile.

### Wagon couvert avec toiture mobile de la société française de construction.

La toiture de ce wagon est mobile, afin de permettre le chargement et le déchargement des marchandises à la grue. La toiture est formée de panneaux mobiles, qui s'enlèvent par moitié et s'accrochent sur les deux bouts du véhicule. Cette disposition nous paraît compliquée; elle est admissible sur les chemins à voie étroite, dont le trafic peut ne nécessiter, à l'origine, qu'un petit nombre de wagons. Nous estimons toutefois que, même dans ce

Gr. VI. — Cl. 64.

cas, il vaut mieux quelques wagons plats et quelques wagons couverts. En exploitation, il y a des besoins trop dissemblables pour qu'un même véhicule puisse leur donner entière satisfaction : un wagon pour la pierre de taille conviendra mal pour des pains de sucre.

**Wagon plat à tamponnement et attelage central automatique.**

Le wagon de MM. L. et E. Delettrez a été convenablement étudié dans toutes ses parties, en vue de réduire autant que possible le poids mort du véhicule. Il est à bords fixes et plancher uni, et présente, comme la voiture mixte, un spécimen d'attelage automatique à tampon central.

**Wagon couvert. (Société anonyme des ateliers de la Dyle.)**

Destiné au chemin de fer Magyaux, du Brésil, ce wagon est établi pour voie de 1 mètre avec chargement de 8 tonnes. Le châssis et le bâti de la caisse sont en fer. Ce véhicule est muni d'un frein à vis à quatre sabots, dont la manivelle est à portée d'un siège placé sur la toiture et accessible des deux côtés du véhicule.

**Wagon ouvert. (Société anonyme des ateliers de la Dyle.)**

Les véhicules exposés par les ateliers de la Dyle sont à tamponnement et attelage central. Leur construction solide et bien étudiée reproduit, sous des dimensions réduites, les dispositions des véhicules des chemins de fer à large voie.

**Wagons pour terrassements, carrières et exploitations agricoles.**

Le wagon de terrassement exposé par M. Caizergue est d'une capacité de 1 mètre cube. La charge se déverse par un seul côté de la caisse; mais celle-ci est montée sur un pivot qui permet de lui faire prendre toutes les positions nécessaires. Les culbuteurs sont disposés de façon à répartir également la charge sur les deux essieux et porter la caisse en avant lors du déchargement, en même temps que les portières s'ouvrent automatiquement. Ces véhicules, dont le châssis a été surbaissé en plaçant les boîtes des roues à l'intérieur des brancards, sont montés sur boîtes mixtes pouvant fonctionner à la graisse et à l'huile.

Le wagon de MM. Raynaud et Béchade est d'une capacité de $1^{mc},200$; il verse à 45 degrés, par une disposition particulière de bascule à double nœud de charnière. La caisse est montée sur un pivot, ce qui permet d'opérer le chargement ou le déchargement sur les quatre faces.

M. Suc expose un wagonnet d'une capacité de $1^{mc},500$. La caisse de ce wagonnet est maintenue par deux articulations sur une traverse à pivots avec cercle de friction, comme les avant-trains. L'un des côtés de la caisse s'ouvre automatiquement lors de la culbute.

Le wagon exposé par M. Tissier présente cette particularité de se décharger par le fond de la caisse, au moyen d'une trappe actionnée par un déclenchement placé en bout du wagon.

**Chariot-wagonnet à bascule-romaine tournante.**

Cet appareil, exposé par M. Garin, remplit la double fonction de véhicule et d'appareil servant à peser le chargement de ce véhicule. Il se compose d'un truc à deux paires de roues, portant, à sa partie supérieure, un cercle de roulement. Sur le centre de ce truc pivote une plate-forme tournante, munie d'une bascule-romaine. Les applications utiles de cet appareil nous paraissent devoir être restreintes, et nous lui reprocherons surtout de soumettre le mécanisme de la romaine à toutes les vibrations résultant du transport et aux contre-coups des chocs que peut recevoir le wagonnet. On peut, d'ailleurs, se demander s'il est bien utile de transformer le wagonnet en bascule, quand il est si simple, dans un atelier, de le tarer et de le faire passer sur une bascule ordinaire.

Nous trouvons encore une nombreuse collection de wagonnets de toutes formes, affectés à des transports spéciaux, dans les usines ou exploitations agricoles, et dont les dispositions particulières, multipliées à l'infini, sont étudiées en vue de satisfaire aux besoins de chaque industrie.

Gr. VI.
—
Cl. 64.

**Systèmes d'attelage à tampon central, pour le matériel roulant à voie étroite.**

Pour la simplicité et l'économie de la construction, on a, sur les chemins de fer à voie étroite, adopté d'une manière générale l'attelage à tampon central, qui répond d'une manière satisfaisante aux conditions d'exploitation de ces chemins de fer. Divers systèmes d'attelage sont présentés à l'Exposition.

**Système automatique de L. et E. Delettrez.**

MM. Delettrez ont simplement modifié le système américain. Dans l'ouverture rectangulaire pratiquée au centre d'un buttoir cintré, oscille horizontalement un crochet, terminé par un plan incliné et un mentonnet latéral. Ce crochet est accouplé à une tige, qui prend son point d'appui sur un ressort en spirale ou un ressort Belleville, placé en arrière d'une traverse intermédiaire de la voiture. Le ressort de traction est également utilisé pour le choc, par l'intermédiaire d'une traverse de buttée, reliée à deux tiges horizontales, qui supportent et guident la plaque extérieure du tampon. Enfin, un ressort à lame presse latéralement sur le crochet de traction du côté opposé au mentonnet. En tamponnant deux véhicules, les deux crochets de traction se rencontrent et glissent l'un contre l'autre, jusqu'au moment où ils s'accrochent par la saillie des mentonnets.

Le découplement s'opère à l'aide d'une tringle munie d'un doigt, qui, par un mouvement latéral, vient porter contre le crochet et l'écarte de la position normale. Il est nécessaire d'agir simultanément sur les deux crochets.

En résumé, ce système est simple et bien étudié, mais toute la sécurité de l'attelage repose sur l'action des ressorts à lames qui maintiennent les crochets engagés l'un dans l'autre.

**Système de la compagnie française de construction.**

Une boîte en fonte contenant un ressort en spirale est montée à pivot, par son extrémité antérieure, sur une traverse intermédiaire du châssis. Cette boîte est traversée par un tampon central à tête ronde, dont la tige est munie d'un balancier articulé portant, à l'une de ses extrémités, un crochet, et dont l'autre bout est évidé pour recevoir le crochet du véhicule voisin. Pour faciliter le passage dans les courbes, tout le système peut prendre une position oblique, en articulant sur le pivot de la boîte renfermant le ressort en spirale.

Cette boîte est constamment ramenée dans l'axe longitudinal de la voiture par deux ressorts à lames, qui agissent latéralement. Des chaînes de sûreté complètent cette installation, qui présente de sérieuses garanties de sécurité, mais à laquelle nous reprocherons de présenter quelques difficultés pour l'attelage et le découplement, par suite de l'espace restreint qui existe entre les véhicules.

### Système des ateliers de la Dyle.

Dans les wagons exposés par les ateliers de la Dyle, la barre d'attelage est continue et s'appuie au milieu du véhicule sur un ressort en spirale. Elle est terminée à chaque extrémité par une fourche supportant un buttoir convexe, ouvert à sa partie inférieure. Dans la fourche est articulée une maille en forme de 8, dont l'anneau libre vient s'engager dans la fourche du véhicule voisin, où elle est maintenue par une broche. Les wagons sont munis de chaînes de sûreté.

Ce système est d'une grande simplicité et d'une manœuvre rapide ; mais on peut lui reprocher de ne pas donner une rigidité convenable aux attelages, puisque aucun système de tension n'existe entre les véhicules.

## CHAPITRE V.

### TRAMWAYS.

Dans les observations générales présentées au commencement de ce Rapport, nous avons signalé comme une transformation nouvelle de l'industrie des transports en commun la création et le développement des tramways.

Peu appréciés dans notre pays pendant de longues années, les tramways jouissent aujourd'hui de la faveur publique, et nous pouvons dire que, par les services qu'ils rendent déjà, qu'ils rendront certainement de plus en plus dans l'avenir, ils méritent complètement cette faveur.

Au 1^er^ janvier 1868, il n'y avait en France que 46 kilomètres de tramways concédés, sur lesquels 34 seulement étaient exploités.

Le 23 août 1878, le nombre des kilomètres concédés est de 460, et le nombre exploité de 285.

En Belgique, il n'y avait, au 1^er^ janvier 1868, aucune ligne de tramways : les villes de Bruxelles, Anvers, Gand, Liège et Louvain possèdent aujourd'hui 91^k^,127 de lignes concédées, sur lesquelles 81^k^,627 sont exploités.

En Autriche, 147 kilomètres de tramways ont été concédés : la moitié environ étaient exploités au 1^er^ janvier de cette année, dans les villes de Vienne, Trieste, Prague et Brünn.

Nous n'avons pu nous procurer les chiffres qui concernent les autres nations. Mais nous pouvons affirmer que le nombre des entreprises de tramways est considérable. Les récits des voyageurs permettent de penser que, dans presque toutes les villes de l'Amérique du Nord, il y a des services de tramways plus ou moins bien organisés. Les mêmes récits constatent aussi que, dans beaucoup de ces villes, l'état des chaussées empierrées ou pavées est très défectueux : il est, en effet, plus facile d'improviser une voie de tramways que de constituer, sur de grandes longueurs, de bonnes voies empierrées ou pavées, maintenues en parfait état d'entretien.

La maison John Stephenson, de New-York, a remis au jury de la classe 64 des pièces attestant qu'elle a commencé à fournir des voitures pour tramways en 1831; et, dans la période de près d'un demi-siècle qui vient de s'écouler, elle a expédié dans le monde entier des voitures qui doivent être considérées comme le point de départ de cette industrie nouvelle.

Pour l'appréciation des tramways, nous suivrons un ordre un peu différent de celui que nous avons suivi pour les chemins de fer. Après avoir parlé du matériel des voies, nous parlerons des voitures, en traitant à la fin la question des moteurs et des appareils mécaniques.

Nous estimons que dans les villes, c'est-à-dire là où les tramways ont à desservir une population très dense, le mode de traction le plus simple, le plus rationnel, sera toujours l'emploi des chevaux; les appareils mécaniques sont appelés à rendre des services très importants, mais dans des conditions déterminées.

Enfin nous rappelons que notre étude est limitée au matériel des tramways, et que nous n'avons pas à entrer dans l'examen des questions de tracé et de construction ou d'exploitation de cette nature de voies ferrées.

## § 1er. — VOIES POUR TRAMWAYS.

Le conseil général des ponts et chaussées, en France, a défini le tramway d'une manière fort précise : « Une voie ferrée, à rails « non saillants, établie sur une voie publique et qui n'enlève pas la « partie de la voie qu'elle occupe à sa destination primitive. »

Malheureusement ce programme n'est, bien souvent, qu'imparfaitement rempli : les rails font saillie sur le relief de la voie publique, et les voitures ordinaires qui suivent la rue dans laquelle existe une voie de tramway éprouvent de grandes difficultés à couper, sous des angles aigus, l'obstacle longitudinal présenté par les rails. En Angleterre, dans une enquête sur les tramways, lord Roseberry a donné de ces voies nouvelles une définition humoristique, que justifie trop l'état de quelques-unes d'entre elles : les tramways seraient *le luxe des pauvres et l'ennui des riches.*

Gr. VI. — Cl. 64.

On a présenté un nombre considérable de profils pour la section transversale des rails de tramways. Aucun ne nous paraît réaliser d'une manière complète la condition de non-saillie sur le sol. Ce n'est que par l'entretien du pavé ou de l'empierrement que l'on arrivera à la conservation du relief normal de la chaussée; mais cet entretien exigera des dépenses qu'il faut prévoir. Les roues des voitures portant un boudin, le rail doit présenter une gorge creuse assez profonde pour que le bord extérieur du boudin ne roule pas sur le sol, et assez étroite pour que les jantes les plus étroites des roues des voitures ordinaires ne s'y engagent pas.

On a proposé de constituer cette gorge par la juxtaposition de deux rails, par imitation des passages à niveau des chemins de fer ordinaires, formés d'un rail et d'un contre-rail; mais cette disposition conduit à une dépense considérable, et elle ne saurait être recommandée.

L'obligation d'adopter des courbes de très court rayon a conduit plusieurs compagnies de tramways, et notamment celle des Omnibus de Paris, à supprimer le boudin des roues d'un côté de la voiture; le rail peut être alors un simple fer plat.

Si la voie se compose, dans presque tous les tramways, de deux longrines en fer posées sur longrines en bois, les joints des deux rails sont contrariés de manière à éviter les chocs produits par la concordance des joints; mais il n'y a pas accord sur la question de savoir si les longrines doivent ou non être reliées transversalement l'une à l'autre.

La suppression des pièces transversales facilite la repose du pavage entre les longrines. Lorsque la traction se fait avec des chevaux, lorsqu'en même temps une seule file des roues des voitures est munie d'un boudin, et que l'autre file roule sur une surface horizontale, nous estimons que la suppression des traverses n'entraîne aucun inconvénient.

Si, au contraire, les appareils de traction sont mécaniques, si les deux files des roues sont garnies de boudins, il faut qu'à la précision dans le véhicule corresponde une précision dans la voie, et les traverses nous semblent indispensables pour assurer le parallélisme des longrines. Dans ce cas, une lame de fer mince, posée verticalement, nous paraît suffisante, et elle peut être placée entre deux files de pavés.

L'accord des constructeurs n'existe pas plus sur la forme des rails que sur le poids par mètre à leur donner. Nous avons pu relever les chiffres ci-après :

| | |
|---|---|
| Rail belge en U renversé | 11 kilogr. |
| Rail américain Loubat | 19 |
| Rail des tramways de Bruxelles, Courbevoie, Neuilly | 17 |
| Rail des tramways Nord et Sud-Paris | 20 |
| Rail de la compagnie générale des Omnibus de Paris | 25 |
| Rail des divers tramways anglais | 28 |
| Rail de Liège | 28 |

Nous estimons que les poids de 28 kilogrammes dépassent la résistance désirable, et qu'il convient, selon la qualité du métal, de demeurer entre 20 et 25 kilogrammes le mètre.

L'idée de supprimer toute saillie sur la voie publique a conduit un constructeur américain à proposer un rail creux, dont la surface supérieure pleine est percée d'une suite de trous dans lesquels s'engagent successivement les dents d'une des roues du véhicule, ainsi transformée en roue d'engrenage. Le jury n'a pu que constater le désir d'une bonne solution, mais sans approuver la solution elle-même.

Comme disposition spéciale aux voies des tramways, nous devons signaler la suppression presque générale des aiguilles mobiles pour passer d'une voie sur l'autre; lorsque la voiture est remorquée par des chevaux, la direction est donnée par le cocher, qui sait, au moment opportun, faire donner son attelage à droite ou à gauche.

Enfin, en faisant circuler les roues sur des voies différentes, on est arrivé à faire tourner les plus grandes voitures sur des courbes de 8 mètres de rayon : chacun peut voir, dans les rues de Paris, les grandes voitures de la compagnie des Omnibus s'engager, à l'extrémité de leur parcours, sur des voies tracées en forme de raquette.

Toutes les parties des voies exposées à des usures exceptionnelles sont construites en acier; et, à cet égard, les voies des

Gr. VI.
—
Cl. 64.

tramways ne peuvent qu'imiter les exemples donnés par leurs aînées, les voies de chemins de fer.

Il reste à signaler une question étrangère au côté technique des voies, mais qui a une certaine importance : nous voulons parler de la propriété des voies.

En Angleterre et en Amérique, certaines villes n'ont point voulu concéder les voies : elles les établissent directement, et chacun, en disposant sa voiture, peut y circuler librement. Nous indiquons la mesure, sans en discuter la valeur; elle ne nous paraît point, d'ailleurs, comporter une solution unique; la liberté de la circulation de toutes les voitures sur une voie de tramway peut être admise dans certaines circonstances; dans d'autres, elle conduirait à un véritable désordre, dans les rues d'une grande ville, par exemple.

Nous devons aussi dire un mot d'une question qui a donné lieu à d'assez vives controverses : la largeur de la voie des tramways.

On a dit qu'il convenait d'adopter la même voie que pour les chemins de fer, afin de rendre possible le transport à domicile des wagons de marchandises, amenés par ces derniers. Nous estimons que l'on commet, à cet égard, une erreur. Les tramways et les chemins de fer sont et doivent rester des instruments de transport très distincts : un wagon pesant 15,000 kilogrammes circulera difficilement sur les rails légers et dans les courbes à court rayon des tramways; on aurait à tout instant des déraillements et on peut se figurer les inconvénients que présenterait dans une ville une masse semblable, en quelque sorte échouée sur la voie publique.

Une tentative de ce genre a été faite dans une grande ville du nord de la France : la voie du tramway n'a reçu aucun wagon. Si dans un quartier industriel, on juge utile de faire arriver des wagons, il faut construire des voies convenables, bien tracées et suffisamment résistantes : on aura un chemin de fer dans une ou plusieurs rues, on n'aura pas un tramway.

Sur beaucoup de points, à Paris, à Vienne, on a donné aux tramways la largeur de voie des chemins de fer, mais en vue de la possibilité d'y appliquer des moteurs mécaniques, et nullement en vue d'y recevoir des voitures ou des wagons de chemins de fer.

### § 2. — MATÉRIEL ROULANT DES TRAMWAYS.

Nous avons réuni dans le tableau n° 9 ci-après, comme nous l'avons fait pour les voitures des chemins de fer, toutes les données principales des voitures de tramways. Nous décrirons ensuite chacune de ces voitures.

Pour ne pas multiplier les tableaux, nous avons mis, à la suite des voitures ordinaires, la voiture à air comprimé et les deux voitures à vapeur exposées par la Belgique.

| DÉSIGNATIONS. | VOITURES À TRACTI | | | | | | |
|---|---|---|---|---|---|---|---|
| Pays de provenance | France. | France. | France. | États-Unis. | France. | France. | Belgiq |
| Exposant et constructeur | Compagnie générale des Omnibus. | Compagnie des Tramways de Paris (rés. Sud). | J. Belon et compagnie. | Stephenson. | L. et E. Delettrez. | J. D. Larsen. | Socie anony métal et char belge |
| Désignation de la voiture | Voiture de tramway. | Voiture de tramway (type Delettrez). | Voiture de tramway avec système de roulement Belon. | Wagon de tramway. | Voiture à 16 places d'intérieur pour tramway. | Voiture de tramway à trains mobiles pour faciliter le passage des courbes. | Voitu fermé |
| Numéro de classement | 114. | 117. | 116. | E. 1. | 107. | 115. | 35. |
| **CHÂSSIS.** | | | | | | | |
| Type (tout en bois, en fer ou mixte) | Bois. | Mixte. | Mixte. | | Mixte. | Bois. | Mixt |
| Longueur de dehors en dehors des tampons | " | " | " | | " | " | " |
| Écartement des traverses extrêmes | $5^{m}$,000 | $6^{m}$,815 | $5^{m}$,600 | | $6^{m}$,556 | $7^{m}$,800 | $6^{m}$,9 |
| Écartement intér. des brancards | 1 ,770 | 1 ,890 | 1 ,890 | | 1 ,890 | 1 ,670 | 1 ,6 |
| Longueur des traverses extrêmes | 1 ,840 | " | 2 ,950 | | 1 ,200 | " | 2 ,0 |
| Équarrissage du bois ou profil du fer des brancards | 80/85 | Fer ⊏ 145/33/8. | Fer ⊏ 145/33/8. | | Fer ⊏ 145/33/8. | 100/100 | Corni 55/15 à 35/3 |
| Équarrissage du bois ou profil du fer des traverses extrêmes | 80/85 | Fer ⊏ 145/33/8. | Fer ⊏ 95/33. | | Fer ⊏ 95/33. | 90/10 | 130/ |
| **ESSIEUX ET ROUES.** | | | | | | | |
| Nombre d'essieux | 2 | 2 Fer et acier. | 2 | | 2 | 3 | 2 |
| Écartement d'axe en axe des essieux extrêmes | $2^{m}$,400 | $1^{m}$,800 | $1^{m}$,600 | | $1^{m}$,750 | $3^{m}$,720 | $2^{m}$,5 |
| Fusées. Diamètre des fusées | 0 ,070 | 0 ,060 | 0 ,055 | | 0 ,055 | 0 ,061 | 0 ,0 |
| Fusées. Longueur des fusées | 0 ,145 | 0 ,110 | 0 ,110 | | 0 ,110 | 0 ,110 | 0 ,1 |
| Corps de l'essieu. Diamètre au milieu de l'essieu | 0 ,070 | 0 ,075 | 0 ,065 | | 0 ,065 | 0 ,080 | 0 ,0 |
| Corps de l'essieu. Diamètre près de la portée de calage | 0 ,080 | 0 ,077 | 0 ,070 | | 0 ,070 | 0 ,080 | 0 ,0 |
| Corps de l'essieu. Diamètre à la portée de calage | 0 ,095 | 0 ,080 | 0 ,070 | | 0 ,070 | 0 ,075 | 0 ,0 |
| Roues. Type (en fer, en fonte, mixte, Arbel ou Brunon) | Arbel. | Fer forgé. | Fer forgé. | | Fer forgé. | Acier fondu. | Fer syst. L |
| Roues. Longueur du moyeu | $0^{m}$,150 | $0^{m}$,090 | $0^{m}$,090 | | $0^{m}$,090 | $0^{m}$,120 | $0^{m}$,1 |
| Roues. Diamètre à la jante | 0 ,940 | 0 ,700 | 0 ,700 | | 0 ,700 | " | 0 ,7 |
| Roues. Diamètre au contact des rails | 1 ,000 | 0 ,750 | 0 ,750 | | 0 ,750 | $0^{m}$,760 | 0 ,7 |
| Roues. Nature du métal des bandages (fer ou acier) | Acier. | Acier. | Acier. | | Acier. | Pas de bandages. | Acie |
| Rapport du diamètre de la fusée au diamètre de la roue | $0^{m}$,070 | 1/12,5 | 1/13.6 | | 1/13 | $0^{m}$,08 | $0^{m}$,06 |
| Poids moyen d'un essieu monté | $330^{k}$ | $212^{k}$ | $205^{k}$ | | $205^{k}$ | $190^{k}$ | $155^{k}$ |
| Ressorts de suspension. Nombre de feuilles | Avant 7, arrière 10. | 6 | 5 | | 6 | 7 | 7 |
| Ressorts de suspension. Largeur et épaisseur des feuilles | 70/10 | 60/10 | 60/9 | | 60/10 | 60/10 | 60/1 |
| Ressorts de suspension. Longueur de la maîtresse feuille | Av. $1^{m}$,060 arr. 1 ,160 | $0^{m}$,935 | $0^{m}$,850 | | $0^{m}$,935 | $0^{m}$,980 | $1^{m}$,0 |
| Ressorts de suspension. Flexibilité par 1,000 kilogr. | $0^{m}$,037 | 0 ,040 | 0 ,040 | | 0 ,040 | 0 ,005 | 0 ,05 |

| IEVAUX. | | | | | | VOITURES À VAPEUR À AIR COMPRIMÉ. | | | | | | | |
|---|---|---|---|---|---|---|---|---|---|---|---|---|---|
| | États-Unis. | Belgique. | Angleterre. | Portugal. | Suisse. | France. | | Belgique. | | | Belgique. | | |
| . | Brill. | Société anonyme métall. et charbon. belge. | Beloc. | Compagnie des chemins de fer de Porto. | Société industrielle. | Société générale des moteurs à air comprimé. | | Cabany. | | | Compagnie belge pour la construction de machines et de matériel. | | |
| ! | Wagon de tramway. | Voiture ouverte. | Tramway Construction. | Voiture de tramway. | Voiture de tramway. | Voiture automobile à air comprimé pour tramway. | | Voiture à vapeur (poids de la machine, 7,600$^{k}$) système Belpaire. | | | Voiture à vapeur système Belpaire. | | |
| | C. 1. | 35. | 2 *bis*. | 11. | 857. | 112. | | 5. | | | 6. | | |
| | " | " | | | Fer. | Fer. | | Fer. | | | Fer. | | |
| | " | " | | | " | 7$^{m}$,064 | | 12$^{m}$,260 | | | 12$^{m}$,240 | | |
| ) | 5$^{m}$.090 | 6$^{m}$.520 | | | 6$^{m}$,000 | 6 ,700 | | 11 .400 | | | 11 ,390 | | |
| ) | " | 1 ,716 | | | 1 ,600 | 1 .710 | | 1 ,810 | | | 1 ,810 | | |
| 3 | 1$^{m}$,800 | 2 .250 | | | " | 1 ,960 | | AV 2$^{m}$,900, AR 2$^{m}$,200. | | | AV 2$^{m}$,900. AR 2$^{m}$,390. | | |
| ⊔ 9. | " | Fer à I 140/68/7. | | | Cornière 50/50. | Fer en ⊔ 140/45. | | Fer en ⊔ 250/91/11. | | | Fer en ⊔ 250/91/11. | | |
| | " | 175,50 | | | Cornière 50/50. | Fer en ⊔ 140/45. | | Fer en ⊔ 250/91/15. | | | Fer en ⊔ 250/94/14. | | |
| | 2 | 2 | | | 2 | 2 | | 1 coudé, 2 droits } 3 | | | 1 coudé, 2 droits } 3. | | |
| 0 | 1$^{m}$,824 | 1$^{m}$,590 | | | 1$^{m}$,750 | 1$^{m}$,750 | | 6$^{m}$,800 | | | 6$^{m}$,800 | | |
| | | | | | | Ess. mot. | Ess. arr. | Essieu droit. | Essieu coudé. | | Essieu droit. | Essieu coudé. | |
| 0 | " | 0 ,052 | | | 0 ,060 | 0.090 | 0,060 | 0$^{m}$,080 | 0$^{m}$.110 | | 0$^{m}$,080 | 0$^{m}$,090 | |
| 5 | " | 0 .120 | | | 0 .125 | 0.116 | 0,120 | 0 .150 | 0 .200 | | 0 .150 | 0 ,180 | |
| 5 | 0 .076 | 0 .068 | | | 0 ,060 | 0,080 | 0,075 | 0 .110 | 0 ,135 | | 0 ,110 | 0 ,110 | |
| | | | | | | | 0,080 | 0 ,135 | 0 ,135 | | 0 .136 | 0 .125 | |
| 5 | 0 ,076 | 0 ,068 | | | " | 0.095 | | | | | | | |
| 5 | 0 .076 | 0 ,065 | | | 0$^{m}$.075 | 0.095 | 0.080 | 0 ,130 | 0 .145 | | 0 .130 | 0 .135 | |
| | " | Fer syst. Losh. | | | " | Arbel. | Arbel. | Brunon. | | | Brunon. | | |
| 0 | " | 0$^{m}$.100 | | | " | 0,125 | 0,090 | 0$^{m}$.180 | | | 0$^{m}$,180 | | |
| 0 | " | 0 ,725 | | | " | 0.640 | 0.700 | 0 ,870 | | | 0 ,870 | | |
| 0 | 0$^{m}$,737 | 0 ,789 | | | 0$^{m}$,750 | 0.700 | 0,750 | 0 .970 | | | 0 ,980 | | |
| . | Ressorts de suspension et de traction en caoutchouc. | Acier. | | | " | Acier. | Acier. | Acier. | | | Acier. | | |
| 5 | | 0$^{m}$.065 | | | " | 0.13 | 0,08 | AV 0$^{m}$,11, AR et M 0$^{m}$.082. | | | Essieu droit 1/12, Essieu coudé 1/11. | | |
| . | | 155$^{k}$ | | | " | 256$^{k}$ | 212$^{k}$ | AV 1.000$^{k}$, AR et M 900$^{k}$. | | | " | | |
| | | | | | | | | AR | M | AV | AV | M | AR |
| | | 7 | | | 2 ressorts en spirale pour chaque roue fléchissant de 0$^{m}$,017 pour 400$^{k}$ de pression. | 7 | 10 | 15 | 9 | 17 | 17 | 9 | 14 |
| 3 | | 60/10 | | | | 60/8 | 60/8 | 100/12 | 75/12 | 100/12 | 100/10 | 75/12 | 75/12 |
| 0 | | 1$^{m}$,010 | | | | 0$^{m}$750 | 0$^{m}$700 | 1$^{m}$,960 | 1$^{m}$600 | 1$^{m}$,650 | 1$^{m}$,651 | 1$^{m}$614 | 1$^{m}$,962 |
| 30 | | 0 ,050 | | | | 0,020 | 0,035 | 0 ,050 | 0,070 | 0 .032 | 0 ,050 | 0,066 | 0 ,100 |

| DÉSIGNATIONS. | VOITURES À TRACT | | | | | | |
|---|---|---|---|---|---|---|---|
| Pays de provenance | France. | France. | France. | États-Unis. | France. | France. | Belgi |
| Exposant et constructeur | Compagnie générale des Omnibus. | Compagnie des Tramways de Paris (rés. Sud). | J. Belon et compagnie. | Stephenson. | L. et E. Delettrez. | J. D. Larsen. | Soc anon mét et cha bel |
| Désignation de la voiture | Voiture de tramway. | Voiture de tramway (type Delettrez). | Voiture de tramway avec système de roulement Belon. | Wagon de tramway. | Voiture à 16 places d'intérieur pour tramway. | Voiture de tramway à trains mobiles pour faciliter le passage des courbes. | Voit ferm |
| Numéro de classement | 114. | 117. | 116. | E. 1. | 107. | 115. | 35 |
| **ESSIEUX ET ROUES (*suite*).** | | | | | | | |
| Ressorts de choc. — Nombre de feuilles | " | " | " | | " | " | " |
| Ressorts de choc. — Largeur et épaisseur des feuilles | " | " | " | | " | " | " |
| Ressorts de choc. — Longueur de la maîtresse feuille | " | " | " | | " | " | " |
| Ressorts de choc. — Flexibilité par 1,000 kilogr. | " | " | " | | " | " | " |
| Ressorts de traction. — Nombre de feuilles | " | 6 | 4 | | 6 | " | " |
| Ressorts de traction. — Largeur et épaisseur des feuilles | " | 45/7 | 45/6 | | 45/7 | " | Caoutc |
| Ressorts de traction. — Longueur de la maîtresse feuille | " | 0m.850 | 0m,780 | | 0m.850 | " | Fle. 0 |
| Ressorts de traction. — Flexibilité par 1,000 kilogr. | " | " | " | | " | " | " |
| **CAISSE.** | | | | | | | |
| Mode de construction | " | Bois et fer. | " | | " | " | " |
| Longueur maximum de la caisse suivant l'axe longitudinal | 5m,000 | 4m.150 | 3m,000 | | 4m,000 | 5m.000 | 4m,( |
| Largeur maximum — au milieu de la longueur | 2 ,000 | 2 ,130 | 2 ,130 | | 2 .130 | 2 .100 | 2 , |
| Largeur maximum — au bout de la voiture | 2 ,000 | 2 ,130 | 2 .130 | | 2 .130 | 1 .870 | 2 , |
| Hauteur de la caisse du plancher au plafond, au 1/2 de sa largeur | 2 .050 | 2 .245 | 2 ,110 | | 2 ,252 | 2 ,200 | 2 , |
| Nombre de places. — Intérieur | 20 | 16 | 12 | | 16 | 28 | 1re cla 2e clas |
| Nombre de places. — Plate-forme | 6 | 12 | 20 | | 16 | 18 | 2( |
| Nombre de places. — Impériale | 22 | 18 | " | | " | 22 | " |
| Nombre total des places disponibles | 48 | 46 | 32 | | 32 | 60 | 4( |
| Surface — du plancher | " | 12m²,90 } 23m²,82 | " | | 11m².45 | 16m²,40 | 13m² |
| Surface — des plates-formes | " | 10 ,92 | 9m².70 | | 11 ,45 | 16 .40 | 13 |
| Nombre de mètres carrés par voyageur | " | 0m².52 | 0 .30 | | 0 ,36 | 0 ,26 | 0 |
| **POIDS.** | | | | | | | |
| Poids à vide | 2,950k | 2,600k | 1,700k | | 1,800k | 3.000k | 2,35 |
| Maximum du chargement | 3.150 | 3,220 | 2,380 | | 2,380 | 4.500 | 3,45 |
| Poids mort de la voiture par voyageur | 61 | 56k.5 | 57k,5 | | 60k,625 | 48k.38 | 53k, |
| Charge maximum par essieu | Av. 2.220k; ar. 3.220k. | 2,700k | 1,835k | | 1,885k | 3.560k | 2,74 |
| **PRIX.** | | | | | | | |
| Prix — à l'usine | " | 5,800f | 4.700f | | 4,700f | 6,000f | 4,20 |
| Prix — de la voiture par voyageur | " | 125 | 147 | | 147 | 96f,77 | 95f, |
| **FREIN.** | | | | | | | |
| Type du frein | " | " | " | | " | Ordinaire. | Fre améri à be et à ch |
| Nombre de sabots | " | " | " | | " | 4 | " |

(a) Entrée par les extrémités. — (b) Longueur avec fourgon et plates-formes, 8m,715.

| …VAUX. | | | | | VOITURES À VAPEUR À AIR COMPRIMÉ. | | |
|---|---|---|---|---|---|---|---|
| États-Unis. | Belgique. | Angleterre. | Portugal. | Suisse. | France. | Belgique. | Belgique. |
| Brill. | Société anonyme métall. et charbon. belge. | Beloc. | Compagnie des chemins de fer de Porto. | Société industrielle. | Société générale des moteurs à air comprimé. | Cabany. | Compagnie belge pour la construction de machines et de matériel. |
| Wagon de tramway. | Voiture ouverte. | Tramway Construction. | Voiture de tramway. | Voiture de tramway. | Voiture automobile à air comprimé pour tramway. | Voiture à vapeur (poids de la machine 7,600$^{k}$) système Belpaire. | Voiture à vapeur système Belpaire. |
| C. 1. | 35. | 2 *bis*. | 11. | 857. | 112. | 5. | 6. |
| Ressorts de suspension et de traction en caoutchouc. | ″ | | | ″ | Ressorts Brown. | Ressorts en spirale. | Ress. en volute support. 1,200$^{k}$ à l'aplatissem$^{nt}$. |
| | ″ | | | ″ | | | |
| | ″ | | | ″ | ″ | Flexibilité 0$^{m}$,016. | |
| | ″ | | | ″ | ″ | Ressorts Brunon. | Ressorts en volute supportant 3,500$^{k}$ à l'aplatissement. |
| | ″ | | | ″ | ″ | ″ | |
| | Caoutchouc | | | ″ | ″ | ″ | |
| | Flc. 0$^{m}$,070 | | | ″ | ″ | Flexibilité 0$^{m}$,016. | ″ |
| | ″ | | | ″ | ″ | ″ | ″ |
| ″ | ″ | | | ″ | Bois. | Caisse indépendante du châssis. | Caisse indépendante du châssis (a). |
| 4$^{m}$,864 | 4$^{m}$,320 | | | Int. 3$^{m}$,400 Ext. 2 ,000 | 4$^{m}$,000 | 8$^{m}$,100 Voiture et fourgon. | 6$^{m}$,100 (b) |
| ″ | 2 ,250 | | | Int. 1 ,850 | 2 ,150 | 2$^{m}$,920 | 2 ,900 |
| ″ | 2 ,250 | | | ″ | 2 ,150 | 2 ,920 | 2 ,900 |
| 2$^{m}$,357 | 2 ,000 | | | 2$^{m}$,225 | 2 ,120 | 2 ,325 | 2 ,010 |
| 22 | ″ | | | 20 dont 6 debout | 17 | 1$^{re}$ classe 24, 2$^{e}$ classe 28. | 1$^{re}$ classe 22, 2$^{e}$ classe 22. |
| 40 | ″ | | | 12 dont 8 debout | 13 | 6 | 6 |
| ″ | ″ | | | ″ | ″ | ″ | ″ |
| ″ | 48 | | | 32 | 30 | 58 | 50 |
| ″ | 14$^{m2}$,725 | | | ″ | 8$^{m2}$,00 | 19$^{m2}$,256 | 17$^{m2}$,73 |
| ″ | 14 ,725 | | | ″ | ″ | ″ | ″ |
| ″ | 0 ,307 | | | ″ | 0$^{m2}$,47 | 0$^{m2}$,33 | 0$^{m2}$,37 |
| 1,810$^{k}$ | 2,120$^{k}$ | | | ″ | ″ | 10,000$^{k}$ (sans machine). | ″ |
| ″ | 3,750 | | | ″ | 2,250$^{k}$ | 4,850$^{k}$ | 3,750$^{k}$ |
| ″ | 44$^{k}$,17 | | | ″ | ″ | 175$^{k}$ s. mot$^{r}$ de générat$^{r}$ | 381$^{k}$ avec moteur. |
| ″ | 2,780$^{k}$ | | | ″ | Mot. 4,150$^{k}$. arr. 3,220$^{k}$. | 6,500$^{k}$ | Moteur 11,000$^{k}$. droit 6,500$^{k}$. |
| ″ | 3,000$^{f}$ | | | ″ | 14,000$^{f}$ | 27,500$^{f}$ complète. | 30,000$^{f}$ avec moteur. |
| ″ | 62$^{f}$,50 | | | ″ | ″ | 474$^{f}$ | 600$^{f}$ avec moteur. |
| ″ | ″ | | | Frein à treuil. | A air Stilmant. | ″ | ″ |
| ″ | ″ | | | 4 en fonte. | ″ | ″ | ″ |

Gr. VI.
—
Cl. 64.

### Voitures non symétriques.

La compagnie générale des Omnibus de Paris expose le type de voiture qu'elle a étudié et construit pour ses lignes d'exploitation de tramways.

Cette voiture à avant-train tournant peut transporter quarante-huit voyageurs.

A l'arrière, on trouve accès dans la voiture par une plate-forme à six places, communiquant avec la caisse, dans laquelle sont installés longitudinalement deux rangs de banquettes capitonnées, et sur lesquelles vingt voyageurs peuvent trouver place. La voiture exposée présente, sur les voitures en service, un perfectionnement important : il n'y a au-dessus du niveau des rues, qu'une marche au lieu de deux.

A l'entrée de la plate-forme, se trouve un escalier tournant, d'un accès facile, conduisant à l'impériale, sur laquelle est installée une double banquette, à sièges cintrés, offrant vingt-deux places.

Les roues de l'avant et de l'arrière-train sont en fer et du même diamètre ; l'une de ces roues est folle sur l'essieu, et son bandage n'a pas de boudin, afin de faciliter le passage des courbes.

L'avant-train pivote sur cheville ouvrière, et la voiture peut changer de direction, en s'inclinant de dix-huit degrés sur la direction ancienne; mais, sauf pour le passage des courbes de très petit rayon, il est maintenu rigidement dans sa position normale par un enclenchement dont le levier est à la portée du cocher, ainsi que le volant de commande d'un frein énergique à quatre sabots agissant sur la roue d'arrière. Les fusées des roues sont montées dans des boîtes à huile maintenues par des plaques de garde. La suspension est faite par des ressorts à lames montées sur flasques, comme les véhicules de chemins de fer.

Le siège du cocher domine les chevaux ; il est suspendu, à l'avant de la voiture, au niveau des banquettes d'impériale. La caisse intérieure est spacieuse, et l'intervalle entre les sièges permet une circulation facile. La partie supérieure de la caisse se relève sous les sièges d'impériale pour former une lanterne dont les côtés sont garnis de petits châssis à bascule qui assurent l'aération. Tous les châssis de glace des côtés sont mobiles, et des stores protègent contre le soleil; les stalles sont séparées par des accotoirs; enfin l'éclairage est assuré par une lanterne placée extérieurement à l'avant de la voiture, et dont la lumière se projette dans le couloir, et par une autre lanterne placée dans le pavillon au-dessus de la plate-forme.

En somme, cette voiture est d'une forme élégante et gracieuse; elle est installée d'une façon confortable, et tous ses détails sont étudiés et construits dans d'excellentes conditions.

### Voitures symétriques.

Nous désignerons sous le nom de voitures symétriques toutes celles dont les deux extrémités sont aménagées d'une manière identique, de façon à pouvoir indifféremment atteler le moteur à l'avant ou à l'arrière.

#### VOITURE À IMPÉRIALE DE MM. DELETTREZ.

MM. L. et E. Delettrez exposent une voiture à impériale, construite pour la compagnie des Tramways-Sud de Paris. Cette voiture, montée sur châssis en fer, repose, par l'intermédiaire des ressorts à lames, sur deux paires de roues en fer, dont les boîtes, du système Delannoy, sont maintenues rigidement par des plaques de garde. Les roues sont très rapprochées, pour permettre le passage dans les courbes de petit rayon; aussi le porte à faux des deux extrémités de la caisse nous paraît-il considérable.

La caisse est comprise entre les deux plates-formes d'accès de la voiture; elle est à couloir central, avec une rangée de banquettes de chaque côté. Il y a sur chacune des plates-formes un escalier tournant conduisant à l'impériale, sur laquelle se trouve une double banquette longitudinale. Le cocher se tient debout sur la plate-forme de l'avant, et il a à sa portée la manivelle d'un frein à fléau, dont les quatre sabots agissent du côté intérieur des roues et dont les efforts tendent, par suite, à agir sur les brancards pour relever les plates-formes extrêmes.

La traction par chevaux se fait par l'intermédiaire d'un palon-

Gr. VI.
—
Cl. 64.

nier monté sur ressort à lames, disposition qui ménage les chevaux et évite les chocs produits par les coups de collier. Les aménagements intérieurs de cette voiture sont très confortables; la caisse est fermée à chaque extrémité par des portes roulantes; l'intérieur est en bois d'acajou verni; les coussins et les dossiers sont capitonnés. A l'extrémité de l'auvent qui recouvre chaque plate-forme, se trouve une lanterne à deux feux, éclairant la voie et l'intérieur de la caisse. Cette voiture peut transporter quarante-six voyageurs, dont seize à l'intérieur, dix-huit à l'impériale et douze sur les plates-formes.

VOITURE DE M. STEPHENSON.

Une autre voiture de tramway à impériale est exposée par M. Stephenson dans la section américaine. Cette voiture, montée sur châssis en fer, transporte cinquante voyageurs, dont vingt-cinq à l'impériale; elle est à double suspension de rondelles en caoutchouc appuyées sur une lame d'acier doublée d'une plate-bande en caoutchouc.

L'aménagement de cette voiture est fait avec beaucoup de luxe: les sièges d'intérieur sont en velours rouge, les châssis vitrés des baies doublés de persiennes mobiles. L'éclairage est assuré par des lampes placées en diagonale sur les cloisons extrêmes pour éclairer les plates-formes, et par une lampe centrale, dont le réflecteur en glace ondulée projette la lumière à l'intérieur de la caisse.

La double banquette longitudinale de l'impériale est divisée en stalles garnies, qui, par une ingénieuse disposition de ressorts en caoutchouc, se relèvent automatiquement contre le dossier, dès que le voyageur quitte sa place.

VOITURES SANS IMPÉRIALE.

Toutes les voitures de tramways sans impériale figurant à l'Exposition sont construites sur un type sensiblement uniforme; elles ne diffèrent que par leurs dimensions et les détails de leur construction; elles se rapportent toutes au type américain.

VOITURES DELETTREZ.

Dans cette catégorie de véhicules, qui aujourd'hui ont reçu le nom de la voie sur laquelle ils roulent, nous trouvons deux tramways de MM. Delettrez. Le premier est à douze places d'intérieur et seize places de plates-formes. Il est muni de boîtes à galets supérieurs présentés par M. Belon. Le galet est monté dans une enveloppe faisant corps avec la boîte; il est d'une largeur égale à la longueur de la fusée qui l'entraîne dans son mouvement. La charge est ainsi reportée sur les tourillons du galet, avec réduction de travail de frottement proportionnelle à la différence des vitesses. Ce système est une imitation des boîtes à galets, connues depuis longtemps, et qui donnent d'excellents résultats au début, mais qui sont promptement mises hors de service par l'usure des axes. Le second tramway de MM. Delettrez est à trente-deux places, dont seize de plates-formes. Les dispositions intérieures et la construction sont soignées. La suspension est faite sur ressorts à lames, et nous ne remarquons aucune disposition particulière.

MM. Delettrez présentent également, pour le moteur à air comprimé de M. Mekarski, une caisse à panneaux pleins, surmontés de châssis de glaces mobiles, avec portières d'accès aux extrémités. L'attelage est disposé pour que la traction s'opère vers le centre du châssis du remorqueur, afin de ne pas gêner le passage dans les courbes, tout en obtenant, par l'intermédiaire de ressorts à spirale, une liaison élastique qui annule les chocs aux arrêts et aux démarrages.

VOITURE LARSEN.

Pour éviter l'inconvénient du porte à faux des bouts des caisses généralement reproché aux tramways, et faciliter en même temps le passage des courbes de petit rayon, M. Larsen présente une voiture à trois paires de roues. Chacune des paires de roues extrêmes est montée sur un avant-train tournant avec cercles de friction, ce qui lui permet de se placer normalement au rayon de la courbe. Un balancier longitudinal est placé du côté intérieur de chaque avant-train. Il se relie à un autre balancier, qui com-

Gr. VI. — Cl. 64.

munique à la roue centrale le mouvement pivotant des roues extrêmes.

Ce système présente évidemment quelques avantages, car il donne une meilleure répartition de la charge sur le châssis et assure plus de stabilité à la voiture; mais il nous paraît apporter une grande complication au matériel des tramways, dont les conditions premières sont la légèreté et la simplicité.

VOITURE DE LA SOCIÉTÉ MÉTALLURGIQUE ET CHARBONNIÈRE BELGE.

Le tramway exposé par la société métallurgique et charbonnière belge contient six places de première avec sièges en velours, douze places de seconde avec sièges en bois et vingt-six places de plates-formes. L'écartement des roues est de 2m,50, empattement suffisant pour les dimensions de la voiture. Le passage dans les courbes est facilité par le déplacement des essieux, qui sont montés sur des boîtes à huile dont les parois latérales sont inclinées par rapport aux longerons. Dans les courbes, la suspension prend donc une position oblique. La caisse repose sur des ressorts à lames suspendues au-dessous des boîtes par une bride à tourillon, qui permet le déplacement latéral dans les courbes.

TRAMWAY DE LA SOCIÉTÉ INDUSTRIELLE SUISSE.

Le tramway de la société industrielle suisse est d'une construction convenable. Il peut transporter trente-deux voyageurs, dont douze sur les plates-formes et six se tenant debout entre les sièges de l'intérieur. Il est suspendu sur ressorts à boudin, et les sabots du frein agissent à l'extérieur de la voiture, ce qui tend à accentuer la charge des extrémités du châssis.

TRAMWAY DE LA COMPAGNIE DE PORTO.

Le tramway de la compagnie du chemin de fer de Porto ne présente aucune disposition particulière. Les sièges sont cintrés et formés de plusieurs épaisseurs de bois très minces collées l'une sur l'autre. Cette voiture, construite dans les ateliers du pays, avec les matériaux du pays, doit être signalée comme un spécimen important des progrès de l'industrie dans le royaume de Portugal.



TRAMWAYS STEPHENSON.

Les deux tramways sans impériale exposés par M. Stephenson sont, à peu de chose près, semblables. Les installations intérieures et l'éclairage présentent des dispositions presque identiques à celles du tramway à impériale du même exposant. Dans un de ces tramways, les sièges intérieurs sont formés de plusieurs épaisseurs collées de placage. Ce mode de construction présente quelque élasticité : il est très résistant, mais nous semble peu confortable.

TRAMWAY JOHN BRILL.

M. John Brill, de Philadelphie, expose un tramway contenant vingt-deux personnes à l'intérieur et vingt sur les plates-formes.

Des poignées fixées par des courroies au pavillon de la voiture permettent, suivant un usage admis en Amérique, de recevoir vingt voyageurs supplémentaires, qui se tiennent debout entre les banquettes de l'intérieur. Ces poignées existent dans quelques voitures destinées à la France. Nous ignorons si le public adoptera cette disposition et si les voyageurs assis consentiront à avoir devant eux une véritable foule de voyageurs debout.

### Voitures d'été.

Sous le nom de voitures d'été nous désignons les véhicules à caisse complètement ouverte et ne présentant, pour les voyageurs, d'autre abri que le ciel même de la voiture et, au besoin, des rideaux.

VOITURE MOREL-THIBAUT.

M. Morel-Thibaut expose un tramway de ce type, comportant trente-deux places à l'intérieur et vingt-quatre places d'impériale. Les sièges de la caisse inférieure sont séparés par un couloir central. Un escalier droit, placé sur chacune des plates-formes ex-

Gr. VI. — Cl. 64.

trêmes de la voiture, donne un accès facile aux places d'impériale, réparties sur trois doubles sièges longitudinaux.

L'écartement des roues est très faible, et le porte à faux des extrémités nous paraît considérable. Pour parer à cet inconvénient, l'exposant relie les extrémités des brancards du châssis aux battants de pavillon, en se servant des limons en tôle des escaliers. Il est difficile de juger *a priori* cette disposition.

Les sièges de l'intérieur et de l'impériale sont cintrés et formés de lattes longitudinales. Des rideaux, retenus par des embrasses sur les pieds qui soutiennent l'impériale, protègent les voyageurs de la caisse contre la pluie et le soleil. Cette voiture, dont l'aspect général est satisfaisant, semble bien remplir les conditions d'une voiture d'été. Elle présente cette particularité de n'admettre que des voyageurs assis.

### TRAMWAY BELGE.

Le tramway d'été de la société métallurgique et charbonnière peut transporter quarante-huit voyageurs, dont huit debout et quarante assis sur quatre rangs de doubles banquettes à sièges en bois à jour. L'accès de toutes les banquettes se fait latéralement, au moyen d'un marchepied qui règne sur toute la longueur de la caisse. Les extrémités des banquettes surplombent au-dessus du plancher de la caisse. Cette disposition, qui permet de gagner une place par rangée, nous paraît peu commode pour les voyageurs.

L'aspect général de cette voiture est assez satisfaisant; elle est d'une forme gracieuse et très légère; mais nous lui reprocherons, comme à la généralité des tramways, le grand porte à faux des extrémités.

### Caractères généraux du matériel de tramways.

Les voitures de tramways, par leur mode de construction et l'usage auquel elles sont destinées, établissent une transition très accentuée entre le matériel de chemin de fer et les omnibus ordinaires.

Dans l'établissement des châssis et de toutes leurs parties constitutives, on remarque une tendance générale à employer les dispositions du matériel de chemins de fer. Le fer est adopté pour la construction des châssis; les roues, le plus souvent du système Arbel et Deflassieux, sont d'un faible diamètre, pour abaisser autant que possible le centre de gravité et permettre le facile accès de la voiture. La suspension avec ressorts à lames remplace, dans presque toutes les voitures exposées, le caoutchouc primitivement employé. Les roues sont calées sur leurs essieux, et les fusées reposent dans des boîtes à huile maintenues par des plaques de garde. Dans quelques tramways, les boudins des roues d'un des côtés de la voiture sont supprimés, pour diminuer l'effort de traction, surtout au passage des courbes.

Pour faciliter ce passage, l'empattement des roues est réduit autant que possible, mais au détriment de la bonne répartition de la charge et de la stabilité.

Dans les aménagements intérieurs des voitures, on retrouve des dispositions analogues à celles qu'on employait dans les anciens omnibus; mais rien n'a été ménagé pour augmenter le confort des voyageurs. Les châssis de glace sont le plus généralement mobiles et doublés par des stores ou des persiennes; l'aération est assurée en outre par des ventilateurs à coulisses, ou par de petits châssis oscillants, placés au-dessous ou au-dessus du pavillon. Quelques constructeurs, pour éviter le bruit des châssis pendant la marche, les remplacent par de grandes glaces fixes, en disposant alors des ventilateurs. Dans beaucoup de voitures, la caisse inférieure est fermée par des portes roulantes; les sièges et dossiers sont capitonnés, sauf dans certaines voitures particulières aux pays chauds.

L'éclairage seul nous paraît un peu défectueux, si ce n'est toutefois dans les tramways américains, dont les dispositions à cet égard paraissent convenables.

Presque toutes les voitures exposées portent à l'avant et à l'arrière des chasse-pierres en bois ou en caoutchouc, assez résistants pour écarter un obstacle même lourd. Les voitures de la compagnie des Omnibus de Paris ont, le long du plan intérieur de leurs roues, un châssis très bien disposé en vue de rejeter tout obstacle en dehors de la voie.

Gr. VI.
—
Cl. 64.

Nous insisterons sur la diversité des solutions présentées : voitures à impériale, voitures sans impériale, voitures à couloir central, voitures à portes multiples sur les côtés. Ces solutions répondent à des besoins très divers, et l'on commettrait une erreur en recherchant un type unique. La grande et belle voiture de la compagnie des Omnibus de Paris permet le transport simultané de quarante-huit voyageurs, placés dans des conditions de confort et d'isolement que ne paraissent pas désirer les voyageurs américains ou belges, qui, les jours de fête, s'entassent dans des voitures, où il semble qu'il y ait toujours de la place. La même voiture ne saurait être recommandée sur des lignes de banlieue n'ayant qu'un faible mouvement de voyageurs : une voiture à dix ou douze places, traînée par un seul cheval, deviendra très suffisante.

Une des grandes conditions de succès des entreprises de tramways est la fréquence des départs. Une population pouvant donner quarante-huit voyageurs par heure sera bien mieux desservie par une voiture à douze places passant chaque quart d'heure que par une voiture à quarante-huit places ne partant que toutes les heures.

En résumé, le matériel des voitures de tramways envoyées à l'Exposition présente un ensemble des plus satisfaisants. Les constructeurs de toutes les nations ont fait les études les plus sérieuses pour mettre à la disposition du public des voitures absolument nouvelles, réunissant la solidité de la construction à l'élégance et même à la légèreté des formes.

### § 3. — APPAREILS MÉCANIQUES POUR LA TRACTION DES VOITURES DE TRAMWAYS.

Pendant de longues années, la pensée de remplacer les chevaux par des appareils mécaniques ne semble s'être présentée à l'esprit de personne. En faisant rouler les roues sur des surfaces métalliques lisses, on diminuait autant que possible la résistance due au poids du véhicule. Le cheval, marchant sur une chaussée en bon état, exerçait le plus grand effort de traction, et on réalisait les deux conditions du programme qui s'impose à tout instant dans l'industrie des transports : avoir, d'un côté, le minimum de résistance ; de l'autre, le maximum d'action.

La tendance générale des temps modernes à substituer les moteurs mécaniques aux moteurs animés, à la force de l'homme ou des animaux, n'a pas tardé à se manifester dans cette branche de l'industrie comme dans toutes les autres, et, de divers côtés, ont surgi des moteurs mécaniques pour tramways. Il y a même eu à ce sujet un véritable engouement. On a préconisé à l'avance les avantages qui devaient résulter de cette substitution : les chevaux devaient disparaître et la traction mécanique allait produire partout des résultats financiers inespérés. Jusqu'ici l'expérience n'a pas répondu d'une manière générale à ces désirs, et notre opinion personnelle est que l'emploi des appareils mécaniques n'est pratiquement possible que dans des conditions spéciales, que l'expérience seule précisera.

Nous ne nous occupons ici, bien entendu, que du côté technique de la question ; l'emploi des moteurs mécaniques sur les tramways dans les rues touche à des questions de police et de sécurité que le jury de la classe 64 ne pouvait un instant songer à évoquer.

A l'Exposition de 1878, la France, l'Angleterre, la Suisse, la Belgique, présentent des moteurs destinés à l'exploitation des tramways. Les moteurs exposés sont des locomotives ou des voitures automobiles. Leur construction, leur principe même, sont très variés, comme il arrive toujours lors d'une application nouvelle.

On peut les classer de la manière suivante :

1° Les machines à foyer, dans lesquelles le moteur proprement dit, c'est-à-dire la source de chaleur et de travail, se transporte avec le véhicule ;

2° Les appareils de traction qui font provision du travail produit dans des appareils fixes, et qui dépensent ce travail pour traîner les voitures.

Ces appareils sont :

Les machines à air comprimé ;

Les machines à eau chaude.

Gr. VI.
—
Cl. 64.

A un autre point de vue, suivant que le mécanisme moteur est indépendant ou solidaire de la voiture de transport, les machines exposées sont ou des locomotives ou des voitures automobiles.

Parmi ces dernières figurent les voitures du système Belpaire, construites, l'une par la compagnie belge pour la construction de machines et de matériel de chemins de fer, l'autre par MM. Cabany et C^ie^, et la société de Boussu (Belgique), et qui, bien que destinées à circuler sur les voies de chemins de fer, se rattachent à la question des tramways par l'idée qui leur a donné naissance, savoir, celle d'une exploitation par trains nombreux et légers.

Voici la liste, par nation, des machines exposées.

FRANCE.

Francq, collectivement avec Cail et Cie : locomotive à eau chaude.

Mekarski (société générale des moteurs à air comprimé) : locomotive à air comprimé, construite par la maison Claparède; voiture automobile à air comprimé.

Harding : locomotive à foyer.

Aulnoye-lez-Berlaimont (société anonyme de traction mécanique) : locomotive à foyer.

Weyher et Richemond : locomotive à foyer.

ANGLETERRE.

Hughes : locomotive à foyer.

Merryweather et fils : locomotive à foyer.

SUISSE.

Winterthur (société de construction de locomotives et de machines) : locomotive à foyer, système Brown.

BELGIQUE.

Compagnie belge pour la construction de machines et de matériel de chemins de fer : voiture à vapeur, système Belpaire, pour chemins de fer.

Cabany et C^ie^ (et société anonyme des ateliers de construction de Boussu) : voiture à vapeur, système Belpaire, pour chemins de fer.

Société de Saint-Léonard : locomotive à foyer, système Vaessen.

**Des conditions à remplir par les moteurs pour tramways.**

Au premier abord, les conditions à remplir pour remorquer une voiture sur une voie de fer sont simples ; il y a longtemps que le problème est résolu pour les chemins de fer. Substituons aux locomotives qui circulent sur ces derniers une machine de même forme, mais de dimensions réduites, et le problème sera résolu.

Malheureusement les choses ne sont pas aussi simples, et la comparaison pèche par bien des points. En premier lieu, les poids à remorquer ne sont pas comparables; d'un côté 10, 12, 24 voitures même; de l'autre, un seul véhicule. En second lieu, la voie n'est pas la même dans les deux cas. La voie des tramways n'a ni la solidité, ni la fixité, ni la parfaite propreté des voies des chemins de fer. Loin d'être close et défendue, elle est ouverte à tous et de tous côtés ; elle peut, à tout instant, être entravée par un obstacle, elle est souvent couverte de boue et d'eau. Les conditions de tracé sont absolument différentes; il faut pouvoir tourner dans des courbes du plus faible rayon.

Si une machine locomotive peut, en pleine campagne, laisser échapper des torrents de vapeur blanche et souvent de fumée, la même tolérance est inadmissible dans les rues d'une ville.

Si, enfin, pour éviter les dégagements des gaz, on fait choix d'appareils qui au départ emmagasinent de la force à dépenser en route, la longueur du trajet à parcourir devient une considération décisive. Il faut que, dans les circonstances les plus défavorables, la machine puisse regagner son centre d'approvisionnement.

Il ne suffit donc pas de réduire les dimensions d'une machine

Gr. VI. — Cl. 64.

locomotive ordinaire pour avoir un bon appareil de traction mécanique sur un tramway. Il faut en outre satisfaire aux conditions spéciales du programme ci-après :

Toute machine destinée à un tramway doit pouvoir s'arrêter rapidement; sa manœuvre doit être facile; son allure, vive ou lente à volonté. Les chances d'explosion et d'accident par bris de pièces doivent être écartées avec le plus grand soin. Sa vitesse de marche ne peut guère dépasser, pour la circulation dans les villes, 12 ou 13 kilomètres à l'heure, dans les campagnes, 20 à 25. Son mécanisme doit être hors de la portée du public.

La machine doit être munie de dispositions pour écarter les obstacles. Elle ne doit répandre, autant que possible, ni gaz, ni fumée, ni flammèches dans l'atmosphère, ni laisser tomber sur la voie des escarbilles ou des charbons incandescents. Enfin, le bruit de l'échappement et celui du mécanisme seront atténués de façon à ne point effrayer les chevaux ombrageux.

Le tracé, le profil et la construction même de la voie, le caractère de l'exploitation, ajoutent d'autres conditions aux précédentes.

Les arrêts et démarrages, qui se produisent à tout instant, conduisent à une dépense de travail relativement considérable. Cette dépense, déjà grande en palier par suite de la résistance à la traction, avec des rails à ornières plus ou moins bien entretenues, tracés suivant des courbes fréquentes et de faible rayon, devient deux ou trois fois plus grande encore, malgré la diminution de la vitesse de marche, sur les rampes de 20 et 30 millimètres, qu'il n'est pas rare de rencontrer.

Sur des voies couvertes de boue, le coefficient d'adhérence peut descendre bien au-dessous de sa valeur ordinaire, et le moteur doit présenter autant que possible une adhérence totale.

Sur des voies aussi défectueuses que les voies à longrines sans traverses employées à Paris, la stabilité de la machine doit être l'objet d'une sérieuse étude, malgré la faible vitesse de marche.

Le mécanisme moteur, toutes les pièces en mouvement, doivent être, autant que possible, protégés contre la boue et la poussière, qui produisent, en même temps qu'un surcroît de résistance, le chauffage des parties frottantes et amènent rapidement leur mise hors de service.

Enfin, la largeur de l'entrevoie, nécessairement réduite, limite dans le sens transversal les dimensions de la voiture.

Nous examinerons rapidement les machines exposées, en insistant sur les dispositions employées pour satisfaire aux exigences spéciales que nous avons énumérées, plutôt que sur des détails de construction qui ne présentent pas ici le même intérêt que pour des locomotives.

Tous les moteurs pour tramways qui figurent à l'Exposition sont des machines thermiques, transformant en travail la chaleur développée par la combustion dans des appareils indépendants ou solidaires de la machine de traction.

L'étude de tout locomoteur de ce genre comporte donc trois divisions capitales. Il faut considérer :

Les appareils servant à produire ou à emmagasiner l'agent de transformation de la chaleur en travail;

Le mécanisme moteur par lequel s'effectue cette transformation;

Les supports et le véhicule.

### APPAREILS SERVANT À PRODUIRE OU À EMMAGASINER L'AGENT DE TRANSFORMATION DE LA CHALEUR EN TRAVAIL.

Ces appareils sont : 1° pour les machines à foyer, le générateur de vapeur; 2° pour les machines Mekarski, le réservoir d'air et la bouillotte d'eau surchauffée; 3° pour la machine Francq, le réservoir d'eau surchauffée.

### Machines à foyer générateur de vapeur.

Quatre de ces machines ont des chaudières de locomotive horizontales et tubulaires, placées suivant l'axe longitudinal de la machine. La chaudière du moteur de Winterthur présente un foyer circulaire surmonté d'un dôme de grand diamètre. Celle de Weyher, dont le foyer est aussi circulaire, a son corps cylindrique placé transversalement. Une seule est verticale tubulaire; c'est la chaudière du moteur de la société d'Aulnoye.

Pour la plupart, le foyer est en cuivre, les tubes en laiton, le corps cylindrique en fer. Dans la machine de Winterthur, le foyer, les tubes et le corps cylindrique sont en acier Martin du Creusot; dans la machine Weyher, le foyer est en fer soudé d'une seule pièce.

Le timbre est, en général, fort élevé : la tendance à l'emploi de fortes pressions s'explique par la nécessité de produire avec une surface de chauffe assez restreinte un travail assez considérable.

En général de 9 à 10 kilogrammes, le timbre est de 14 kilogrammes pour la chaudière en fer de Weyher, et de 15 pour celle de Winterthur en acier.

Ces fortes pressions rendent indispensable un entretien exceptionnel et une surveillance incessante des chaudières circulant au milieu des rues d'une ville.

Elles sont toutes protégées par une chemise de tôle fine, séparée du corps cylindrique soit par une couche d'air, soit par des matières peu conductrices, comme l'ouate minérale (machine Winterthur) ou le laitier de haut fourneau (machine Weyher).

Pour les dômes de vapeur, les régulateurs, les armatures du ciel du foyer, les appareils alimentaires, les soupapes, nous retrouvons les dispositions adoptées sur les locomotives, et que nous avons déjà décrites.

Quelques-unes de ces machines (Saint-Léonard, Hughes, Weyher) présentent l'inconvénient d'introduire dans la chaudière les matières grasses que contient la vapeur d'échappement. On sait que des accidents se sont produits, qui ont été attribués à l'emploi d'eaux plus ou moins calcaires concurremment avec la vapeur d'échappement. En outre, la présence de matières grasses dans une chaudière donne lieu à des bouillonnements dont la conséquence est un entraînement d'eau considérable dans les cylindres.

Tous les foyers sont destinés à brûler du coke, qui donne peu de fumée. La grille est, en général, très réduite. Les machines Saint-Léonard et Harding, seules, font exception. Dans la machine de Winterthur, on a donné à la grille la forme d'une chaînette, dans l'espoir d'avoir une fumivorité plus parfaite. Gr. VI. — Cl. 64.

Les dimensions absolues des chaudières présentent des différences considérables. La surface de grille est $0^{mq},12$ pour la machine Weyher, et $0^{mq},48$ pour celle de Saint-Léonard. La surface de chauffe, de $6^{mq},22$ seulement pour la machine Weyher, atteint $14^{mq},32$ pour la chaudière Harding.

Ces différences ne sont la conséquence ni de l'importance plus ou moins grande du trafic, ni du profil des lignes que ces moteurs sont appelés à desservir. Elles tiennent uniquement, croyons-nous, à la difficulté d'installation sur une machine dont les dimensions sont limitées dans tous les sens, qui doit emporter avec elle un approvisionnement d'eau et de charbon, et qui présente bien souvent, pour les organes de manœuvre, des commandes doubles, compliquant le mécanisme.

En général, les tubes sont très courts; le rapport de la surface du foyer à celle de chauffe totale varie, pour les machines exposées, entre 0,13 (machine Hughes) et 0,21 (machine de Winterthur).

La surface de grille par mètre carré de surface de chauffe est comprise entre $1^{dq},9$ (machine Weyher) et $3^{dq},6$ (machine Saint-Léonard).

Le tirage est produit par la vapeur d'échappement plus ou moins divisée ou en partie condensée. Les machines Hughes et Weyher condensent entièrement la vapeur qui ne peut plus concourir au tirage. Il ne nous paraît pas possible que la machine Weyher puisse faire un trajet de longueur ordinaire, avec sa surface de grille trop faible, sa surface de chauffe si réduite, et son tirage naturel, bien que sa chaudière contienne un volume d'eau assez considérable.

Il est important, pour les locomotives de tramways, d'avoir dans la chaudière un grand volume d'eau utilisable. Ce volume d'eau représente une provision de travail et donne à la machine l'élasticité qui lui est si nécessaire.

Gr. VI.
—
Cl. 64.

### Machines à air comprimé. — Réservoirs d'air et réchauffeur.

Les moteurs de M. Mekarski sont des machines thermiques qui transforment en travail, par l'intermédiaire d'un mécanisme de locomotive, la chaleur interne d'une provision d'air comprimé, préalablement réchauffé, pour éviter l'abaissement de la température dans les cylindres au-dessous de la température ambiante.

Les réservoirs d'air comprimé sont en tôle d'acier, éprouvés à une pression hydraulique de 35 kilogrammes pour renfermer de l'air à 30 kilogrammes. Ces réservoirs donnent toute sécurité contre les ruptures. (Voyez le Compte rendu de l'épreuve faite par la Commission des moteurs mécaniques.)

Ces machines ne répandent ni fumée ni vapeur dans l'atmosphère. La division des réservoirs en deux batteries, dont l'une contient toujours de l'air à haute pression, leur permet de vaincre, à un instant quelconque de la marche, une résistance anormale.

Comme la pression de l'air dans les réservoirs va en décroissant pendant la marche, au fur et à mesure de la dépense, M. Mekarski a imaginé un régulateur de pression pour débiter l'air saturé de vapeur d'eau chaude, et permettant d'envoyer aux cylindres un mélange dont la pression soit différente de celle des réservoirs, et variable suivant les résistances à vaincre, à la volonté du mécanicien.

Nous avons parlé de ces dispositions au sujet des locomotives à air comprimé destinées aux galeries de mines.

### Machines à eau chaude. — Réservoir. — Générateur.

Dans la locomotive Francq, la chaudière est également supprimée; elle est remplacée par un réservoir servant de magasin de chaleur. Grâce à la capacité calorifique très considérable de l'eau, il est possible de renfermer, dans un corps cylindrique de dimensions restreintes, une quantité de chaleur suffisante pour remorquer, par sa transformation en travail, une ou plusieurs voitures sur un parcours de médiocre étendue. Le réservoir est timbré à 15 kilogrammes; il est entouré de douves en bois, d'une garniture de liège et d'une chemise de tôle, qui le préservent du refroidissement.

L'emploi d'un régulateur de pression, dit *détendeur*, permet au conducteur de faire varier à son gré la pression d'admission dans les cylindres.

MÉCANISME ET DISTRIBUTION.

Le mécanisme moteur, pour la plupart des machines exposées, est composé de deux cylindres avec mouvement de distribution à coulisse Stephenson; trois seulement font exception :

1° La locomotive de Winterthur, dont les pistons commandent l'essieu moteur par l'intermédiaire d'un balancier, et dont la distribution est du système Brown. Cette disposition a pour principaux avantages de relever le mécanisme au-dessus du plancher de la machine et de produire en même temps un équilibre des parties animées d'un mouvement alternatif, ce qui évite l'emploi des contrepoids des roues;

2° La locomotive Saint-Léonard, dont la distribution, du système Walschaert, est caractérisée par l'existence d'une seule poulie d'excentrique pour les deux marches, faisant osciller une coulisse renversée et donnant des avances constantes; mais ce mécanisme, fort employé en Belgique pour les locomotives ordinaires, présente une certaine complication, qui n'est rachetée par aucun avantage notable;

3° La machine Weyher, qui présente deux cylindres *compound*, dont les pistons commandent, par des bielles en retour, un faux essieu, sur lequel sont calés deux galets de friction, s'appuyant contre les bandages des deux paires de roues. La distribution, à coulisse Stephenson, est commandée en retour, comme dans certaines machines marines. Cette disposition peu heureuse a été la conséquence du défaut de place résultant d'une médiocre conception générale de la machine et des conditions qu'elle devait remplir.

Les cylindres sont, en général, au-dessous du plancher, les machines de Winterthur et Weyher exceptées. Ils sont le plus souvent

Gr. VI. — Cl. 64.

placés intérieurement; pourtant, ils sont extérieurs dans la voiture automobile Mekarski, dans la locomotive Saint-Léonard et celle d'Aulnoye.

Lorsqu'ils sont intérieurs, ainsi que la distribution, les longerons protègent latéralement le mécanisme contre la poussière et la boue. Dans quelques cas, un plancher en tôle (machine Mekarski) complète leur protection. Lorsque le mécanisme est extérieur, il est entouré par des panneaux en tôle, qui le gardent des obstacles et le cachent à la vue.

Aucune des machines exposées n'a de cylindres à enveloppe, si ce n'est la machine Veyher, dont les deux cylindres inégaux sont renfermés, ainsi qu'un réservoir intermédiaire en cuivre, dans une enveloppe générale en fer, dans laquelle arrive la vapeur de la chaudière. Cette enveloppe est elle-même protégée par une couche de laitier de haut fourneau avec chemise de tôle.

La vapeur qui s'échappe des cylindres est tantôt envoyée dans un réservoir intermédiaire, d'où elle repart dans la cheminée (machine Winterthur et Harding), tantôt disséminée au-dessus du foyer par un grand nombre d'ajutages (machine d'Aulnoye). Dans d'autres cas, elle est condensée en totalité ou en partie. M. Francq emploie un condenseur à circulation d'air; M. Weyher, un serpentin plongé dans l'eau. M. Hughes se sert de ses réservoirs multiples comme condenseur. Saint-Léonard enfin divise la vapeur d'échappement en trois parts, dont une sert au tirage et une autre va se condenser dans les réservoirs; la troisième est projetée devant la plaque tubulaire dans la boîte à fumée.

Toutes ces dispositions plus ou moins heureuses ont pour but d'atténuer le bruit de l'échappement et de diminuer le panache de vapeur.

### SUPPORTS ET VÉHICULES.

Toutes les machines exposées sont à quatre roues, sauf celle de Saint-Léonard, qui en a six. A première vue, le moteur à quatre roues semble le type le plus simple, le plus économique de construction, le mieux approprié à la circulation dans les courbes raides. Il n'est pas incompatible d'ailleurs avec la charge limite que peut porter chaque roue sur les voies de tramways; il se prête plus facilement à l'accouplement, que rendent nécessaire la faiblesse du coefficient d'adhérence sur des rails plus ou moins gras et l'importance des rampes fréquentes où la machine développe son effort de traction maximum.

Mais il y a une considération favorable aux machines à six roues, celle de la stabilité de la machine. Les rails posés sur longrines des voies parisiennes présentent des dénivellations notables à tous les joints; il n'est pas rare de rencontrer des différences d'écartement. Malgré la faible vitesse de marche, cette voie défectueuse soumet les essieux et tout le mécanisme à des chocs violents, qui peuvent amener des ruptures, et qui sont, dans tous les cas, une cause de détérioration rapide de tous les organes. La machine Saint-Léonard paraît avoir été construite en vue de cette considération. Munie d'un avant-train mobile, système Bissel, elle doit posséder avec ses six roues, dont quatre au moins portent toujours sur une longueur de rail, une stabilité plus grande que les machines à quatre roues.

A part la voiture Mekarski, les moteurs pour tramways ont tous deux essieux accouplés, le plus souvent à l'extérieur. Pour la locomotive Mekarski, l'accouplement est intérieur. Dans la machine Weyher, l'accouplement est obtenu par deux galets en fonte montés sur l'arbre moteur, et qui transmettent le travail par friction sur les bandages des roues motrices.

Dans certains cas, le passage dans les courbes est facilité par un jeu des essieux dans leurs boîtes; dans d'autres, on s'est entièrement reposé sur le faible écartement des essieux. La machine de Winterthur a des boîtes spéciales, type Brown, qui, en donnant au châssis une plus grande mobilité relative, ont surtout pour but d'atténuer les effets de la mauvaise construction de la voie.

Les roues sont généralement en fonte, avec bandages d'acier; les roues pleines évitent les projections de boue dans le mécanisme.

La suspension ne présente rien de particulier pour la plupart des moteurs exposés.

Sur des machines destinées à circuler dans les rues d'une ville, un frein est un appareil indispensable.

Gr. VI. — Cl. 64.

Aucune d'elles cependant n'est munie du changement de marche à vis; mais on peut toujours recourir, en cas de danger, à l'emploi de la contre-vapeur. Sur la machine Winterthur, une soupape à ressort prévient, dans ce cas, la rentrée des gaz dans les cylindres.

En outre, toutes les machines sont munies de freins à levier, ou à pédale pour le plus grand nombre. Dans les moteurs Mekarski, on fait serrer les coins d'un frein Stilmant par les pistons de deux petits cylindres, où l'on admet, quand c'est nécessaire, l'air comprimé. Les machines d'Aulnoye et de Hughes ont des freins à vapeur. Pour la machine de Hughes, le frein se serre automatiquement quand la vitesse atteint une certaine limite. A cet effet, une roue dentée, montée sur l'essieu non moteur, commande un modérateur à boules, qui ouvre, dans une position déterminée, l'admission du frein.

PUISSANCE DE TRACTION. — POIDS.

Si l'on compare les poids des différentes machines avec l'effort utilisable sur la barre d'attelage pour la rampe maxima du trajet à parcourir, qui atteint très fréquemment et dépasse 20 à 30 millimètres sur les lignes de tramways, on est frappé, tout d'abord, de l'infériorité du rendement obtenu, et l'on peut se demander si les locomotives sont l'appareil de traction qu'il faut employer.

Comparées entre elles à ce point de vue, les machines exposées présentent des différences considérables. La machine Weyher est, relativement au travail qu'elle peut effectuer, deux fois et demie plus lourde que la machine Winterthur, qui est de toutes la plus légère, si l'on tient compte de sa puissance. Après elle, viennent celles de Harding, Saint-Léonard, Hughes, Merryweather. Les moteurs à eau chaude et à air comprimé sont plus lourds relativement à leur travail normal. La machine d'Aulnoye et celle de Weyher viennent en dernière ligne.

**Voitures système Belpaire.**

Les voitures automobiles du système Belpaire sont exposées,

l'une par la compagnie belge de construction de machines et de matériel de chemins de fer, l'autre par Cabany et Cie, et la société de Boussu. Leur construction présente des particularités intéressantes, mais sans intérêt général pour la question de la traction sur les tramways.

Nous croyons que ces voitures pourraient, dans certains cas, répondre aux exigences du public, sans entraîner des frais trop élevés pour les compagnies.

### RÉSUMÉ.

En résumé, l'examen que nous venons de présenter montre avec quelle activité on a cherché, depuis quelques années, la solution du problème de la traction mécanique sur les tramways.

Trois solutions, nous l'avons vu, ont été proposées:

Les locomotives ordinaires avec des dimensions réduites;
Les machines sans foyer, emportant de l'eau surchauffée;
Les machines à air comprimé.

On a réalisé, dans la construction des machines locomotives pour chemins de fer, des progrès très considérables; on a voulu que celles des tramways comportassent les mêmes améliorations, et, comme on rencontrait une difficulté de plus, la nécessité de tout circonscrire dans un volume de dimensions très restreintes, on est arrivé à des types présentant une grande complication d'organes, au sujet desquels on peut redouter de sérieuses difficultés d'entretien.

Les machines à eau chaude ou à air comprimé reposent sur une idée plus simple. Elles font, au départ ou dans des stations de relais, des approvisionnements de force qu'elles dépensent en route; elles n'ont point de feu, point de fumée, point d'escarbilles, et elles réalisent ainsi, d'une manière complète, une partie des conditions que nous avons énumérées. Mais il reste à se prononcer sur une question capitale, la dépense. Les locomotives ordinaires emploient immédiatement la chaleur que produit leur foyer et la convertissent en travail. Dans les autres systèmes, il y a deux opérations: la chaleur est d'abord transformée en force dans une grande usine, puis elle est transmise à un appareil mobile qui l'emporte et la dépense en produisant un travail. Rien, à coup sûr, de plus ingénieux; mais quelles seront les pertes que produiront ces transformations successives? Nous connaissons bien la réponse faite à cette objection. Les locomotives ordinaires, nous a-t-on dit, surtout celles de dimensions réduites pour tramways, sont mal disposées pour la bonne utilisation du combustible. Encore leur faut-il ou du coke ou des agglomérés, des charbons de premier choix chaque jour plus chers et plus difficiles à se procurer. Dans les usines où l'on accumule de l'eau chauffée à une grande température, et dans celles où l'on comprime l'air, on peut employer de vastes chaudières, dans lesquelles les combustibles les plus ordinaires sont utilisés; et, si l'on perd un peu de chaleur dans sa transmission, on a pu, à égalité de prix, s'en procurer une plus grande quantité avec des chaudières fixes qu'avec des chaudières mobiles.

Ces considérations sont vraies; mais, à cet égard, rien ne vaut l'expérience, et il faut que celle-ci ait prononcé d'une manière souveraine. Nous répéterons à ce sujet un vœu que nous avons bien des fois formulé : le succès des appareils à air comprimé serait assuré, si l'on pouvait obtenir cette compression en se servant de forces naturelles inutilisées. L'eau qui tombe à chaque barrage de rivière canalisée représente une force considérable absolument perdue; il serait facile de la recueillir et de la transmettre à de longues distances à l'aide des câbles télodynamiques de M. Hirn.

Les accumulateurs, si usités en Angleterre, ont bien de la peine à s'acclimater sur le continent. Espérons que nous verrons un jour l'eau de nos rivières, le vent lui-même, préparer silencieusement des réservoirs d'air comprimé, que nous dépenserons pour donner le mouvement à un véhicule.

## § 4. — MACHINES ROUTIÈRES.

Nous avons vu imposer aux tramways l'obligation de ne point enlever, à la partie des voies publiques qu'ils occupent, la complète disponibilité de ces voies. Nous allons faire un pas de plus et trouver des appareils mécaniques qui sont destinés à circuler sur les voies publiques, sans qu'il soit nécessaire de modifier en rien la surface de ces dernières. Ce sont les locomotives ou machines routières. Presque toutes sont des engins de traction, c'est-à-dire qu'elles sont destinées à remplacer les chevaux pour remorquer un ou plusieurs chariots. Quelques-unes sont elles-mêmes des engins de transport; elles ne remorquent rien et se contentent de prendre quelques voyageurs. Les premières sont naturellement conçues en vue d'une marche lente, unie à un puissant effort de traction; les autres, n'ayant en quelque sorte qu'à se porter elles-mêmes, peuvent être animées d'une vitesse relativement grande.

L'idée de remplacer les chevaux par des appareils mécaniques n'est pas nouvelle. Avoir des chevaux qui ne dépensent que quand ils travaillent était un programme séduisant. Malheureusement ce programme ne s'est que bien imparfaitement réalisé; le prix d'acquisition des machines routières est demeuré très élevé, l'intérêt du capital d'acquisition, son amortissement à prévoir en peu d'années, l'entretien d'un appareil au repos, tout cela représente la dépense de plusieurs chevaux à l'écurie.

En second lieu, les services chargés de l'entretien des routes en France interdisent, avec raison, toute disposition entraînant une destruction rapide de leurs chaussées. Certaines semelles obliques clouées à la jante des roues, les grappins mobiles destinés à pénétrer dans le sol et à y tracer de véritables sillons, et d'autres dispositions analogues des machines anglaises, seraient écartés dans notre pays.

Peut-être la réglementation prévue pour les machines routières a-t-elle aussi porté quelque obstacle à leur acclimatation en France. En fait, le nombre en est très restreint. Quelques-unes ont cessé de marcher, à la suite d'accidents graves, chevaux effrayés, voyageurs écrasés; d'autres ont été transformées en machines fixes. Aujourd'hui, on ne peut guère citer en France, comme se servant de machines routières, que quelques industriels du Nord et l'administration militaire, pour l'approvisionnement de places situées sur des hauteurs.

L'exposition anglaise présentait quelques photographies de machines routières remorquant 4 ou 5 voitures d'artillerie italienne.

Gr. VI. — Cl. 64.

Si la route à parcourir est en rampe continue, le succès est possible; mais, si aux rampes succèdent des déclivités en sens contraire, nous regardons comme bien difficile la conservation d'un convoi formé de voitures dénuées de freins et que rien ne retient.

Il a été également présenté des photographies représentant des trains de wagons chargés de cannes à sucre. Nous nous demandons comment des machines qui exigent des chaussées très solides peuvent circuler au milieu d'une exploitation agricole. Nous estimons que, dans des circonstances semblables, l'emploi de petites locomotives circulant sur des voies analogues à celles qu'ont construites MM. Decauville donnera de bien meilleurs résultats.

Nous venons de parler de photographies représentant des voitures de l'artillerie italienne remorquées par une machine routière anglaise. Les journaux militaires ont beaucoup vanté l'emploi de ces machines, et l'on a pensé qu'en cas de guerre elles pourraient être utilisées avec succès. Nous ne partageons pas cette opinion. Qu'elles puissent servir, pour de faibles parcours, à remorquer des pièces lourdes et des approvisionnements au sommet d'un fort, en ayant toujours à monter, nous l'admettons, surtout si on ne regarde pas trop à la dépense totale. Mais, pour des transports imprévus, où il faudra tenir le compte le plus sérieux de l'état de la chaussée, prévoir des approvisionnements d'eau et de combustible en relais, munir tous les véhicules à remorquer de freins pour éviter les accidents aux moindres descentes, nous avons la ferme conviction que l'emploi des machines routières militaires donnerait lieu aux plus graves mécomptes.

Trois nations ont envoyé des machines routières à l'Exposition:

L'Angleterre, 20; la France, 4; la Suisse, 1.

Presque toutes les machines anglaises sont munies du câble et des appareils destinés au labourage à vapeur; il semble que ce travail soit leur principale destination; elles ne sont routières que pour pouvoir se rendre d'un champ à un autre.

En dehors des travaux agricoles, ces machines paraissent employées, en Angleterre, par quelques entrepreneurs de travaux publics et par des exploitants de carrières ou de mines.

Sur les quatre machines françaises, il n'y a, à proprement

parler, que deux routières; les deux autres sont un omnibus et une calèche à vapeur exposés par M. Bollée, du Mans. Gr. VI. — Cl. 64.

Ainsi que nous l'avons fait pour le matériel roulant des chemins de fer et des tramways, nous résumerons dans le tableau général ci-après les dimensions principales de tous les appareils exposés: nous décrirons ensuite rapidement chacun d'eux.

TABLEAU N° 10. —

| Pays de provenance | A | | | | | | |
|---|---|---|---|---|---|---|---|
| Constructeur et exposant | Aveling et Porter. | Ransomes, Sims et Head. | Richard Garrett et fils. | Robey and Co. | Ruston, Proctor and Co. | Marshall, Sons and Co. | |
| Désignation et puissance de la machine | Locomotive de 8 chevaux[a]. | Locomotive de 6 chevaux[a]. | Locomotive de 8 chevaux. | Locomotive de 6 chevaux. | Locomotive de 8 chevaux. | Locomotive de 6 chevaux. | 1 |
| Numéro de classement | | 56 Cl. 51. | 23 Cl. 51. | 60 Cl. 51. | 61 Cl. 51. | 43 Cl. 51. | |
| Grille, surface | " | $0^{m2},418$ | $0^{m2},49$ | $0^{m2},47$ | $0^{m2},37$ | $0^{m2},47$ | |
| Surface de chauffe. Foyer | " | 1 ,99 | 2 ,51 | 2 ,23 | 2 ,74 | 2 ,21 | |
| Surface de chauffe. Tubes | " | 7 ,63 | 12 ,54 | 12 ,37 | 14 ,06 | 9 ,72 | |
| Surface de chauffe. Totale | $14^{m2},11$ | 9 ,62 | 15 ,05 | 14 ,60 | 16 ,08 | 11 ,93 | 2 |
| Pression de la vapeur en service ordinaire. Timbre | $6^{atm}$ | $6^{atm}$ | $6^{atm}$ | $6^{atm}$ | $7^{atm}$ | $7^{atm}$ | |
| Mouvement. Nombre des cylindres | 1 à enveloppe | 1 à enveloppe | 1 à enveloppe | 1 à enveloppe | 1 à enveloppe | 1 à enveloppe | en |
| Mouvement. Diamètre des cylindres | $0^{m},229$ | $0^{m},197$ | $0^{m},229$ | $0^{m},235$ | $0^{m},247$ | $0^{m},235$ | 0 |
| Mouvement. Course du piston | 0 ,305 | 0 ,254 | 0 ,305 | 0 ,305 | 0 ,305 | 0 ,305 | 0 |
| Mouvement. Rapport des vitesses angulaires de l'arbre moteur et de l'essieu moteur. Petite vitesse. | 20 ,00 | 19 ,30 | 42 ,03 | 17 ,00 | 16 ,66 | 16 ,90 | 23 |
| Mouvement. Rapport des vitesses angulaires de l'arbre moteur et de l'essieu moteur. Grande vitesse. | 15 ,00 | 10 ,00 | 15 ,76 | 10 ,00 | 8 ,72 | 9 ,39 | 16 |
| Roues... Diamètre des roues motrices | 2,134 | 1 ,520 | 1 ,750 | 1 ,800 | 1 ,824 | 1 ,620 | 1 |
| Roues... Largeur du bandage | 0 ,406 | 0 ,310 | 0 ,340 | " | 0 ,380 | 0 ,380 | 0 |
| Roues... La piste des roues porteuses se confond-elle avec celle des roues d'arrière? | Oui. | Oui. | Non. | Non. | Oui. | Oui. | |
| Poids. À vide. Roues motrices | $8,600^{k}$ | $4,000^{k}$ | $5,680^{k}$ | " | " | " | |
| Poids. À vide. Roues porteuses | 1,560 | 2,500 | 2,800 | " | " | " | |
| Poids. À vide. Total | 10,160 | 6,500 | 8,480 | " | $8,750^{k}$ | $7.800^{k}$ | 1. |
| Poids. En ordre de marche. Roues motrices | " | 5,000 | " | " | " | " | |
| Poids. En ordre de marche. Roues porteuses | " | 3,000 | " | " | " | " | |
| Poids. En ordre de marche. Total | 11,007 | 8,000 | 10,250 | 7,600 | 9,750 | 8.800 | 1. |
| Prix d'achat | $14,950^{f}$ livrée à Paris. | $9,340^{f}$ [b] sur place. | $10,500^{f}$ complète. | $10.090^{f}$ complète. | $10,500^{f}$ sur place. | $8.585^{f}$ sur place. | 1' |

[a] Avec treuil de traction.

[b] Treuil et train différentiel compris.

[c] Avec treuil pour labourage.

[d] Pour labourage à vapeur.

ROUTIÈRES.

| | | | | | | FRANCE. | | | | SUISSE. |
|---|---|---|---|---|---|---|---|---|---|---|
| …r and Co. | | | J.-T.-H. Maclaren. | Clayton et Shuttleworth. | J. et F. Howard. | Cail et Cie. | Albaret et Cie. | Bollée. | | A. Schmid. |
| Locomotive de 8 chevaux [e]. | Locomotive de 6 chevaux [f]. | Locomotive de 3 chevaux. | Locomotive de 6 chevaux. | Locomotive de 6 chevaux. | Locomotive de 8 chevaux. | Locomotive de 30 chevaux [g]. | Locomotive de 10 chevaux. | Voitures à vapeur. *L'Obéissante.* | Voitures à vapeur. *La Mancelle.* | Locomotive de 6 chevaux. |
| | | | 41 | 14 | 33 | 213 | 26 | 200 | 212 | 856 |
| | | | Cl. 51. | Cl. 51. | Cl. 51. | Cl. 64. | Cl. 51. | Cl. 64. | Cl. 64. | Cl. 64. |
| 0$^{m2}$,58 | 0$^{m2}$,45 | 0$^{m2}$,27 | 0$^{m2}$,44 | 0$^{m2}$,30 | 0$^{m2}$,50 | 0$^{m2}$,44 | 0$^{m2}$,48 | " | " | 0$^{m2}$,30 |
| " | " | " | 2 ,32 | 1 ,64 | 3 ,00 | 2 ,36 | 2 ,29 | " | " | 0 ,80 |
| " | " | " | 8 ,36 | 9 ,66 | 12 ,75 | 14 ,04 | 10 ,74 | " | " | 9 ,00 |
| 12 ,54 | 9 ,29 | 5 ,57 | 10 ,68 | 11 ,30 | 15 ,75 | 16 ,40 | 13 ,03 | 6$^{m2}$,50 | 4$^{m2}$,10 | 9 ,80 |
| 7$^{atm}$ | 8$^{atm}$ | 8$^{atm}$ | 8$^{atm}$ | 6$^{atm}$ 2/3 | 6$^{atm}$ | 8$^{k}$ | 10$^{k}$ | " | " | 10$^{atm}$ |
| 1 à enveloppe | 2 à enveloppe | 1 à enveloppe | 1 à enveloppe | 1 à enveloppe | 1 à enveloppe | 2 | 2 | 4 | 1 | 1 |
| 0$^{m}$,229 | 0$^{m}$,139 | 0$^{m}$,152 | 0$^{m}$,203 | 0$^{m}$,197 | 0$^{m}$,229 | 0$^{m}$,180 | 0$^{m}$,160 | 0$^{m}$,100 | 0$^{m}$,150 | 0$^{m}$,170 |
| 0 ,305 | 0 ,254 | 0 ,254 | 0 ,254 | 0 ,305 | 0 ,305 | 0 ,220 | 0 ,280 | 0 ,160 | 0 ,160 | 0 ,240 |
| 24 ,00 | 29 ,00 | 28 ,00 | 20 ,50 | 16 ,00 | 21 ,00 | " | 18 ,00 | 6 ,00 | 3 ,00 | 12 ,50 |
| 14 ,00 | 17 ,00 | 16 ,00 | 10 ,95 | 8 ,50 | 21 ,00 | " | 18 ,00 | 3 ,00 | 3 ,00 | 12 ,50 |
| 1 ,370 | 2 ,130 | 1 ,600 | " | 1 ,600 | 1 ,674 | 1 ,300 | 1 ,400 | 1 ,150 | 1 ,040 | 1 ,000 |
| 0 ,457 | 0 ,380 | 0 ,254 | " | 0 ,330 | 0 ,460 | 0 ,300 | 0 ,350 | 0 ,080 | 0 ,070 | " |
| " | " | " | Oui. | Oui. | Oui. | Non. | Oui. | Oui. | Oui. | 1 seule roue porteuse. |
| " | " | " | " | " | 6,680$^{k}$ | " | " | " | " | 4,500$^{k}$ |
| " | " | " | " | " | 2,700 | " | " | " | " | 1,000 |
| 8,000$^{k}$ | 8,750$^{k}$ | 3,800$^{k}$ | 6,600$^{k}$ | 7,370$^{k}$ | 9,380 | 9,000$^{k}$ | 9,500$^{k}$ | " | " | 5,500 |
| " | " | " | " | " | " | 7,500 | " | " | " | " |
| " | " | " | " | " | " | 3,500 | " | " | " | " |
| 8,800 | 9,500 | 4,300 | 7,800 | 9,050 | 11,800 | 11,000 | 10,800 | 5,500$^{k}$ [h] | 2,180$^{k}$ [h] | 6,400 |
| 12,750$^{f}$ sur place. | 11,250$^{f}$ sur place. | " | 11,250$^{f}$ sur place. | 8,585$^{f}$ sur place. | " | " | 12,000$^{f}$ en gare. | " | " | " |

(e) Avec treuil de traction.

(f) Grue à l'avant et treuil de traction.

(g) Comparée à la nomenclature anglaise, machine de 8 chevaux.

(h) Non compris les voyageurs.

Gr. VI.
—
Cl. 64.

SECTION ANGLAISE.

Les machines anglaises ont presque toutes le mouvement sur la chaudière, le cylindre à vapeur unique fondu avec la boîte de distribution et le dôme de prise de vapeur qui lui sert d'enveloppe. Les organes du mouvement permettent deux allures de marche et un débrayage complet, qui transforme immédiatement la machine routière en locomobile. Presque toutes ont également une poulie de traction à câble d'acier sur l'essieu moteur, afin de disposer la machine comme un cabestan sur les rampes, où elle ne peut remorquer que son poids.

La chaudière est, en général, de la forme des chaudières de locomotives; le corps cylindrique est tangent à l'enveloppe de la boîte à feu.

Presque toutes ces machines ont un train d'engrenages différentiels pour la marche en fortes courbes, et les jantes des roues sont munies de semelles en fer forgé, placées obliquement comme des dents d'engrenage obliques. Aucune machine n'est suspendue sur ressorts; l'une d'elles seulement a des fourrures en caoutchouc doublant intérieurement les semelles en fer forgé, à l'effet de déterminer une large surface de contact sans entailler le sol.

**Aveling et Porter** (Rochester).

L'exposition de ces constructeurs se compose de sept machines routières, depuis dix jusqu'à six chevaux. Ces machines sont toutes semblables; quelques-unes sont munies de poulies de labourage; l'une d'elles porte une grue à l'avant.

Le mécanisme de la transmission des efforts du piston à la roue motrice est porté complètement par les plaques extérieures latérales de la boîte à feu, prolongées verticalement. Tous les engrenages sont intérieurs à cette sorte de châssis, ce qui supprime entièrement le porte à faux des poulies et donne une grande solidité d'appui à l'effort des tractions.

**Ransomes, Sims et Head** (The Orwells Works, Ipswich).

Le mécanisme est placé sur un bâti en tôle, posé et boulonné sur la boîte à feu. La concentration très bien comprise de tous les leviers sous la main du chauffeur, la construction simple et extrêmement soignée des organes, le train différentiel pour tourner court et le frein à lame flexible constituent un ensemble fort remarquable.

**Richard, Garrett et fils** (Leiston Works, Suffolk).

Le mécanisme repose entièrement sur un siège en fonte doublant la tôle d'enveloppe du foyer. Les roues motrices sont commandées chacune par un cercle d'engrenages voisin de la jante, et peuvent être séparément débrayées, sans avoir recours au mouvement différentiel, mais simplement par le déplacement du pignon qui commande ce cercle d'engrenages.

Le ciel du foyer, qui est en fer, est ondulé dans le sens de la longueur et résiste à la pression sans être muni de fermes. L'alimentation est faite par une pompe très ingénieuse, pouvant aspirer la vapeur de l'échappement pour la condenser dans les soutes.

Le frein est à came agissant sur l'intérieur de la jante de la roue motrice.

**Robey and Co.** (Lincoln).

Le mécanisme est placé sur un bâti de fonte doublant l'enveloppe extérieure de la boîte à feu, d'ailleurs un peu massif, avec disposition particulière des glissières de piston de forme cylindrique et mouvement différentiel pour tourner court. Les roues motrices sont de grand diamètre, et les semelles, de fer forgé, doublées de plaques épaisses de caoutchouc. Le gouvernail actionne les roues d'avant à l'extérieur de celles-ci, et non à l'intérieur, comme dans toutes les autres machines, ce qui permet de réduire notablement l'écartement de ces roues.

**Ruston, Proctor and Co.** (Sheaf Iron Works, Lincoln).

La disposition de l'arrière de cette machine est assez commode, mais les points d'attache du mouvement sont trop multipliés sur la chaudière; le secteur de changement de marche est

Gr. VI. — Cl. 64.

remplacé par des dentelures sur la tige. Elle n'a pas de cabestan de traction.

**Marshall, Sons and Co.** (Britannia Iron Works, Gainsborough).

Le mécanisme repose sur un bâti indépendant de la chaudière, boulonné sur la boîte à feu et muni d'une soupape équilibrée, commandée par un modérateur à boules et bielles croisées. Le frein est à lame flexible.

**John Fowler and Co.** (Leeds).

L'exposition de « John Fowler and Co. » comprend : une machine de quatorze chevaux et une de six, spéciales au labourage, non munies de train différentiel ; une machine de huit, une de six et une de trois, spéciales aux entrepreneurs de construction.

Ces machines sont massives. Le ciel du foyer est attaché à la boîte à feu par des entretoises. L'une d'elles possède un réchauffeur d'alimentation, en forme de manchon, à la base de la cheminée.

La machine de six chevaux pour entrepreneurs a de très grandes roues mues par deux cylindres à vapeur.

La plupart sont munies du train différentiel pour tourner court et du frein à lame flexible.

**J.-H. Maclaren** (Midland Engine Works, Leeds).

Le mouvement de cette machine est fixé sur des plaques attachées sur les flancs latéraux de la boîte à feu, mais sans former la prolongation même de ces flancs, ce qui augmente le nombre des clouures de la chaudière et offre des inconvénients notables lors des réparations du mécanisme et de la chaudière. Le mouvement est caché par des plaques latérales. Cette machine n'a pas de train différentiel, mais elle est munie d'un frein à lame flexible.

**Clayton et Shuttleworth** (Lincoln).

Le mécanisme est rattaché à la chaudière par un grand nombre de paliers séparés, ce qui n'est ni favorable à l'entretien de celle-ci, ni commode pour les travaux de réparation. Le gouvernail d'avant, habituellement mû par des chaînes dans les autres locomotives, est ici dirigé par un engrenage à vis sans fin actionnant un secteur denté solidaire de l'essieu.

Cette machine est munie d'un train différentiel et du frein à lame flexible.

**J. et F. Howard** (Bedfort).

Les organes du mouvement, cylindres, etc., sont entièrement indépendants de la chaudière et situés dans le tender sur le côté. Tout est sous la main du chauffeur. La chaudière ne participe pas aux efforts de traction, et le mécanisme est indépendant des réparations ou changements de chaudière. Mais ce système rend la machine lourde, le mécanisme étant porté sur un bâti spécial. Il n'y a pas de train différentiel; on retire simplement le boulon qui rend la roue solidaire de l'essieu.

Cette machine est munie de poulies à l'avant de la machine et sous le foyer pour servir au labourage.

## SECTION FRANÇAISE.

Les seules machines routières de la section française ayant une application sérieuse sont celles de Cail et C^ie^, Albaret et C^ie^. Nous avons parlé de la machine à patins de M. Fortin-Hermann, qui présente la solution d'un problème de cinématique curieux, mais jusqu'ici trop dispendieux pour être pratiqué.

**Cail et C^ie^** (Paris).

Cette machine a l'apparence d'une locomotive à deux cylindres intérieurs. L'attache des roues motrices se fait par un cercle d'engrenages situé près des jantes. L'arbre intermédiaire est sur le même plan vertical que l'essieu moteur, ce qui a permis de placer des ressorts sur cet arbre, pour empêcher les vibrations de la marche de se transmettre brutalement au mécanisme et à la chaudière.

La chaudière et le foyer n'offrent pas la simplicité de formes des machines anglaises; ils sont composés de deux corps cylindriques perpendiculaires entre eux.

Gr. VI. — Cl. 64.

Les roues directrices, à l'arrière, sont très rapprochées l'une de l'autre, ce qui évite trop d'effort dans la direction de la machine et permet une meilleure assiette sur les routes les moins entretenues. Mais la roue motrice est petite, ce qui réduit la portée du contact sur le sol; et la jante, en bois debout, ne laisse pas d'être un objet de constant entretien [1].

Cette machine ne peut se transformer en machine locomobile par un simple débrayage comme les machines anglaises; elle pèse beaucoup plus à puissance égale que ces dernières, par suite du châssis de support.

**Albaret et Cie**, Liancourt (Oise).

Cette machine routière a, comme la machine de Cail, l'inconvénient d'être plus lourde pour la même force que les machines anglaises; mais elle peut se transformer en locomobile en démontant un pignon de commande. Beaucoup moins compacte que celle de Cail, cette machine manque un peu d'élégance dans ses proportions: les tringles, la tuyauterie, ainsi que le dôme élevé formé par le ciel de la boîte à feu, ne peuvent que gêner la vue du conducteur. La commande du gouvernail, assez compliquée, est faite au moyen de roues dentées de renvoi et d'engrenages d'angles.

**Bollée** (Le Mans).

*Voitures à vapeur.* — Une sorte d'omnibus porte à l'arrière une chaudière verticale, système Field, dont la vapeur actionne quatre cylindres, accouplés deux à deux à la même manivelle motrice: ces cylindres ont dix centimètres de diamètre et seize centimètres de course. Chaque paire de cylindres commande une des roues d'arrière, et comme celles-ci sont folles sur l'essieu, elles sont absolument indépendantes l'une de l'autre. La transmission du mouvement se fait par des chaînes de Galle: des engrenages donnent à volonté les vitesses, simple et double, désignées sous le nom de petite vitesse et de grande vitesse, suivant qu'on a besoin de beaucoup de puissance pour gravir une rampe ou qu'on veut

[1] De plus, la jante lisse imposée par les règlements d'administration publique fait perdre à cette machine une partie notable de sa puissance; elle ne peut servir que sur les routes parfaitement entretenues.

marcher rapidement sur un terrain plat. Les roues d'avant ont le même écartement que les roues d'arrière. Elles ne sont pas motrices, mais directrices en même temps que porteuses. Elles présentent cette particularité qu'elles ne sont pas reliées entre elles par un essieu, et que, sous l'action du gouvernail, chacune d'elles pivote autour de son axe vertical comme une roue de vélocipède.

Cette première machine présente des dispositions assez compliquées, qui ont été évitées, en partie, dans une seconde machine, *la Mancelle,* construite en 1870. C'est une calèche qui peut porter, outre le mécanicien, placé à l'arrière, trois voyageurs sous la capote, deux autres qui leur font face sur un strapontin, et enfin sur le siège d'avant trois personnes, dont l'une, occupant la place du milieu, conduit le véhicule.

Cette voiture, chargée de tous ses approvisionnements, ne pèse que 2,180 kilogrammes, plus le poids des voyageurs. Sa marche est extrêmement rapide, et elle ne brûle que deux kilogrammes de charbon par kilomètre.

Les roues d'arrière sont commandées, non plus par quatre pistons, mais par un seul, dont la manivelle franchit le point mort sous l'influence d'un petit volant; et pour que ces roues conservent leur indispensable faculté de tourner avec des vitesses différentes, un système d'engrenages coniques, produisant le mouvement différentiel dit *de Pecqueur,* est interposé dans l'arbre qui leur transmet le mouvement. Grâce à cette disposition, chacune des roues d'arrière, sans cesser d'être indépendante de l'autre, reste constamment motrice, en courbe comme en ligne droite.

Chacune des roues d'avant peut, comme dans la première machine, pivoter autour de l'axe vertical qui passe par son centre. Mais ce mouvement est produit, sous l'action du gouvernail, par un système de bielles.

Cette voiture a effectué, d'une manière très satisfaisante, de fréquents voyages sur la route de Sèvres à l'Exposition, à des vitesses de vingt à vingt-cinq kilomètres à l'heure. Elle témoigne d'une étude consciencieuse; mais dans son mécanisme elle est susceptible de perfectionnements importants, qui pourraient diminuer les dépenses de conduite et d'entretien.

Gr. VI.
—
Cl. 64.

SECTION SUISSE.

A. **Schmid** (Zurich).

Le but du constructeur de cette machine a été de faire une pompe à incendie pouvant se transporter elle-même. La chaudière et le foyer sont dans le même corps cylindrique. Le mouvement, placé sous la chaudière, actionne directement la pompe à incendie par un simple embrayage qui rend libres les roues motrices.

L'avant ne comporte qu'une seule roue, que l'on gouverne comme la roue d'avant d'un tricycle. Cette machine est d'une exécution très soignée et présente des particularités de détail intéressantes.

Dans des expériences qui n'ont pu être faites devant le jury que peu de temps avant la clôture de l'Exposition, la machine Schmid a remorqué sur une pente de trois centimètres, à une vitesse de huit kilomètres à l'heure, une charge de 2,000 kilogrammes.

**Machines routières cylindreuses.**

Les constructeurs de machines routières ont présenté des modèles de machines de cette nature disposées de manière à servir au cylindrage des chaussées d'empierrement. Les deux roues d'avant sont remplacées par un seul cylindre. Le jury de la classe 64 n'a pas cru devoir examiner ces appareils, pas plus que ceux qui sont destinés à l'exécution des travaux publics, tels que les steamnavies et tous les appareils destinés à effectuer des dragages à sec ou sous l'eau.

Le jury n'a considéré comme matériel de chemins de fer que les engins destinés au service propre de ces chemins, et il s'est efforcé de se tenir dans les limites indiquées par le Règlement qui avait défini chacune des classes de l'Exposition.

# CHAPITRE VI.

## OBJETS DIVERS.

### § 1er. — QUESTION GÉNÉRALE DES FREINS.

Il n'y a pas de question qui préoccupe, qui passionne même à un plus haut degré le public que celle des freins. Arrêter aussi rapidement que possible un train lancé à grande vitesse est évidemment un problème difficile et de nature à saisir bien des imaginations. Aussi le nombre des inventions relatives aux freins est-il considérable. Malheureusement, beaucoup de personnes connaissent mal les conditions de ce problème; certaines même arrivent à rêver l'instantanéité absolue dans l'arrêt; elles ne comprennent pas qu'il y a dans un train en marche une force vive qu'il faut transformer et absorber par un travail nouveau. Un rocher tombé en travers de la voie assurerait l'arrêt instantané, mais au prix de la destruction complète du train.

Pendant longtemps, on n'a connu que les freins à main, manœuvrés par le chauffeur sur le tender, et par des agents spéciaux placés sur des voitures munies de ces appareils.

Le nombre et la position des freins dans un train sont l'objet de dispositions réglementaires précises.

On a d'abord pensé qu'un même agent pourrait mettre en mouvement des organes de transmission qui entraîneraient l'action des sabots sur deux, trois, quatre véhicules; avec le même nombre d'agents, on doublait, triplait, quadruplait la puissance des moyens d'arrêt.

Dans un autre ordre d'idées, on a cherché à utiliser des déplacements relatifs, tels que le rapprochement des tampons, pour entraîner le jeu des freins.

Pendant longtemps, le mécanicien n'a eu à sa disposition que le frein du tender; on redoutait de placer des freins sur les roues motrices. Lui donner le moyen de transformer en action retarda-

Gr. VI. — Cl. 64.

trice la puissance même de la machine était mettre entre ses mains une arme inespérée, et nous estimons que l'application des idées émises par Lechâtelier, pour l'emploi facile et courant du renversement de la vapeur, a été un des progrès marquants réalisés dans l'industrie des chemins de fer.

Aujourd'hui on poursuit un but plus difficile à atteindre : on veut avoir sur chaque véhicule un frein disposé de façon que le mécanicien puisse déterminer l'action de tous ces freins, sinon instantanément, au moins en quelques secondes; ce sont les freins continus.

Tous ces systèmes étaient représentés à l'Exposition. Nous examinerons donc successivement :

Les freins isolés sur wagons;

Les freins disposés par groupes;

Les freins sur machines:

Les freins continus.

### 1° Freins isolés sur wagons.

Nous avons peu de progrès à enregistrer dans la construction des freins à main. Toutes les améliorations qui avaient pour but d'augmenter la puissance et la rapidité d'action de ces freins paraissent avoir été épuisées.

Nous citerons cependant la disposition du frein à vis de la compagnie de l'Ouest, qui, par d'ingénieuses dispositions des leviers, rend le serrage sensiblement uniforme dans toutes les positions du frein dit à V.

Nous avons aussi à constater les nouvelles combinaisons de freins à main et à vis de M. Stilmant, dont la construction est très simple, peu coûteuse et d'une application facile au matériel roulant de tous les types.

L'emploi de freins à quatre sabots, dont la construction était très simple, avait jusqu'alors prédominé en France; mais, au fur et à mesure de l'augmentation de la charge et de l'accroissement de la vitesse, la force des freins a dû être augmentée, et l'effort des sabots sur les roues est devenu assez énergique pour déplacer les fusées dans leurs boîtes. Pour remédier à ce grave inconvénient, les ingénieurs allemands ont employé huit sabots au lieu de quatre. Les fourgons exposés par les compagnies d'Orléans et du Midi présentent une application de cette disposition nouvelle.



### 2° Freins disposés par groupes.

#### FREIN DORRÉ.

Le ralentissement de la machine détermine toujours le refoulement des tampons. L'idée de profiter de ce changement de position des pièces d'un véhicule pour mettre en jeu les pièces qui commandent les sabots était à coup sûr fort ingénieuse. En disposant un frein sur chaque véhicule, M. Guérin réalisait, il y a plus de vingt ans, le problème du frein continu. Malheureusement, la pratique n'a pas donné tout ce que l'on espérait; lorsque, pour une cause quelconque, un train doit être refoulé, tous les tampons sont rapprochés, et, dans ce cas, cependant, il ne faut pas que les freins agissent. On arrive donc à ce dilemme : dans la marche en avant, le rapprochement des tampons doit commander les freins; dans la marche en arrière, le même rapprochement doit rester sans action.

MM. Lefebvre et Dorré espèrent avoir résolu les difficultés assez graves que présente cette solution double, si différente, à attendre d'un même mouvement initial. Nous estimons que de nouvelles expériences sont nécessaires pour que l'on puisse se prononcer définitivement sur le mérite de cette invention.

#### FREIN HÉBERLEIN.

La compagnie d'Orléans expose un fourgon à bagages, muni du frein à chaîne Héberlein. Le principe de cet appareil est connu; il consiste à mettre en mouvement, par friction sur l'essieu, une roue d'entraînement sur laquelle s'enroule une chaîne qui met en action, non seulement le frein du véhicule portant la roue d'entraînement, mais encore ceux des deux véhicules suivants. La roue d'entraînement est mise en contact avec l'essieu au moment où l'on veut faire agir le frein.

Cette application est faite par le mécanicien ou les agents de train, qui, au moyen d'une corde, font agir les déclenchements

Gr. VI. — Cl. 64.

des roues d'entraînement de tous les véhicules munis de l'embrayage Héberlein. Après le serrage, le mécanisme des roues d'entraînement doit être relevé à la main dans chaque véhicule muni du mécanisme d'entraînement.

FREIN BECKER.

Le frein à chaîne de M. Becker, ingénieur en chef du matériel et de la traction des chemins de fer de l'Empereur-Ferdinand du Nord, dont le spécimen figure sur le wagon à marchandises exposé par ce chemin, présente quelques dispositions intéressantes. Dans ce système, chaque véhicule à frein possède son appareil de serrage, composé de deux roues de friction, qui peuvent être mises à volonté en contact avec les boudins des roues, et sur l'arbre desquelles s'enroule la chaîne de serrage du frein.

Dans le but d'éviter l'entraînement brusque reproché au frein Héberlein, M. Becker fait usage d'une roue de friction à deux poulies concentriques en fonte, dont l'intervalle est rempli par une couronne en bois, à section triangulaire.

Le glissement possible de l'une des poulies sur la couronne de bois doit amortir les efforts trop énergiques, que l'on compte, d'autre part, être toujours suffisants pour opérer le serrage du frein, par suite de la forme en coin donnée à la couronne.

Pour la manœuvre du frein, deux chaînes s'enroulent en sens inverse sur une poulie, dont l'arbre, suspendu parallèlement aux essieux, porte des manivelles à ses extrémités et en dehors des brancards. L'une de ces chaînes est attachée à l'arbre des poulies de friction, et la seconde est reliée à la chaîne de commande générale du frein, disposée sous chaque wagon de façon à pouvoir régner dans toute la longueur d'un train. Lorsque la chaîne de commande est abandonnée, les poulies de friction viennent au contact des roues, tandis qu'on les maintient écartées, soit en tirant sur la chaîne de commande, soit en maintenant les manivelles relevées, au moyen d'une chaînette spéciale. Les véhicules sont tous munis d'un accouplement spécial articulé, qui assure à la chaîne de commande une longueur constante, quel que soit le jeu des attelages.

Lors de la formation des trains, on accouple les chaînes de commande, de façon à permettre aux poulies de friction de venir au contact des boudins, puis on tend ces chaînes au moyen d'un appareil spécial installé sur le tender ou dans les fourgons, consistant en une tige filetée, animée d'un mouvement vertical par un volant, et dont l'extrémité inférieure porte un galet qui, en remontant dans une coulisse, entraîne la chaîne et en raccourcit ainsi la longueur. L'écrou servant à faire monter la tige est en deux pièces, qu'il suffit d'écarter pour entraîner la brusque descente de cette tige, la détente de la chaîne, la mise en contact des poulies de friction et, par suite, le serrage du frein.

Le frein Becker peut aussi être employé dans les manœuvres de gare, en agissant à la main sur la manivelle qui amène les roues de friction au contact des boudins.

Cet appareil doit être appliqué à tout le matériel de la compagnie du chemin de fer du Nord Empereur-Ferdinand.

Quelles que soient les dispositions adoptées, on ne saurait appliquer les freins à chaînes qu'à des groupes de trois ou quatre véhicules. Ce ne sont pas des freins continus; de plus, tous ces freins à chaîne agissent avec brutalité; ils produisent presque immédiatement le calage des roues, et l'on doit redouter les chocs et les ruptures de pièces importantes.

### 3° Freins sur machines.

Toutes les locomotives qui figurent à l'Exposition sont munies, soit de l'appareil d'injection pour la marche à contre-vapeur, soit d'un frein, soit même simultanément de ces deux moyens de modérer et de détruire la vitesse.

Quelques locomotives étrangères et la plupart des petites locomotives ne sont pas munies de l'injection Lechâtelier.

Dans la locomotive Sharp, entre autres, et dans la locomotive du Nord, on a préféré à la contre-vapeur l'emploi d'un frein agissant sur les roues accouplées. Dans la locomotive de l'Est, outre l'emploi de la contre-vapeur, on a installé un frein à sabot sur les roues porteuses d'avant, ce qui permet d'utiliser comme frein tout le poids de la machine.

Gr. VI.
—
Cl. 64.

Tous ces freins peuvent être commandés à la main, soit par vis, comme dans la plupart des machines, soit par crémaillère, comme dans celle de l'Est: à la manœuvre à main s'ajoute, sur quelques-unes, la manœuvre par des moyens mécaniques. Nous citerons : l'emploi de l'eau comprimée dans la locomotive de Sharp; celui du vide, d'après les systèmes Smith ou Hardy, dans la locomotive du Nord et dans celle de la Sudbahn; ou enfin l'air comprimé, d'après le système Westinghouse, dans les locomotives d'Évrard et du London-Brighton.

Nous décrirons plus loin les systèmes Smith et Westinghouse, qui doivent être surtout considérés comme des freins continus; mais nous croyons pouvoir dire que, dans un très grand nombre de cas, les freins du tender et de la machine, placés sous la main du mécanicien, peuvent être manœuvrés à bras rapidement et permettent de se passer de l'emploi des moyens mécaniques.

### FREIN HYDRAULIQUE DE LA MACHINE DE SHARP.

Nous dirons cependant quelques mots du frein hydraulique système Webb, qui n'est, à proprement parler, qu'un frein de machines.

Il consiste dans un cylindre, à l'intérieur duquel se déplace un piston, dont la tige agit sur le levier de l'arbre de commande du frein. La capacité inférieure de ce cylindre est en communication d'une manière constante avec l'eau de la chaudière; sa capacité supérieure peut, à volonté, être mise en communication avec la vapeur de la chaudière ou avec la caisse à eau du tender.

Dans le premier cas, par suite de la moindre section présentée par la face inférieure du piston, à cause de la présence de la tige. la pression qui agit sur la face supérieure est plus considérable, et le piston s'abaisse, permettant ainsi au ressort de rappel du frein de fonctionner et de produire le desserrage.

Pour serrer, au contraire, on évacue dans la caisse à eau du tender la vapeur qui remplissait la partie supérieure du cylindre, où va s'exercer la pression atmosphérique seulement. La pression de la vapeur de la chaudière, qui agit sur la face inférieure du piston, va alors faire monter celui-ci et produire le serrage.

FREIN À AIR DE RIGGENBACH.

Le principe de ce frein n'est pas nouveau. Appliqué d'abord par M. de Bergue sur les lignes de Saint-Germain et d'Enghien, il a été réduit par M. Riggenbach à sa plus grande simplicité, et c'est à son emploi pour modérer la vitesse de descente des trains sur les lignes à crémaillère exploitées par les locomotives de son système que les chemins à crémaillère doivent, en partie, leur réussite.

Voici en quoi consiste son fonctionnement. La marche étant renversée par rapport au sens de marche de la machine, on ferme par un clapet la communication de l'échappement avec l'intérieur de la boîte à fumée, et l'on ouvre en même temps la communication avec l'air extérieur. Les freins étant desserrés, le train se met en marche sous l'action de la gravité. L'air est alors aspiré par les pistons dans la première période de la marche, et, dans la période inverse, il est refoulé dans les conduites et dans la boîte de prise de vapeur, en produisant le travail résistant nécessaire pour modérer la vitesse du train, et pour l'arrêter, au besoin.

C'est au moyen d'un robinet plus ou moins largement ouvert, et par lequel s'écoule l'air comprimé dans les conduites, que l'on règle la pression qu'il peut atteindre et, par suite, la puissance de résistance qui modère la vitesse de la descente du train au moyen de l'engrenage, de même que c'est par l'intermédiaire de l'engrenage que se fait la montée dans la marche directe, sous l'action de la vapeur. Une injection d'eau dans les cylindres sert, du reste, à empêcher l'échauffement qui résulterait inévitablement de la compression de l'air.

### 4° Freins continus.

Sous la dénomination de *freins continus,* nous comprenons tous les appareils qui permettent au mécanicien ou aux agents d'un train d'enrayer simultanément, par une manœuvre quelconque, toutes les roues des véhicules munis de freins.

Gr. VI.
—
Cl. 64.

FREIN ÉLECTRIQUE.

M. Achard, dont le frein électrique est depuis longtemps déjà à l'étude, présente une nouvelle disposition de son appareil.

Un électro-aimant à bobines, animé d'un mouvement circulaire par des galets de friction en contact avec l'essieu, attire, par le passage du courant électrique, deux plateaux sur les axes desquels s'enroule une chaîne en relation avec le levier du frein.

Cette disposition évite les chocs brusques au serrage, car il peut y avoir glissement, d'une part, entre les galets de friction et l'essieu et, d'autre part, entre les pôles de l'électro-aimant.

Le courant électrique est produit par la décharge d'une pile accumulatrice Planté, de quatre éléments, dont chacun est alimenté par trois éléments à sulfate de cuivre.

M. Masui modifie le frein Achard en plaçant directement l'embrayage électrique sur l'essieu. Par ce système, les efforts sont transmis directement de la roue au levier du frein, ce qui rend ce système inapplicable.

Les freins électriques, quelles que soient leurs dispositions, ont été, jusqu'à ce jour, d'une application difficile. On constate, dans les essais, des dérivations inexplicables, qui s'opposent au serrage ou font agir les freins sans cause apparente; dans ces circonstances, le personnel des trains n'est souvent pas à même d'apprécier les mesures à prendre pour remédier à ces inconvénients. L'électricité est un agent délicat et capricieux, dont le maniement ne peut être confié qu'à un personnel spécial, et cette condition n'est pas un mince obstacle à un emploi sur une grande échelle.

En outre, les actions des freins électriques, par leur instantanéité même, sont d'une énergie qui atteint la brutalité et peut occasionner de graves accidents. Par contre, l'électricité, au point de vue de la simplicité dans la transmission de l'action d'un véhicule à l'autre, offre des avantages tels qu'il ne faut pas désespérer de son emploi. En ce moment même, la compagnie de l'Est français poursuit une nouvelle série d'expériences sur plusieurs véhicules pourvus du frein électrique Achard. Nous ne saurions d'ailleurs parler de ces freins sans rendre hommage à la persistance de M. Achard; cet homme honorable a consacré sa vie à chercher les moyens de réaliser une idée ingénieuse.

#### FREINS CONTINUS À AIR.

La pensée d'utiliser un fluide aussi compressible que l'air se présente naturellement lorsque l'on recherche les moyens de mettre en marche les organes d'un frein. Il suffit de relier les organes de ce frein à la tige d'un piston pouvant se mouvoir dans un cylindre, et de déterminer une différence de pression sur les deux faces de ce piston. On obtiendra ce résultat en laissant un côté du piston en communication avec l'extérieur, et en mettant l'autre côté en relation soit avec un réservoir d'air comprimé, soit avec une capacité dans laquelle on aura fait le vide ou un vide relatif.

Deux systèmes de freins répondent à cette double disposition : le frein Westinghouse emploie l'air comprimé ; le frein Smith (*vacuum Smith's brake*), au contraire, repose sur la raréfaction de l'air. Ces deux freins sont aujourd'hui connus de tous les ingénieurs de chemins de fer, et nous n'avons pas à les décrire dans tous leurs détails. Nous rappellerons seulement leurs principales dispositions. Mais nous devons auparavant parler d'une condition nouvelle que l'on demande aux constructeurs de réaliser : nous voulons parler de l'instantanéité de l'action sur tous les véhicules qui entrent dans la composition d'un train, et de l'automaticité de cette action. En d'autres termes, on dit : « Il ne suffit pas que tous les véhicules soient munis d'un frein, il faut encore qu'au moment de l'application tous ces freins agissent à la fois; il faut, en outre, qu'en cas de rupture d'attelage ou de tout autre accident, les freins se serrent d'eux-mêmes sur les roues. » Il n'est pas nécessaire de dire que l'instantanéité recherchée ne s'applique pas à l'arrêt du train, mais à la mise en œuvre des engins qui doivent produire l'arrêt après le temps le plus court possible.

Le Board of Trade, en Angleterre, a donné une grande précision à ce triple desideratum de la continuité du frein, de l'instantanéité de l'action, enfin de l'automaticité, et il a formulé ce désir dans les termes suivants :

1° Les freins doivent être instantanés dans leur action et pouvoir être appliqués par le mécanicien ou par les conducteurs du train.

2° En cas d'accident, ils doivent s'appliquer d'eux-mêmes et instantanément.

3° La manœuvre des freins, tant pour le serrage que pour le desserrage, doit être très facile sur la machine comme sur les véhicules du train.

4° Ils doivent être d'un usage constant et régulier pour la manœuvre de chaque jour.

5° Les matériaux employés dans leur construction doivent être durables, c'est-à-dire d'une certaine solidité, de façon à être entretenus facilement et maintenus en bon état de fonctionnement.

Disons immédiatement que le frein Westinghouse est présenté comme remplissant toutes les conditions de ce programme, tandis que le frein Smith, au moins dans ses applications actuelles, ne réalise pas les conditions relatives à l'automaticité.

### FREINS À AIR COMPRIMÉ WESTINGHOUSE.

M. Westinghouse a réalisé successivement deux combinaisons. Dans la première, la machine locomotive est munie d'une petite pompe qui comprime l'air à 4 ou 5 atmosphères dans un réservoir placé sous le tender. Sous chaque voiture est placé un cylindre dont le piston commande les sabots des freins. Une conduite longitudinale, composée de parties fixes sous les véhicules et de raccords en caoutchouc dans les intervalles, met en communication le réservoir du tender avec tous les cylindres. Dès que cette communication est établie, tous les pistons sont poussés et les sabots agissent.

Dans la seconde disposition, celle qui était représentée à l'Exposition dans la section américaine, les choses sont beaucoup plus compliquées, en vue d'obtenir l'automaticité, qui fait complètement défaut dans la première disposition. La pompe placée sur la machine en communication avec la conduite longitudinale emmagasine de l'air, comprimé à 4 atmosphères environ, dans des réservoirs métalliques placés sous chaque véhicule. Le mécanicien, en mettant par un robinet la conduite générale en communication avec l'atmosphère, détermine dans l'appareil de chaque véhicule le fonctionnement d'un petit piston, faisant partie d'un organe assez compliqué, nommé *triple valve* et sur lequel repose le fonctionnement du frein.

A ce moment, le réservoir accumulateur de pression est mis automatiquement en communication avec un cylindre de diamètre plus réduit, dans lequel se meut un piston qui actionne le mouvement du frein.

Le desserrage s'obtient en rechargeant le réservoir accumulateur, opération qui fait revenir le piston de la triple valve à sa position primitive, supprimant toute communication entre ce réservoir et le cylindre, en même temps que la pression accumulée dans le cylindre du piston moteur, qui est mis en communication avec l'atmosphère.

Le frein Westinghouse est très énergique, et son action est excessivement rapide; il est automatique dans toutes les parties d'un train, puisque toute rupture d'attelage met la conduite principale en communication avec l'atmosphère.

Le problème semble donc résolu d'une manière complète, grâce, il est vrai, à l'emploi d'un organe très délicat, la triple valve.

### FREIN PAR LE VIDE DE SMITH.

M. Smith a présenté un appareil beaucoup plus simple.

Un sac en caoutchouc à fonds rigides, ayant la forme d'une lanterne vénitienne, est placé sous chaque voiture. Ce sac est en relation avec une conduite générale dans laquelle on fait le vide au moyen d'un éjecteur placé sur la machine. Le vide détermine le rapprochement des deux fonds du sac, dont l'un est fixé au châssis et l'autre au mécanisme du frein, et l'on obtient ainsi le mouvement nécessaire pour appliquer les sabots.

Ce frein nous paraît imité du frein pneumatique Verdat du Tremblay et Martin, dont le brevet date de l'année 1860.

Le procédé pour faire le vide mérite une attention particulière. Un jet de vapeur lancé à l'intérieur du tuyau qui règne sous le train détermine un entraînement latéral de l'air, et la pression dans ce tuyau est réduite à 1/2 atmosphère, ce qui est plus que suffisant pour déterminer le rapprochement rapide des fonds des sacs en caoutchouc. Placé sous la main du mécanicien, qui peut en graduer l'action avec la plus grande facilité, l'éjecteur rend les plus grands services pour la descente des trains sur les longues rampes.

**Modification proposée par M. Hardy.**

Pour éviter les inconvénients que présentaient les sacs en caoutchouc, qui s'usaient rapidement, M. Hardy, chef des ateliers des chemins de fer du Sud de l'Autriche, les a remplacés par un cylindre métallique, dans lequel se meut un diaphragme en cuir, qui entraîne un piston dont la tige commande les sabots. Cette modification de M. Hardy se retrouve dans les dispositions primitives de MM. Du Tremblay et Martin, et le frein Smith, ainsi perfectionné, reproduit presque complètement le frein des ingénieurs français.

Reste l'automaticité. M. Hardy estime qu'elle peut être obtenue en plaçant sous chaque véhicule un récipient métallique en relation avec la conduite principale, et dont la capacité doit être double de celle du cylindre employé pour la mise en action du frein.

Le vide fait *a priori* dans ce réservoir s'y maintient constamment, au moyen de soupapes spéciales, qui, au moment où l'équilibre est rompu dans la conduite principale par l'introduction de l'air, se déplacent et mettent en communication le réservoir auxiliaire et le cylindre de serrage.

Les dispositions adoptées pour arriver à ce résultat nous paraissent délicates et compliquées. De plus, la puissance d'action du frein se trouve diminuée notablement, car le vide produit par l'éjecteur dans le réservoir auxiliaire est en partie détruit par l'air contenu, au moment du serrage, dans le cylindre qui agit sur le mécanisme du frein.

En fait, ces dispositions n'ont pas été réalisées, et, il faut le reconnaître, jusqu ici le frein Hardy n'est pas automatique. Le frein Westinghouse semblerait donc avoir à ce sujet une supériorité incontestable. Mais ici interviennent des observations dont on ne saurait méconnaître l'importance. Les conditions du programme posé par le Board of Trade relatives à la manœuvre facile de l'appareil, à son desserrage, à la durée des organes en service, à leur facile entretien, sont-elles absolument remplies par le frein Westinghouse? Non, disent les partisans des systèmes Smith et Hardy. On a un appareil compliqué et d'un prix fort élevé. Or les questions de dépenses ne sauraient être négligées quand il s'agit de modifications à apporter à des milliers de véhicules.

L'expérience au moins a-t-elle prononcé d'une manière décisive en faveur de l'un de ces deux appareils? Le jury de la classe 64 n'a pu recueillir, à ce sujet, que des renseignements contradictoires et que nous résumerons très brièvement.

En Amérique, le frein Westinghouse est accepté d'une manière générale. La compagnie propriétaire des 29 brevets pris successivement par M. Westinghouse a publié des renseignements qui établissent :

1° Que les freins automatiques sont en service sur plus de 1,000 locomotives et de 5,000 voitures dans toutes les parties du monde et sous tous les climats;

2° Que les freins non automatiques sont posés sur 3,000 locomotives et 8,500 voitures; mais que plusieurs compagnies qui se servent de ces derniers freins s'occupent actuellement de leur transformation en freins automatiques.

En Angleterre, les compagnies sont très partagées : les compagnies London-Brighton and South Coast Railway, North Eastern, North British Railway, ont adopté le frein Westinghouse d'une manière complète; mais le Great Northern, le South Eastern et plusieurs autres compagnies préfèrent l'appareil Smith.

Le London and North Western a muni un grand nombre de ses voitures et de ses machines du frein à chaîne de Parke et Webb.

Enfin apparaît en ce moment un nouveau frein à vide, celui de Sauders, qui, dit-on, réaliserait à la fois la simplicité de l'appareil Smith et l'automaticité du Westinghouse. Les essais que poursuit le Great Western donneront, à cet égard, des résultats d'une extrême importance.

Gr. VI. — Cl. 64.

Sur le continent, la Belgique et quelques chemins allemands se prononcent pour le frein Westinghouse; tandis que la grande compagnie du Sud de l'Autriche estime que l'application des freins Smith et Hardy donne au service des grandes rampes du Sommering et du Brenner les résultats les plus satisfaisants, «au point de vue de l'économie de l'installation et de l'entretien, la disposition Hardy paraissant préférable à toute autre.»

En France, les idées sont également partagées : la compagnie du Nord français a adopté le système Smith, tandis que celle de l'Ouest applique le frein Westinghouse; et, comme cette dernière compagnie est concessionnaire de deux des trois sections qui constituent le chemin de fer de Ceinture de Paris, — le chemin d'Auteuil et ce que l'on appelle la Ceinture rive gauche de la Seine, — le syndicat concessionnaire de la dernière section, désignée sous le nom de Ceinture rive droite, a dû adopter le frein choisi par l'Ouest.

En présence de cette situation, le jury de la classe 64, après la discussion la plus longue et la plus approfondie, s'est également divisé, et a décidé, à la majorité de 7 voix contre 6, qu'il y avait lieu d'accorder la même récompense aux deux systèmes de freins continus Westinghouse et Smith.

Tous deux réalisent un progrès certain : la continuité. En ce qui concerne l'automaticité, les partisans de chaque système invoquent des expériences en sa faveur, et, pratiquement, il n'y a pas de grandes différences. Quant à l'automaticité, on doit désirer des solutions moins coûteuses que celles proposées par M. Westinghouse. Les trouvera-t-on dans les freins électriques, dans les freins Sauders? L'expérience seule prononcera d'une manière souveraine.

Enfin, nous avons parlé de l'action brutale des freins électriques. On peut redouter quelque chose de semblable dans les freins chassés en quelque sorte par des pistons sous une pression de 3 ou 4 atmosphères effectives, et l'on peut se demander si le matériel actuel des chemins de fer est fait pour résister aux réactions inséparables de pareilles attaques.

Dans les derniers jours de juillet 1878, M. le capitaine Douglas Galton, vice-président du jury de la classe 64, dont le nom fait autorité en Angleterre, a fait des expériences très intéressantes sur l'action des freins continus, et il en a publié les résultats. Nous lisons, à la fin de son travail, ces deux paragraphes, qui nous paraissent résumer de la manière la plus complète la situation de la question des freins:



« En recherchant quel est le frein le mieux approprié à leurs besoins, les compagnies de chemins de fer doivent sans doute tenir le plus grand compte des résultats que nous venons d'énumérer; mais elles doivent, en outre, considérer la durée des différents systèmes et les avantages ou inconvénients qu'ils présentent relativement à leur maintien en bon état et aux réparations qu'ils exigent.

« Nos expériences montrent clairement que l'application générale des freins continus soulève bien des questions relatives à la résistance du matériel roulant en usage, et qui, pour une grande partie, a été construit dans le but de répondre à des conditions d'exploitation différentes. »

Enfin, postérieurement à la fermeture de l'Exposition, nous avons reçu un document d'une grande importance, qui nous paraît justifier les hésitations et la réserve du jury de la classe 64. C'est le rapport présenté au Parlement anglais, le 14 août 1878, par le Board of Trade sur les essais poursuivis par les compagnies anglaises au sujet de l'emploi des freins continus.

Le Board of Trade « regrette d'avoir à constater que, non seulement les rapports contenus dans la correspondance citée plus haut ne permettent pas de prévoir l'adoption immédiate et générale d'un système de freins même par les compagnies dont les lignes se continuent, mais en outre beaucoup de compagnies ne prennent pas et paraissent même se refuser à prendre les mesures propres à assurer ce résultat. »

« Quant aux mérites des différents freins actuellement en usage ou en essai, il est à remarquer que, dans les réponses aux questions du Board of Trade, les compagnies émettent des assertions qui varient considérablement et sont souvent même contradictoires. »

Gr. VI. — Cl. 64.

Le Board of Trade signale enfin une déclaration inattendue : «La compagnie Manchester-Sheffield and Lincolnshire semble croire que l'adoption et la manœuvre de freins continus introduisent de nouveaux éléments de danger.» Il est arrivé, en effet, que des freins automatiques se sont mis en action d'eux-mêmes et sans cause connue, et que l'on a eu beaucoup de peine à les desserrer; pendant ce temps, le train qu'ils avaient immobilisé devenait un obstacle permanent sur la voie.

### § 2. — PIÈCES DÉTACHÉES ET FOURNITURES POUR MACHINES, VOITURES ET WAGONS. — OUTILS SPÉCIAUX.

Les progrès de la métallurgie, les perfectionnements incessants apportés aux machines-outils, ont, sur la construction du matériel des chemins de fer, une importance si considérable qu'il n'est pas possible de les passer sous silence dans ce travail. Sans entrer dans l'examen des procédés de la métallurgie, nous voudrions montrer quelles sont les ressources dont disposent aujourd'hui les ingénieurs pour l'élaboration de leurs projets. Nous devons dire aussi quelques mots des objets exposés dans la classe 64 comme se rattachant au matériel des chemins de fer, tels que les draps, les bâches, dont nous faisons une énorme consommation et dont la production occupe des industries spéciales. Quant aux outils, nous ne saurions, sans empiéter sur la tâche dévolue à une autre classe de l'Exposition, décrire les machines à tourner, à raboter, à aléser, etc., qui donnent aux métaux les formes les plus diverses et les plus précises. Beaucoup de ces machines sont bien spécialisées en vue du matériel des chemins de fer; mais il suffit qu'elles répondent à un programme plus général pour que nous les écartions ici. Le jury de la classe 64 n'a pu examiner que quelques outils qui, en dehors des chemins de fer, seraient absolument sans emploi. Nous citerons comme type de ces outils les appareils présentés par la compagnie du Nord français pour le relevage des machines locomotives déraillées.

**Pièces fournies par les établissements métallurgiques.**

Il n'est pas possible de préciser la limite qui sépare exactement le travail exécuté, d'une part, dans les grands établissements métallurgiques, d'autre part, dans les ateliers de construction des compagnies de chemins de fer. Ces derniers augmentent sans cesse d'importance, et chaque jour ils exécutent des travaux qu'ils demandaient autrefois aux forges. Incidemment, nous dirons que ce développement des grands ateliers des compagnies de chemins de fer présente un inconvénient. Il enlève aux usines d'un pays le marché intérieur et ne laisse à celui-ci que l'exportation. Nous estimons que les compagnies doivent limiter strictement leurs ateliers aux travaux d'entretien et de réparation, en ne faisant des constructions neuves que pour assurer un travail permanent à leurs ouvriers.

Pour revenir aux forges, nous nous arrêterons aux grandes divisions.

*Tôles en fer.* — Les établissements métallurgiques de toutes les régions de l'Europe sont aujourd'hui en mesure de fournir les tôles les plus diverses. On peut leur demander : pour les chaudières, des tôles ayant 22 millimètres d'épaisseur et 7$^{m}$,30 de longueur, destinées à former une virole entière d'une chaudière de 2$^{m}$,315 de diamètre ; — pour les longerons, des tôles ayant 11 mètres de longueur, 1$^{m}$,10 de hauteur, et 35 millimètres d'épaisseur, ou 17 mètres de longueur, 81 centimètres de hauteur et 10 millimètres d'épaisseur ; — pour le revêtement des voitures, des tôles de 3 mètres de longueur, 1 mètre de largeur et 2 dixièmes de millimètre d'épaisseur. Quant aux fers, il suffit d'ouvrir un album des usines pour voir l'immense variété des profils offerts à l'industrie. A ce sujet, il n'y a plus rien à désirer.

*Pièces forgées.* — Comme pièces isolées de machines, nous citerons : les roues forgées en matrice, dans les expositions de MM. Arbel et Deflassieux, depuis 40 centimètres jusqu'à 2$^{m}$,29 de diamètre ; les roues forgées à la presse hydraulique par M. Brunon ; la collection des pièces forgées à la presse par M. Hasswell, dans la section autrichienne : boîtes à graisses, crosses de piston, roues avec leur manivelle et leur contrepoids, etc.

La transformation radicale subie par l'art du forgeron permet d'obtenir d'une manière courante, en fer ou en acier, des pièces qui, il y a vingt ans, ne paraissaient possibles qu'en fonte, et chaque jour cette transformation fait de nouveaux progrès. Il suffit que le nombre des pièces semblables à fabriquer soit un peu important, pour que l'on prépare les matrices nécessaires à l'emploi du marteau-pilon.

### Essieux.

A l'exception des compagnies du Nord et de l'Ouest, qui emploient maintenant des essieux en acier, les grandes compagnies françaises ont conservé l'essieu en fer, sauf quelques cas particuliers.

Les essieux en acier donnent de très belles surfaces de frottement, et l'usure des fusées est bien moins rapide qu'avec le fer; mais les conditions de fabrication de l'acier ne paraissent pas présenter encore toutes les garanties suffisantes pour obtenir un métal homogène, de qualités constantes, et dont l'emploi présente toute sécurité.

Dans les essieux en acier, les ruptures ont été jusqu'à ce jour généralement brusques, tandis qu'avec le fer les cassures, suivant presque toujours une marche progressive, peuvent être facilement découvertes à temps.

Les usines de Rive-de-Gier, du Creusot, de Commentry, exposent de beaux spécimens d'essieux en acier. Nous remarquons, en outre, les essieux en acier coulé de l'usine de Terre-Noire. L'expérience dira ce que valent décidément ces produits et si l'acier doit être définitivement substitué au fer pour les essieux.

### Bandages.

La question de l'acier et du fer n'est pas non plus résolue pour les bandages. En France, les compagnies du Nord et d'Orléans appliquent des bandages en acier sur tous leurs véhicules. Celles de Lyon et de l'Est conservent les bandages en fer pour le matériel à voyageurs et emploient l'acier pour les bandages des wagons à marchandises.

Pour le matériel de tramways, ainsi que pour les véhicules des chemins de fer étrangers, nous constatons un emploi presque général des bandages en acier.

Le mode d'attache des bandages paraît surtout avoir attiré l'attention des constructeurs. Parmi les dispositions exposées, un grand nombre ont pour but de supprimer les boulons ou rivets d'attache, dont le passage à travers le bandage détermine un affaiblissement de section qui devient souvent une cause de rupture. Dans certaines dispositions, les boulons ou rivets sont remplacés par des vis taraudées, dont la longueur est telle qu'elles ne peuvent atteindre la surface de roulement. Nous trouvons une application de la suppression complète de trous de rivets dans les roues Mansell et J. Brown et dans les roues suédoises.

Le bandage de roues à centre plein Mansell et J. Brown porte intérieurement une nervure circulaire encastrée de son épaisseur dans la face extérieure du corps de roue. L'assemblage est complété par deux frettes ou plaques latérales, reliées par des boulons qui traversent en même temps la nervure du bandage et le corps de roue.

Dans les roues en fer des voitures suédoises, le bandage est muni intérieurement de deux feuillures circulaires, dans lesquelles s'encastrent deux frettes reliées entre elles en dessous de la jante par des boulons transversaux.

Les ateliers de la Dyle exposent une troisième solution, d'après le système de M. Kaselowsky, dans lequel le bandage est maintenu sur la jante de la roue par un cercle en zinc coulé dans une rainure en queue d'aronde, après la pose du bandage. Ici encore il faut attendre ce que dira l'expérience.

Les dispositions dans lesquelles les vis d'attache sont proposées pour remplacer les boulons consistent généralement en un redan circulaire pratiqué dans le bandage du côté opposé au boudin.

Dans ce redan vient s'emboîter exactement une saillie régnant sur toute la face extérieure de la jante du corps de roue. Les vis

Gr. VI. — Cl. 64.

d'attache sont placées du côté opposé à l'encastrement. Les roues du matériel à grande vitesse de la compagnie d'Orléans présentent cette disposition.

### Corps de roues.

#### ROUES EN FER.

Nous avons déjà parlé des roues exposées par MM. Arbel, Deflassieux et Brunon; elles sont connues de tous les ingénieurs. MM. Brunon et Deflassieux garnissent quelques-uns de leurs corps de roues de remplissages en bois, pour éviter la sonorité reprochée aux roues en fer.

#### ROUES EN BOIS ET EN PAPIER COMPRIMÉ.

Les roues Mansell et J. Brown présentent les mêmes dispositions. Elles consistent en un corps de roues plein, consolidé par des frettes ou par des plaques en fer reliées par des boulons transversaux.

Dans les premières, le corps de roues est en bois, et, dans les secondes, en papier comprimé sous une pression de quatre cents tonnes.

#### ROUES À MOYEU EN FONTE.

Le corps de roue à moyeu en fonte et rais en fer laminé est presque complètement abandonné, ainsi que l'emploi des clavettes pour consolider le calage des roues sur les essieux.

#### ROUES EN FONTE.

Dans les sections américaine et autrichienne, nous trouvons les roues en fonte fondues en coquille.

Ces roues, qui sont d'un usage courant en Amérique, ne sont employées en Europe que par les chemins allemands et surtout par les chemins autrichiens; mais, dans ces contrées, l'emploi des roues en fer fait des progrès. Cette substitution est motivée, non par les chances de rupture que présentent les roues en fonte, mais par leur durée moindre que celle des roues en fer. Leur remplacement ne peut s'opérer que par le décalage, et cette opération

fatigue beaucoup les essieux. Dans tous les cas, ces roues en fonte ne sont admises que dans les trains de marchandises. Gr. VI. — Cl. 64.

Aux États-Unis, au contraire, les roues en fonte trempées en coquille sont d'un emploi général; elles forment corps avec le bandage et elles sont mises en service sans avoir subi aucune opération de tournage. Elles peuvent faire ainsi près de cent mille kilomètres; à ce moment, il faut les tourner. La fabrication de ces roues est très soignée et on n'a pu, ni en France, ni en Angleterre, obtenir des produits qui leur soient comparables. En Europe, la maison Ganz et C^ie^, d'Offen, peut seule rivaliser avec les fondeurs américains.

Les règlements sur les chemins de fer s'opposent, en France, à l'emploi des roues en fonte; il ne nous est donc pas possible de nous prononcer par expérience sur la valeur de ces roues.

Nous avons réuni dans les tableaux n^os^ 11, 12, 13, tous les renseignements intéressant les roues, essieux et bandages.

Gr. VI. — Cl. 64.

TABLEAU N° 11

| VOITURES. | SECTIONS. | NOMS DES EXPOSANTS. | FUSÉE DIAMÈTRE. | LO |
|---|---|---|---|---|
| | | MATÉRIEL POUR VOIE NORMALE. | | |
| Voitures de luxe. | Française..... | Lyon. Voiture-salon..... | mill. 85 | |
| | Idem......... | Est. Voiture de 1re classe à coupé-lits et toilette........... | 90 | |
| | Idem......... | Midi. Voiture de 1re classe à cabinet de toilette et water-closet. | 100 | |
| | Idem......... | Nord. Voiture de 1re classe à coupé-lits et toilette......... | 85 | |
| | Idem......... | Orléans. Voiture de 1re classe à coupé-lits éclairé au gaz.... | 100 | |
| | Idem......... | Chevalier. Wagon de famille.......... | 120 | |
| | Idem......... | Desouches. Voiture de 1re classe à coupé-lits, type de l'Ouest. | 100 | |
| | Idem......... | Compagnie française. Voiture à couloir excentré avec dispositions spéciales.......... | 80 | |
| | Italienne...... | Chemins romains. Wagon-lit.......... | 95 | |
| | Belge....... | Compagnie belge. Voiture-lit (Sleeping car).......... | 95 | |
| | Italienne..... | Haute-Italie. Voiture-salon. | | |
| | États-Unis.... | Pullmann. Wagon-lit de luxe. | | |
| 1res classes. | Française..... | Ouest. Voiture de 1re classe à quatre compartiments et à frein. | 100 | |
| | Autrichienne... | Charles-Louis, à Vienne. Voiture de 1re classe........... | 86 | |
| | Suédoise...... | Compagnie de Kockum. Voiture à lits.......... | 88 | |
| 2e classe... | Française..... | Compagnie française. Voiture de 2e classe à frein, type Ouest | 80 | |
| 3es classes.. | Française..... | Est. Voiture de 3e classe avec chauffage par thermo-siphon... | 90 | |
| | Suédoise...... | Compagnie de la fonderie. Voiture de 3e classe pour voyageurs. | 88 | |
| Voitures mixtes. | Autrichienne.. | Direction I. R. P. pour la construction des chemins de l'État. 1re et 2e classes.......... | 85 | |
| | Idem......... | Direction I. R. P. pour la construction des chemins de l'État. 2e et 3e classes.......... | 85 | |
| | Belge........ | Grand-Central. Voiture à voyageurs avec système de chauffage Belleroche.......... | 80 | |
| | | MATÉRIEL POUR VOIE ÉTROITE. | | |
| | Française..... | Compagnie française. Voiture pour voie de 0m,75 avec attelage spécial.......... | 54 | |
| | Idem......... | Chevalier. Voiture à couloir central et deux trucs, avec water-closet.......... | 70 | |

…UX DE VOITURES.

Gr. VI.

Cl. 64.

| …RPS DE L'ESSIEU. | | | DIAMÈTRE des ROUES au contact des rails. | RAPPORT du DIAMÈTRE de la fusée au diamètre de la roue. | CHARGE MAXIMA par essieu, y compris le poids de l'essieu. | NATURE DES MATÉRIAUX. | | POIDS de la paire de roues montées. |
|---|---|---|---|---|---|---|---|---|
| …E . | DIAMÈTRE près de la portée de calage. | DIAMÈTRE à la portée de calage. | | | | ESSIEUX. | BANDAGES. | |
| | mill. | mill. | mètre. | | kilogr. | | | kilogr. |
| | 118 en dehors. | 125 | 0,920 | 0,103 | 3.561 | | Fer. | 782 |
| | 135 | 140 | 1,040 | 1/11,55 | 5,540 | Fer. | *Idem.* | 996 |
| …que. | " | 140 | 1.100 | 0.110 | " | | Acier. | 980 |
| | 134 | 130 | 0,985 | 1/11 | 4,100 | | *Idem.* | 810 |
| | 135 | 150 | 1,040 | 1/10,4 | " | | *Idem.* | 1.000 |
| | 135 | 150 | 1,040 | 0.113 | 4.440 | | *Idem.* | 960 |
| | 145 | 150 | 1.030 | 0,097 | 4.720 | | *Idem.* | 930 |
| | 126 | 136 | 1.000 | 1/12.5 | 4,010 | | *Idem.* | 815 |
| | 140 | 140 | 1,000 | 0,095 | 4.752 | | *Idem.* | 970 |
| | 135 | 135 | 1,065 | 1/11 | " | | *Idem.* | 1.380 |
| | 145 | 150 | 1.030 | 0.097 | 5.120 | | *Idem.* | 930 |
| | 131 | 130 | 1,020 | 0,084 | 3,970 | | " | 1.000 |
| | 123 | 125 | 0.935 | 0,093 | 4.600 | | Acier. | 800 |
| | 125 | 130 | 1.030 | 0,077 | 4,580 | | *Idem.* | 900 |
| | 135 | 140 | 1,040 | 0,0865 | 5,395 | Fer. | Fer. | 996 |
| | 123 | 125 | 0,935 | 0.093 | 4.125 | | Acier. | 800 |
| …0 | 130 | 130 | 0.990 | 0.085 | 3,975 | | *Idem.* | 850 |
| …5 | 115 | 115 | 0.900 | 0,094 | 3,500 | | *Idem.* | 750 |
| …0 | 130 | 130 | 1,000 | 2/25 | " | | Fer. | 890 |
| …70 | 70 | 72 | 0.600 | 1/11,1 | 1,475 | | " | 200 |
| …90 | 90 | 100 | 0.750 | 0,093 | 3.350 | | Acier. | 400 |

Gr. VI.

Cl. 64.

TABLEAU N° 12. -

| VOITURES. | SECTIONS. | NOMS DES EXPOSANTS. | FUSÉE. DIAMÈTRE. | FUSÉE. LONGUEUR. |
|---|---|---|---|---|
| | | MATÉRIEL POUR VOIE NORMALE. | | |
| | | *Wagons couverts.* | | |
| Matériel courant. | Française..... | Ateliers de la Bouheyre et de Dax. Fourgon à bagages, type du Midi DD | mill. 100 | mill. 200 |
| | *Idem*......... | Nord. Fourgon à bagages | 85 | 170 |
| | *Idem*......... | Orléans. Fourgon à bagages avec water-closet | 100 | 200 |
| | *Idem*......... | Ouest. Wagon couvert avec guérite | 100 | 180 |
| | Autrichienne.. | Chemin Empereur-Ferdinand. Wagon à marchandises | " | " |
| | Russe........ | Lilpop Rau, à Varsovie. Wagon et accessoires | 94 | 170 |
| | Belge........ | Société de la Dyle. Wagon fermé à marchandises | 75 | 130 |
| Matériel pour transports spéciaux. | Française..... | Lepage, à Épinal. Wagon-réservoir pour vins et alcools | 95 | 190 |
| | *Idem*......... | Chevalier. Bureau ambulant des postes | 85 | 170 |
| | Autrichienne.. | Société impériale pour la construction de chemins de fer. Wagon pour la bière | 75 | 190 |
| | *Idem*......... | Charles-Louis. Wagon pour la viande | 86 | 198 |
| | | *Wagons découverts.* | | |
| Matériel courant. | Française..... | Ateliers de la Bouheyre et de Dax. Wagon plate-forme, type Midi Js | 85 | 170 |
| | *Idem*......... | Lyon. Wagon à houille | 85 | 170 |
| | *Idem*......... | Ouest. Wagon à marchandises avec guérite | 100 | 180 |
| | *Idem*......... | Chevalier. Wagon plate-forme, type de l'Ouest | 80 | 160 |
| | *Idem*......... | Tissier. Wagon à ballast versant par le fond et les côtés | " | " |
| | *Idem*......... | Entz. Wagon à plate-forme tournante | 80 | 160 |
| | *Idem*......... | Garin. Chariot-wagonnet à bascule | 50 | 95 |
| | | MATÉRIEL POUR VOIE ÉTROITE. | | |
| | Française..... | Delettrez. Wagon plat à tamponnement et attelage central automatique | 60 | 120 |
| | *Idem*......... | Compagnie de matériel de chemin de fer. Wagon à toiture mobile (voie 0m,750) | 54 | 115 |
| | *Idem*......... | Caizergue. Wagon pour terrassements | " | " |
| | *Idem*......... | Raynaud et Béchade. Wagonnet de terrassements pour voie de 0m,800 | 50 | 80 |

X DE WAGONS.



| …RPS DE L'ESSIEU. | | | DIAMÈTRE des ROUES au contact des rails. | RAPPORT du DIAMÈTRE de la fusée au diamètre de la roue. | CHARGE MAXIMA par essieu, y compris le poids de l'essieu. | NATURE DES MATÉRIAUX. | | POIDS de la paire de roues montées. |
|---|---|---|---|---|---|---|---|---|
| …TRE …u. | DIAMÈTRE près de la portée de calage. | DIAMÈTRE à la portée de calage. | | | | ESSIEUX. | BANDAGES. | |
| . | mill. | mill. | mètre. | | kilogr. | | | kilogr. |
| ) | 120 | 140 | 1,100 | 0,090 | 5,135 | | Acier. | 915 |
| ) | 134 | 130 | 0,985 | 1/11 | 4.090 | | Acier. | 810 |
| 5 | 135 | 150 | 1,040 | 1/10.4 | 8,000 | | Acier. | 1,000 |
| ) | 145 | 150 | 1,030 | 0.097 | 7,670 | | Fer. | 930 |
| | " | " | " | " | " | | " | " |
| 7 | 137 | 128 | 0,990 | 0,094 | 8.567 | | Fer. | 950 |
| ) | 95 | 100 | 0,610 | 0,123 | 5.737 | | Acier. | 350 |
| ) | 142 | 140 | 0,910 | 1/9,57 | 8.260 | | Acier. | 740 |
| ) | 125 | 125 | 0,930 | 0,0914 | " | | Acier. | 875 |
| ) | 130 | " | 1,100 | 0,070 | " | | " | " |
| 1 | 131 | 130 | 1.020 | 0,084 | " | | " | 1,000 |
| ) | 120 | 130 | 1.000 | 0.085 | 6.910 | | Acier. | 790 |
| ) | 118 | 125 | 0,930 | 0.091 | 7,193 | | Acier. | 782 |
| ) | 145 | 150 | 0,920 | 0.097 | 7.370 | | Fer. | 930 |
| 5 | 125 | 130 | 0,920 | 0,077 | 6.935 | | Acier. | 875 |
| | " | " | " | " | " | | " | " |
| 5 | 130 | 130 | 1.020 | 0,078 | " | | Acier. | " |
| 4 | 54 | 50 | 0.490 | 0,100 | 1.525 | | " | 200 |
| 5 | 80 | 80 | 0,710 | 1/11,8 | 3.055 | | Acier. | 265 |
| 0 | 70 | 72 | 0.525 | 1/9.7 | 2.260 | | " | 195 |
| | " | " | " | " | " | | " | " |
| 0 | 60 | 55 | 0,420 | " | 1,437 | | Fer trempé. | 115 |

Gr. VI.

Cl. 64.

TABLEAU N° 13. — ESSIEUX POU[...]

| VOITURES. | SECTIONS. | NOMS DES EXPOSANTS. | | FUSÉE. DIAMÈTRE. | FUSÉE. LONGUEUR. |
|---|---|---|---|---|---|
| | | | | mill. | mill. |
| Voitures à traction par chevaux. | Française..... | J. Belon et Cie. Voiture-tramway, système de roulement Belon | | 55 | 110 |
| | *Idem*......... | Compagnie générale des Omnibus. Voiture de tramway..... | | 70 | 145 |
| | *Idem*......... | Compagnie des Tramways de Paris (réseau Sud). Voiture de tramway, type Delettrez.......................... | | 60 | 110 |
| | *Idem*......... | L. et E. Delettrez. Voiture à 16 places intérieur pour tramway. | | 55 | 110 |
| | *Idem*......... | J.-D. Larsen. Voiture de tramway à trains mobiles pour passer des courbes....................................... | | 61 | 110 |
| | *Idem*......... | Morel-Thibaut. Voiture pour service d'été............... | | 60 | 115 |
| | Anglaise...... | Beloc. Tramway construction.......................... | | " | " |
| | Belge........ | Société anonyme métallurgique et charbonnière belge. Voiture fermée....................................... | | 52 | 120 |
| | États-Unis.... | Brill. Wagon de tramway............................. | | " | " |
| | *Idem*......... | Stephenson. Wagon de tramway......................... | | " | " |
| | Portugal...... | Compagnie des chemins de fer à Porto. Voiture de tramway. | | " | " |
| | Suisse........ | Société industrielle. Voiture de tramway................. | | 60 | 125 |
| Voitures à vapeur ou à air comprimé. | Française..... | Société générale des moteurs à air comprimé. Voiture automobile à air comprimé. pour tramway........ | Essieu moteur..... | 90 | 116 |
| | | | Essieu arrière..... | 60 | 120 |
| | Belge........ | Cabany. Voiture à vapeur, système Belpaire......................... | Essieu droit....... | 80 | 150 |
| | | | Essieu conducteur.. | 110 | 200 |
| | *Idem*......... | Compagnie belge pour la construction de voitures et de matériel. Voiture à vapeur, système Belpaire......... | Essieu droit ...... | 80 | 15[...] |
| | | | Essieu conducteur.. | 90 | 18[...] |

AYS ET VOITURES AUTOMOBILES.

| | RPS DE L'ESSIEU. | | DIAMÈTRE des ROUES au contact des rails. | RAPPORT du DIAMÈTRE de la fusée au diamètre de la roue. | CHARGE MAXIMA par essieu, y compris le poids de l'essieu. | NATURE DES MATÉRIAUX. | | POIDS de la paire de roues montées. |
|---|---|---|---|---|---|---|---|---|
| AE ... 1. | DIAMÈTRE près de la portée de calage. | DIAMÈTRE à la portée de calage. | | | | ESSIEUX. | BANDAGES. | |
| | mill. | mill. | mètre. | | kilogr. | | | kilogr. |
| | 70 | 70 | 0,750 | 1/13,6 | 1,835 | | Acier. | 205 |
| | 80 | 95 | 1.000 | 0,070 | Av 2.220<br>Ar 3.220 | | Acier. | 330 |
| | 77 | 80 | 0,750 | 1/12,5 | 2,700 | | Acier. | 212 |
| | 70 | 70 | 0.750 | 1/13 | 1,885 | | Acier. | 205 |
| | 80 | 75 | 0.760 | 0,08 | 3,560 | | Pas de bandages | 190 |
| | 75 | 75 | 0,750 | 1/12,5 | 3.050 | | Acier. | 200 |
| | " | " | " | " | " | | " | " |
| | 68 | 65 | 0.789 | 0.065 | 2.745<br>2.780 ouverte | | Acier. | 155 |
| | 76 | 7 | 0.737 | " | " | | " | " |
| | " | " | " | " | " | | " | " |
| | " | " | " | " | " | | " | " |
| | " | 75 | 0,750 | " | " | | " | " |
| | 95 | 95 | 0.700 | 0.13 | 4,150 | | Acier. | Mot. 256 |
| | 80 | 80 | 0.750 | 0.08 | 3.220 | | | Ar 212 |
| | 135 | 130 | 0,970 | Av 0,11 | 6,500 | | Acier. | Av 1,000 |
| | 135 | 145 | | Ar et M 0.082 | | | | Ar et M 900 |
| . | 136 | 130 | 0,980 | 1/12 | Mot. 11,000 | | Acier. | " |
| . | 125 | 135 | | 1/11 | Dr. 6.500 | | | |

Gr. VI.

Cl. 64.

### Ressorts.

Tous les véhicules exposés sont munis de ressorts à lames ou en spirale, dont les dispositions ne présentent aucune particularité nouvelle.

Nous avons cependant remarqué la suspension de la voiture Charles-Louis de Gallicie, dans laquelle les ressorts sont renversés à leurs extrémités, ce qui permet d'obtenir une grande longueur de ressorts et, par suite, d'augmenter la flexibilité, sans nécessiter l'accroissement de la flèche de montage du ressort.

En France, on a conservé la forme plate pour l'acier des lames, et le mode de liaison de l'extrémité des feuilles par les étoquiaux.

A l'étranger, on emploie généralement l'acier à rainure continue, avec lequel les feuilles sont maintenues entre elles dans toute leur longueur. Cette disposition est préférable à celle des étoquiaux, dont l'usure assez rapide laisse les feuilles s'écarter en éventail. MM. Petin et Gaudet présentent un nouveau système de ressort, inventé par M. R. Cook et reposant dans la conjugaison d'un ressort à boudin assemblé au milieu d'un ressort en arc, formé de trois tiges rondes placées parallèlement, et dont les extrémités sont recourbées en forme d'anneau pour recevoir le boulon de suspension. Essayé au chemin de fer du Nord, ce système nous paraît d'une complication excessive, et nous lui reprocherons de pouvoir être facilement mis hors de service par le bris de l'un des nombreux organes qui le composent.

### Boîtes.

Nous trouvons peu de dispositions nouvelles dans les boîtes exposées.

En France, les compagnies du Nord, de Lyon et d'Orléans ont adopté, d'une manière générale, la boîte mixte, avec réservoir à graisse à la partie supérieure et graissage continu à l'huile par un tampon placé dans le dessous de boîte. La graisse n'est utilisée qu'en cas de chauffage, et des bouchons en savon ou en métal fusible ferment, en temps ordinaire, les ouvertures des réservoirs à graisse. Ces boîtes sont fermées par un obturateur circulaire d'une seule pièce, entourant l'essieu et pénétrant dans une rainure à l'arrière de la boîte. Ces obturateurs sont établis en toile collée ou en feutre.

La compagnie d'Orléans fait usage, pour le graissage, d'un mélange de 50 à 60 p. o/o d'huile de résine et de 40 à 50 p. o/o de colza brut. La graisse est fabriquée avec des suifs inférieurs, des matières saponifiées, provenant du traitement des vieilles graisses, du carbonate de soude et de l'eau. Les bouchons fusibles sont composés de 1/3 de stéarine et de 2/3 de savon de Marseille.

La compagnie de l'Est emploie exclusivement une boîte à huile à tampon graisseur dans le dessous de boîte. L'obturateur d'arrière, établi en cuir et drap, est en deux pièces, qui se croisent au niveau de l'axe de l'essieu et qui pénètrent dans la rainure de l'arrière de la boîte. Les deux parties de l'obturateur sont maintenues en contact continuel avec l'essieu par des ressorts. Le graissage se fait avec l'huile de colza brute, sans mélange d'huile minérale.

La compagnie de l'Ouest a conservé jusqu'à présent la boîte à graisse.

La boîte Sidebothan, exposée par M. Casalonga, est une boîte mixte, dont le tampon graisseur est divisé en deux parties, frottant latéralement sur la fusée. Nous ne voyons aucun avantage à cette disposition.

M. Stons Sloot, ingénieur en chef aux chemins de fer de l'État néerlandais, présente une disposition particulière qui permet de fixer le point d'appui du tampon graisseur à une hauteur convenable, par rapport au diamètre de la fusée et l'épaisseur du coussinet. Ce résultat, obtenu par la complication des organes de la boîte, nous paraît présenter peu d'avantages, surtout en France, où les fusées sont généralement d'un type uniforme, et où l'épaisseur des coussinets ne permet qu'une usure très réduite.

En Autriche, on fait un usage général de la boîte Puget, tantôt réduite à ses éléments les plus simples, tantôt compliquée dans ses dispositions intérieures. La boîte Becker, au chemin de fer du Nord de l'Empereur-Ferdinand, présente un des nombreux dérivés de la boîte Puget. Elle est disposée pour le graissage supérieur à l'huile minérale, au moyen d'une mèche maintenue en place par un bouchon en liège, dont le remplacement est d'une grande facilité. Le dessous de boîte est rempli de copeaux de tilleul faisant l'office de tampon graisseur.

Les coussinets de ces boîtes sont composés de 50 p. o/o de plomb, 25 p. o/o d'étain, 25 p. o/o d'antimoine. Ils présentent l'inconvénient de fondre sous une basse température, et le roulement peut alors se faire sur les parois de la boîte, comme nous avons pu souvent le constater.

Le chemin de fer de l'Impératrice-Élisabeth emploie une boîte Puget à double fond, avec bouchon de vidange, permettant de recueillir l'huile du dessous de la boîte. L'obturateur de cette boîte présente quelques dispositions particulières. Il est formé d'un morceau de bois plat découpé à la forme convenable et fendu latéralement comme un segment de piston. Le trou intérieur est découpé à un diamètre plus petit que celui de l'essieu, pour obtenir, par l'élasticité du bois, un serrage convenable sur la portée de calage. Une bande de feutre, encastrée dans l'ouverture intérieure, empêche le contact du bois et de l'essieu. Cet obturateur fait également joint latéralement sur les parois de la rainure de la boîte. En somme, cet appareil est un peu compliqué, mais il nous paraît pouvoir donner de bons résultats.

L'État autrichien fait aussi usage d'une boîte Puget, dont le réservoir supérieur est divisé en deux parties. L'une d'elles contient une mèche pour le graissage continu par le coussinet; la seconde ouverture communique directement avec le dessous de boîte rempli de déchet de coton, et sert, en cas de chauffage, pour assurer un surcroît d'alimentation.

Au levage et à la revision des boîtes, qui ont lieu à des intervalles de quatre mois pour les voitures des trains express, douze mois pour les voitures à voyageurs, dix-huit mois pour les wagons à marchandises, on fait un graissage initial avec un mélange de 60 p. o/o d'huile de colza et 40 p. o/o d'huile minérale, pour les voitures à voyageurs; pour les wagons à marchandises, la proportion d'huile minérale s'élève à 80 p. o/o.

En service courant, on fait tous les mois, pour les voitures, et tous les deux mois, pour les wagons, un graissage à l'huile minérale.

### Bronze phosphoré.

La compagnie d'Orléans expose des tiroirs de distribution et des coussinets de machines et de wagons en bronze phosphoré, fabriqué d'après les procédés dont MM. de Ruolz et de Fontenay revendiquent la priorité scientifique. Cet alliage est composé de cuivre, de zinc, d'étain, dans des proportions variables, et de 1 à 3 millièmes de phosphore, suivant le degré de dureté que l'on désire obtenir.

Le bronze phosphoré, dont les applications industrielles s'étendent de plus en plus, est un métal très homogène, dont l'usure est peu rapide et le prix de revient inférieur à celui du bronze ordinaire.

La compagnie d'Orléans fabrique elle-même les bronzes phosphorés, dont elle fait exclusivement usage sous forme de tiroirs, de coussinets et autres pièces diverses.

Il résulte d'essais entrepris par la compagnie de l'Est que l'usure des coussinets de wagons est moitié moindre pour le bronze phosphoré que pour les alliages ordinairement employés.

La compagnie anglaise «Phosphore Bronz» et MM. Montefiore Lévi et C^ie exposent des échantillons intéressants de bronze phosphoré.

### Robinetterie.

L'Exposition renferme de nombreux et beaux spécimens de l'industrie de la robinetterie; mais nous n'avons aperçu aucun perfectionnement notable à signaler qui fût spécial au matériel des chemins de fer.

### Nickelure.

Nous devons signaler comme un progrès la nickelure des menus objets métalliques employés dans la construction des voitures de chemins de fer et de tramways. A Paris, ce travail se fait avec succès par les maisons Folie et Denamur, Beauferey, Berthet,

Gr. VI. — Cl. 64.

Christofle et Cie, Gaiffe, Gallais, Godin, Lainé, Maillis, la Société française métallurgique du nickel, etc.

Le grand nombre de ces maisons témoigne de l'importance qu'a prise cette nouvelle industrie.

**Boulons, écrous, chevilles, tire-fonds.**

Il faut compter par millions les quantités de boulons, d'écrous, de chevilles et de tire-fonds que consomme annuellement un pays industriel comme la France. L'Exposition renfermait de nombreux spécimens de cette fabrication. Nous citerons les maisons Bouchacourt et Cie, Brignon et Patry, Faugier, à Lyon, Fleury, Gauthier, Joseph Maré et Gérard frères, Le Cerf, Letellier, Moyse, Schil, Taupet (Ardennes), Vieillard Migeon et Cie, Vuillaume, Boistel et Coignet.

**Tubes pour chaudières.**

Parmi toutes les locomotives exposées, deux seulement ont des tubes en fer soudés : celle du Grand-Central belge, exposée par l'usine de Marcinelle et de Couillet[1], et la locomotive américaine. Les machines de la société de Winterthur ont leur tubulure en acier avec raboutage en cuivre aux extrémités, pour faire le joint dans les plaques. Le Creusot a aussi exposé une chaudière complètement en acier, y compris la tubulure.

Pour toutes les machines autres que celles qu'on vient de citer, on a employé des tubes en laiton étiré.

Nous devons dire cependant que les tubes en fer ou en acier, très employés en Allemagne, sont aujourd'hui en essai sur plusieurs chemins de fer français; mais ce qui explique qu'ils ne soient pas plus répandus jusqu'à ce jour, c'est qu'ils doivent être d'excellente qualité, qu'ils se corrodent très vite intérieurement, et que les dépôts sont plus adhérents sur les tubes en fer que sur ceux en laiton.

Parmi les expositions de tubes en fer, il convient cependant de citer les magnifiques échantillons de M. G. Chaudoir, de Saint-Pétersbourg, et ceux de MM. Mignon et Rouart.

(1) A la page 16 de ce Rapport, quatrième ligne en remontant, au lieu de *Pouillet*, lisez *Couillet*.

Les expositions de tubes en laiton sont de beaucoup les plus nombreuses. Parmi les plus remarquables, nous citerons celles des forges d'Audincourt, de MM. Laveissière, Létrange, Manhès et Oeschger-Mesdach, et, dans la section anglaise, celle de MM. Everett et fils.



**Tissus et étoffes diverses.**

Nous ne pouvons que donner la nomenclature succincte des tissus qui trouvent un emploi dans les chemins de fer, soit pour la garniture intérieure des voitures, soit pour la confection des bâches. Nous citerons :

1° Pour les voitures de luxe, salons, etc., tous les produits de fantaisie, satins brochés, reps, cuirs et velours unis ou frappés, draps, etc., en usage dans la carrosserie. Les choix sont alors déterminés par la destination particulière des véhicules, les questions de luxe et de goût. La consommation est peu importante.

2° Pour les voitures du service courant :

*a. Le velours dit «d'Utrecht».* — Ces garnitures sont de bonne durée, mais d'un prix relativement élevé. Elles conservent la poussière et sont peu appréciées, en été, par les voyageurs. Le velours est admis généralement en Allemagne pour les voitures de première classe.

*b. La peau de chèvre chagrinée.* — Les garnitures sont d'un aspect agréable, de grande durée, d'un nettoyage facile, mais d'un prix très élevé; cependant elles produisent un contact froid et désagréable en hiver. La peau de chèvre est employée couramment par l'État belge pour les compartiments de fumeurs.

*c. Les étoffes de crin.* — Ces étoffes sont d'un aspect satisfaisant, se salissent peu; mais elles deviennent rugueuses et piquantes au contact et usent les vêtements, à la façon de la lime, après peu de temps de service.

*d. Les tissus de coton genre cretonne.* — Ces tissus se salissent et s'usent vite; ils sont d'une durée médiocre. On les emploie en Italie, peut-être à cause de la température.

Gr. VI. — Cl. 64.

*e. Les toiles cirées et cuirs américains.* — Ces produits sont d'un mauvais usage et de peu de durée; ils sont mis partout de côté, sauf pour les garnissages à plat sur bois.

*f. Les feutres.* — Ils constituent de bonnes garnitures quand ils sont de qualité supérieure, mais alors le prix est à peu près celui du drap. On les emploie surtout pour les voitures de seconde classe.

*g. Les draps.* — Après divers essais, on en est généralement resté, en France, à l'emploi du drap gris clair, dit *mastic,* pour premières classes, avec dessous de coussin en peau ou en étoffe de cuir; du drap bleu indigo foncé, vert foncé, mastic, ou de feutre de même nuance pour deuxièmes classes, avec dessous de coussins en toile noire ou grise.

Un bon drap pour garniture de voiture doit être résistant, doux, couvert, de nuance solide, se nettoyant bien. Essayé comme résistance, il doit pouvoir supporter, sur une bande de 50 centimètres de longueur et 5 centimètres de largeur, une traction de 25 à 28 kilogrammes en chaîne et 23 à 26 kilogrammes dans le sens de la trame. Le poids par mètre carré varie entre 530 et 540 grammes, suivant les qualités. Le genre de tissage peut être droit ou croisé; ce dernier prend le nom de cuir laine; il est mieux soudé, mieux lié et plus résistant. Pour être de nuances solides, les draps doivent être teints en laine, c'est-à-dire avant le tissage.

*h.* Enfin *les passementeries,* dont on fait une assez grande consommation pour la garniture des voitures de première classe. La maison Neveu expose une collection importante de types uniquement destinés aux chemins de fer; l'ornementation est produite par la reproduction du nom de la compagnie à laquelle la passementerie est destinée.

3° Pour les bâches : les toiles de lin et de chanvre. Nous ne citons que ces deux premières substances; les bourres de soie, le poil de chèvre, n'ont pas donné de bons résultats. Deux choses sont à considérer dans les bâches, la nature de l'étoffe et sa résistance, la nature de l'enduit. Pour l'étoffe elle-même, nous estimons que le lin est la matière qui a donné les meilleurs résultats; quant à l'enduit, on a essayé de nombreuses substances, dont l'huile de lin et le noir de fumée sont les éléments essentiels. Le caoutchouc résiste mal à la gelée, au dégel; les toiles caoutchoutées se déchirent.



Avant la pose de l'enduit, une bonne toile à bâches pèse de 580 à 600 grammes le mètre carré; elle absorbe un poids égal de matières destinées à la rendre impénétrable.

### Appareils pour le relevage des machines, des voitures et des wagons déraillés.

Toutes les compagnies françaises ont, dans les gares contenant un dépôt de machines, un wagon dit *de secours*, toujours chargé à l'avance de traverses, de crics, de vérins, destinés au relevage des locomotives, des voitures et des wagons déraillés. Manœuvrés par des hommes robustes et exercés, que dirigent des chefs intelligents, ces engins ont jusqu'à ce jour suffi pour opérer des relevages présentant les plus grandes difficultés. L'Exposition renferme cependant quelques objets destinés à faciliter ces opérations. Nous citerons : dans la section anglaise, les rampes Stroudley et les vérins hydrauliques; dans la section française, les appareils spéciaux étudiés par M. Ferdinand Mathias pour la compagnie du Nord.

Les rampes Stroudley se composent d'un plan incliné portant latéralement une agrafe qui saisit le rail; il faut amener avec des crics la voiture déraillée contre la voie, placer quatre rampes Stroudley devant les quatre roues. En quelques instants, une machine fait remonter la voiture sur la voie.

Les compagnies de l'Ouest et du Nord ont muni leurs wagons de secours de ces rampes, très usitées en Amérique, et dont l'Exposition de Philadelphie, nous a-t-on dit, présentait de nombreux spécimens.

Nous estimons que ces rampes ne sont pas appelées à rendre de très grands services. Elles coûtent assez cher : 290 francs les quatre pour machines, 230 francs pour wagons. Elles ne dis-

Gr. VI. — Cl. 64.

pensent pas de l'emploi des crics, et quand, avec ceux-ci, on est arrivé à remettre le véhicule déraillé contre la voie, il reste peu à faire pour franchir la hauteur du rail. Enfin la présence d'une machine est indispensable, et on ne peut relever les véhicules que les uns après les autres, tandis qu'il est facile, avec les moyens ordinaires, de multiplier les équipes et d'avoir plusieurs chantiers à la fois.

Les vérins hydrauliques sont connus; leur action est puissante et économique dans un atelier; mais, sur un wagon de secours, ils ne sauraient remplacer les vérins ordinaires; en temps de gelée, ils seraient absolument impuissants, et il faudrait avoir pour l'hiver un double outillage.

*Appareils de M. Ferdinand Mathias.* — L'emploi des crics et des vérins usités jusqu'à ce jour, outre le temps qu'il exige, présente encore l'inconvénient de faire courir des dangers sérieux aux ouvriers, obligés de s'introduire sous les machines déraillées pour établir les échafaudages qui doivent servir de base d'appui aux vérins ou à la machine elle-même, dans les reprises auxquelles on est obligé d'avoir recours en raison de la faible course des appareils dont on dispose.

Les appareils imaginés par M. Mathias et exposés par la compagnie du chemin de fer du Nord rendent le relevage non seulement plus prompt, mais offrent encore toute garantie de sécurité pour ceux qui y sont employés, et réalisent, en réalité, un important perfectionnement.

Ils consistent en vérins à large base d'appui et à vis verticale fixe, présentant par suite une grande stabilité. La vis, manœuvrée au moyen de manivelles, peut recevoir une vitesse plus ou moins grande suivant le poids à soulever. Elle donne le mouvement à un écrou mobile, sur lequel on fait reposer, soit l'extrémité de poutres en tôle, soit des supports en forme de console, qui permettent, au moyen de quatre vérins, de lever simultanément la machine déraillée par ses deux extrémités, et d'amener, par une seule course de vis, ses bandages à la hauteur des rails de la voie sur laquelle on doit les faire reposer.

Ces poutres sont munies d'un appareil de ripage, pour le cas où la locomotive est peu écartée de la voie. Dans le cas où l'écartement est plus considérable, on emploie, au contraire, les poulains formés de rails en usage au chemin de fer d'Orléans, mais avec point d'appui mobile et cric de ripage spécial présentant une crémaillère à deux têtes, et qu'il suffit de retourner bout pour bout pour le remettre en prise.

Ces appareils et leurs annexes permettent de réduire de moitié et même plus la durée d'un relevage, et, à ce titre, ils méritent de fixer l'attention.

### Appareil Brisse pour la pose des tubes.

La pose des tubes est une des opérations les plus délicates de la construction des locomotives, et l'on s'est préoccupé, depuis longtemps, de trouver des appareils qui en assurent l'exécution dans les conditions les plus satisfaisantes.

L'appareil Dudgeon, qui a remplacé par un laminage méthodique l'opération brutale du mandrinage au moyen de mandrins coniques et à coups de marteau, était un premier perfectionnement; aussi a-t-il été adopté d'une manière générale, dès son apparition. Il ne supprime cependant pas complètement les chocs, et le cône presseur des galets lamineurs est encore enfoncé à coups de maillet.

L'appareil exposé par M. Brisse, chef des ateliers des chemins de fer de l'Est, est un perfectionnement de l'appareil Dudgeon. Il consiste dans une tige filetée, que des griffes pressées contre la paroi intérieure du tube par un cône de serrage fixent dans l'axe du tube à poser. Cette tige sert d'axe et de point d'appui aux outils employés pour les opérations successives de mandrinage, de l'affleurement et de la rivure du tube.

Ces outils consistent :

1° Dans un appareil Dudgeon dans lequel la pression des galets lamineurs résulte de l'avancement d'un cône commandé par un écrou vissé sur la tige centrale et dont l'action graduelle supprime toute espèce de choc;

Gr. VI. — Cl. 64.

2° Dans un outil coupeur, sorte de fraise composée de trois lames, qui coupent le tube partout et l'affleurent en lui laissant, par rapport à la plaque tubulaire, la saillie plus ou moins grande que l'on juge convenable pour la rivure;

3° Dans un outil riveur, composé de galets coniques disposés de telle façon que l'extrémité du tube, pressée à la fois de dedans en dehors et en bout, soit forcée de s'appliquer, en forme de rivure, et sans l'intervention du choc, sur le contour du trou de la plaque tubulaire.

Cet appareil constitue un perfectionnement notable pour la construction des chaudières.

### § 3. — APPAREILS DIVERS.

Nous répéterons ici ce que nous avons dit dans le paragraphe précédent pour la métallurgie et pour les machines-outils. Les chemins de fer se servent de tant d'objets que, pour décrire d'une manière complète tout ce qui se rapporte seulement à leur matériel, il faudrait entrer dans l'étude des développements d'un nombre considérable d'industries. Nous chercherons donc seulement à noter les points par lesquels ces industries subissent des conditions particulières étudiées en vue des chemins de fer.

#### Pompes à incendie.

Les compagnies de chemins de fer ont à se préoccuper des chances d'incendie dans les grands établissements, gares et ateliers, qu'elles possèdent, et qui renferment des objets mobiliers, machines, voitures, wagons et marchandises, d'une valeur considérable.

Chacune d'elles possède donc un effectif important de pompes et d'engins destinés à combattre les incendies; toutes se préoccupent des perfectionnements que l'industrie apporte à ces appareils, et nous pouvons revendiquer pour une compagnie, celle de l'Est[1], l'honneur d'avoir introduit à Paris la première pompe à incendie à vapeur qui ait fonctionné dans cette grande ville.

[1] Voir *Comptes rendus* de la Société d'encouragement, avril 1874.

On sait les importants services rendus par les pompes à vapeur, et la compagnie de l'Est s'applaudit beaucoup d'avoir placé un de ces appareils dans chacune de ses grandes gares. Mais il ne suffit pas d'acheter une pompe à vapeur, il faut aussi, dans la localité où elle doit fonctionner, avoir une canalisation capable de lui fournir l'eau qui lui est nécessaire ; sans cela on n'a qu'un engin impuissant. Dans un incendie qui, en 1878, a éclaté dans les ateliers de la compagnie de l'Est, à Mohon-Charleville, la pompe à vapeur a lancé sur le foyer de l'incendie plus de 300 mètres cubes d'eau en cinq heures.

Sans cette action énergique, l'ensemble des ateliers de Mohon était perdu, tandis que l'on n'a eu à déplorer que la perte, déjà fort importante, d'un seul atelier.

Il y a quelques années, la même compagnie a essayé de placer sur une machine de gare une pompe. On pouvait se porter rapidement sur un point où éclatait un incendie; mais, même en attelant à cette machine plusieurs tenders, on épuisait très rapidement l'approvisionnement d'eau. Il faut absolument une canalisation et des bouches en rapport avec la dépense de la pompe, dépense qui s'élève de 800 à 1,200 litres par minute.

### Instruments de pesage.

Dans le chapitre consacré à la voie, nous avons parlé des grands ponts à bascule et de leur nouveau mode de fondation, une simple cuve en fonte posée dans le sable. Il nous reste à examiner si, dans le nombre considérable d'instruments de pesage placés dans les sections française et étrangères, l'industrie des chemins de fer pouvait revendiquer quelque disposition qui lui fût spéciale.

Nous ne pouvons, à cet égard, citer que la bascule à cadran contrôleur exposée par MM. Bailly et Roche frères, de Reims. Le poids est indiqué sur les deux faces opposées d'un même cadran. Le voyageur qui regarde peser son bagage, le facteur enregistrant chargé de donner le bulletin, voient l'un et l'autre l'aiguille indicatrice du poids, et aucune réclamation n'est possible. La com-

Gr. VI. — Cl. 64.

pagnie de l'Est a installé récemment à la gare de Paris cinq de ces bascules, et elles font le meilleur service.

Les instruments de la maison Paupier, avec leur chape extra-mobile, leur appareil de calage, leur double curseur, la collection véritablement splendide des bascules américaines Howe et Fairbank, méritaient toute l'attention du public; mais, au point de vue particulier des chemins de fer, le jury de la classe 64 ne pouvait s'y arrêter longtemps.

### Appareils d'éclairage.

Pour les appareils d'éclairage, nous ne pouvons que répéter ce que nous venons de dire pour les instruments de pesage; nous ne pouvions étudier que ce qui concernait l'industrie des chemins de fer, et, à cet égard, nous n'avons pas eu à constater des progrès considérables sur ce qui était connu aux dernières Expositions universelles.

Les administrations de chemins de fer ont à éclairer leurs bâtiments à l'extérieur et à l'intérieur, les signaux fixes et mobiles, enfin les voitures des voyageurs.

Pour les gares et pour les signaux, on a à sa disposition tous les moyens d'éclairage connus : gaz, huile, pétrole; et, dans ces dernières années, l'emploi du pétrole s'est généralisé, en France, pour un nombre considérable de feux à l'extérieur. On a fait de nombreux essais pour étendre l'usage du pétrole à l'éclairage des trains. Quant aux fanaux des machines, placés en quelque sorte à la portée des mécaniciens, le problème paraît résolu, et l'on a de très bons disques éclairés au pétrole. Pour les voitures, les appareils présentés n'offrent pas, contre les chances de rupture, des conditions de sécurité absolue.

Les ingénieurs suédois ont adopté des lampes placées à l'extérieur des voitures et sur leurs faces latérales; en cas de rupture, l'appareil tombe sur la voie. Sur des lignes à double voie et à grande fréquentation, on ne saurait recommander l'emploi d'appareils faisant saillie sur les véhicules; la solution suédoise ne peut être admise que dans un petit nombre de cas.

Nous devons enfin mentionner l'éclairage des trains à l'aide du gaz. Adopté depuis longtemps en Angleterre et en Belgique pour un certain nombre de trains, ce mode d'éclairage a pour lui la sanction d'une expérience déjà longue; l'exposition anglaise présentait plusieurs appareils destinés à cet usage.

**Appareils pour la fabrication et le contrôle des billets de chemins de fer.**

La section française renferme une très belle collection de machines construites par MM. Ravasse, Génissieu fils et C^ie^, successeurs de M. E. Lecoq, pour imprimer, compter, dater et annuler les billets de voyageurs. D'autres appareils servent à découper les cartons, à rogner les papiers. Enfin, une collection de timbres, de presses, de pinces à contrôler, à plomber, complète ce matériel accessoire de l'exploitation des chemins de fer et de toutes les industries dans lesquelles on doit faire et contrôler un nombre considérable de perceptions.

Les compagnies françaises possèdent des machines construites par M. Lecoq et qui fonctionnent sans relâche depuis plus de vingt-cinq ans. Presque toutes fonctionnent à bras, mais l'Exposition actuelle contient des machines actionnées par un moteur mécanique, qui augmente la vitesse de production sans nuire à la régularité du travail.

Les machines à dater offrent un perfectionnement très important. Dans les anciens appareils, la date, sur les billets de voyageurs, est indiquée par des caractères formés à l'aide de poinçons coupants, qui entament seulement l'épiderme du billet sans en rien détacher. L'empreinte ainsi obtenue peut être très affaiblie, assez annulée même pour qu'avec la connivence d'agents coupables les billets soient utilisables une seconde fois. Dans les nouvelles machines, les poinçons sont remplacés par des tiges perforatrices qui traversent le billet de part en part, et tracent en signes indélébiles une date ou telle autre indication nécessaire.

MM. Ravasse, Génissieu fils et C^ie^ exposent également une pince de contrôle employée sur plusieurs tramways.

Dans ces appareils perforateurs, les parcelles détachées des billets tombent à l'intérieur de l'appareil, où elles demeurent en-

Gr. VI. — Cl. 64.

fermées. En retirant ces parcelles, qui sont de la couleur des billets perforés, on contrôle les opérations faites par le contrôleur lui-même. La section anglaise présentait également une série très complète d'appareils exposés par la maison «Waterloo and Sons».

*Armoires pour l'emmagasinement et la distribution des billets de chemins de fer.* — Les approvisionnements de billets se chiffrent par millions; les ventes journalières se comptent par dizaines de mille dans un grand nombre de gares; il faut un mobilier spécial répondant à des besoins aussi variés. L'exposition faite par M. Müller, de Paris, donnait des spécimens complets d'un mobilier dont une longue expérience a démontré la valeur et la parfaite appropriation.

**Impressions. — Autographies. — Calques.**

Les chemins de fer ont été pour l'imprimerie des clients nouveaux et d'une extrême importance; les imprimés consommés chaque jour pour le transport des voyageurs et des marchandises, pour le service intérieur des compagnies, atteignent un chiffre considérable.

Une seule maison, à Paris, la maison Chaix et C^ie^, a exposé dans la classe 64 sept albums d'impressions pour les chemins de fer, les cartes des divers réseaux, en y joignant ses publications spéciales relatives à l'exploitation commerciale des chemins de fer, telles que le *Livret-Chaix*, l'*Indicateur* hebdomadaire et le *Recueil officiel des tarifs*. Ce dernier volume, qui contient près de 1,500 pages in-quarto, presque uniquement composées de barèmes ou de calculs tout faits pour le public, eût été, il y a quelques années, considéré comme une publication, sinon impossible, au moins bien difficile à réaliser.

Il faut noter aussi l'énorme importance acquise par les autographies de dessins, les reproductions photographiques avec ou sans changement d'échelle. Aux débuts de la construction des chemins de fer, on se procurait difficilement du papier à calquer d'une qualité passable et dont la conservation était fort difficile. Aujourd'hui, les autographies, les dessins photographiés remplacent les calques obtenus si péniblement un à un, et nous ne pouvions pas ne pas citer cet important progrès. Gr. VI. — Cl. 64.

L'imprimerie Broise et Cartier présentait à ce sujet un ensemble remarquable de dessins et autographies destinés au service des chemins de fer.

### Horlogerie.

L'horlogerie spéciale aux chemins de fer était représentée par MM. Collin et Garnier. Ces deux constructeurs donnaient des appareils destinés à la remise à l'heure d'horloges éloignées les unes des autres, mais reliées par des fils à travers lesquels peut circuler un courant électrique. Dans l'appareil Collin, les horloges sont réglées de façon à avoir une tendance à l'avance ; elles sont ensuite arrêtées par un enclenchement qui se dégage dès que l'on est revenu à l'heure exacte.

Le réglage électrique Garnier était obtenu par l'emploi d'un électro-aimant agissant sur la partie inférieure du pendule, de manière à le faire battre d'accord avec celui d'une horloge type.

Nous considérons toutes ces dispositions comme bien compliquées. Les compagnies de chemins de fer arrivent à faire marcher toutes leurs horloges d'une manière suffisamment uniforme en les réglant sur des montres de bonne qualité portées par un petit nombre d'agents, que leurs fonctions conduisent constamment sur les lignes exploitées.

Pour les villes, on nous permettra de dire en passant que la solution de l'heure uniforme nous paraît consister à placer dans un petit nombre de localités bien choisies un excellent chronomètre ; cela coûtera beaucoup moins cher que le moindre réseau télégraphique.

Outre les horloges de gares, M. Garnier exposait une collection de tous les appareils spéciaux employés dans les chemins de fer : montres et chronomètres de mécaniciens, compteurs, chronographes, tachymètres, contrôleurs de ronde, etc.

### Appareils divers.

Nous ne pouvons arriver à citer tous les appareils qui se rattachent à la grande industrie des chemins de fer. Nous indiquerons cependant les objets ci-après, dont l'usage se répand de plus en plus :

*Cadres pour le transport des verreries, cristaux, faïences, poteries.* — On comprend l'utilité incontestable de ces cadres, formés d'un châssis solide sur lequel s'ajustent des ridelles mobiles. Si, comme nous le pensons, les chemins de fer à voie étroite se développent dans notre pays, l'emploi des cadres facilitera pour un nombre considérable de marchandises le transbordement : en quelques minutes, ils passeront du wagon de la petite voie sur le wagon de la grande.

*Brouettes en fer. Tricycles pour le transport des bagages.* — Le fer remplace le bois, et la substitution que nous avons signalée tant de fois se poursuit pour la confection des engins destinés au service intérieur des gares.

La suppression des bancs à bagages au départ a exigé la mise en service d'un nombre considérable de tricycles. Signalons l'emploi d'une jante en caoutchouc pour les roues de ces appareils.

### Indicateur électrique du niveau d'eau.

Cet appareil, appliqué sur le chemin de fer Charles-Louis, en Gallicie, a pour but de mettre en communication un réservoir avec sa pompe alimentaire placée à une distance plus ou moins éloignée, de manière à faire connaître au chauffeur, par des sonneries différentes, que le réservoir est plein ou sur le point de se vider, et à le renseigner même sur les hauteurs d'eau intermédiaires.

On emploie depuis longtemps déjà des sonneries électriques pour avertir, à distance, que le réservoir est plein, mais elles ne donnent pas d'autres renseignements.

L'appareil du chemin de fer Charles-Louis se compose essentiellement d'un flotteur dont la corde s'enroule sur une poulie ayant une circonférence au moins égale à la hauteur du réservoir; le centre de la poulie porte un commutateur, qui, suivant sa position, introduit dans le circuit un nombre plus ou moins grand de bobines de résistance; les diverses intensités du courant, concordant avec les hauteurs d'eau, sont accusées par les déviations d'une boussole placée sous les yeux du chauffeur.



La note contient un tableau des observations suivies pendant les années 1875, 1876 et 1877 sur huit appareils. Les dérangements sont assez nombreux et semblent appeler quelques perfectionnements dans les détails de la construction.

### Machines pour déterminer le pouvoir lubrifiant des corps gras.

Les chemins de fer de l'Est et de Lyon ont exposé chacun une machine à déterminer le pouvoir lubrifiant des corps gras.

#### MACHINE DU CHEMIN DE FER DE L'EST.

Dans cette machine, un poids déterminé de la matière à essayer est étendu sur un disque horizontal, qui peut être animé d'un mouvement uniforme de rotation. Sur ce plateau s'appuie, par des saillies en bronze, un second plateau, sur lequel on peut exercer une pression plus ou moins grande au moyen d'une romaine. En tournant, le disque qui porte la matière lubrifiante, et sur lequel frotte le plateau supérieur, tend à entraîner celui-ci, et l'effort à produire pour s'opposer à l'entraînement dépend de la pression qui s'exerce sur les faces en contact et du pouvoir lubrifiant du corps gras interposé. Cet effort, enregistré au moyen d'un dynamomètre sur une bande de papier qui se déroule d'un mouvement uniforme, permet d'évaluer le travail absorbé par le frottement des plateaux jusqu'à usure complète du corps gras.

Mesurer la durée de l'opération, noter l'élévation de température produite par le frottement des plateaux, en un mot, faire toutes les constatations pouvant répondre aux exigences de la pratique et servir de terme de comparaison du pouvoir lubrifiant des corps gras entre eux, telles sont les constatations qui complètent l'enregistrement du travail de frottement obtenu ainsi que nous venons de le dire.

Nous n'entrerons pas d'ailleurs dans les détails ingénieux de construction qui se trouvent dans cette machine.

MACHINE DES CHEMINS DE FER DE LYON.

La compagnie de Lyon a cherché à réaliser une machine qui reproduisît autant que possible ce qui se passe dans la pratique. Voici en quoi elle consiste :

Un essieu de wagon est monté dans ses boîtes exactement dans les mêmes conditions de charge et de suspension que les essieux en service ; on peut d'ailleurs faire varier cette charge à volonté. Cet essieu repose par ses bandages sur deux galets calés sur un autre essieu, qui, recevant le mouvement de rotation, l'entraîne à son tour et lui communique des mouvements de trépidation et des chocs analogues à ceux qui se produisent sur les roues dans les trains en marche. Pour obtenir ces chocs, les galets de l'essieu inférieur sont excentrés de $2^{mm},5$. Un compteur de tours et un pendule conique donnent à chaque instant les nombres de tours et la vitesse de l'essieu.

La comparaison et le classement des différentes espèces d'huiles se fait en constatant les charges et les vitesses que l'on peut donner à l'essieu supérieur sans atteindre le chauffage.

Les huiles regardées comme les meilleures sont celles qui supportent la plus grande charge et la plus grande vitesse sans que la température s'élève trop. On admet en même temps que ces huiles sont celles qui donnent le moins de frottement et occasionnent le moins de dépense.

**Appareils de contrôle de la marche des trains et appareils de recherche et de précision divers.**

L'appareil de contrôle de la marche des trains le plus complet serait celui qui fournirait des indications continues et écrites de la situation du train sur la ligne, de l'heure et de la vitesse de marche correspondantes. Mais, pour rendre des services dans une exploitation de chemins de fer, il faut qu'il puisse se placer, pour ainsi dire inopinément, sur n'importe quel véhicule, sans modification préalable du matériel.

L'Exposition universelle montre que la préoccupation de remplir ce desideratum est générale, puisqu'en dehors de la France

nous constatons la présence d'appareils de ce genre en Angleterre, Gr. VI.
en Belgique, en Italie, en Russie, en Suède, en Suisse et aux —
État-Unis d'Amérique. L'Autriche-Hongrie expose un compteur de Cl. 64.
travail qui peut rentrer aussi dans la catégorie des contrôleurs.

Les divers appareils exposés peuvent se subdiviser en deux catégories : 1° contrôleurs portés par le train; 2° contrôleurs à poste fixe sur la voie.

Les *contrôleurs portés par le train* se subdivisent eux-mêmes en deux groupes :

*a.* Ceux qui indiquent l'état de mouvement ou de stationnement des trains ;

*b.* Ceux qui indiquent immédiatement ou permettent de relever la vitesse de la marche et la position du train sur la voie.

Nous allons en faire un examen sommaire.

I. — APPAREILS CONTRÔLEURS CIRCULANT AVEC LE TRAIN.

Le principe du contrôleur automatique de MM. Guebhard et Tronchon repose sur la propriété des crayons ou stylets de ne laisser de trace visible sur un papier lisse, qui se déroule sous leur pointe, que lorsque l'appareil est soumis aux vibrations du véhicule en mouvement qui le porte. Tout le mécanisme est renfermé dans une boîte légère sans communication avec les organes du véhicule.

Ce contrôleur, d'un emploi très pratique, et dont la compagnie de l'Est possède 50 exemplaires en service, n'indique cependant ni la vitesse du train, ni l'heure de passage en un point de la voie autre que les points d'arrêt. Il permet de s'assurer du bon état de la voie par la largeur de la marque du crayon.

Le contrôleur Brunet ne diffère pas sensiblement du précédent; le crayon, au lieu de marquer par ses vibrations propres, est sollicité par un pendule vibrant.

Bien qu'il soit exposé dans la classe 8 de l'Enseignement supérieur, nous citerons pour mémoire un appareil très ingénieux,

Gr. VI. — Cl. 64.

l'odographe de M. Marey, professeur au Collège de France, décrivant la courbe des espaces parcourus relativement au temps, au moyen des pulsations d'une poire de caoutchouc actionnée par la roue et produisant à chaque tour la progression d'une dent de roue à rochet, directrice du style.

Le tachymètre Napoli repose sur l'équilibre entre la force de tension d'un ressort et la force résistante de l'air développée par une ailette en relation de mouvement avec l'essieu du véhicule. Au rebours des appareils à force centrifuge, la sensibilité des indications de l'appareil augmente avec la vitesse.

Les indications de vitesse sont visibles sur un cadran extérieur et inscrites sur une bande de papier solidaire de la translation du véhicule.

Imaginé et construit à l'occasion du wagon d'expériences de la compagnie de l'Est, cet appareil, dans sa forme actuelle, est plus propre à des expériences précises qu'à un contrôle pratique de la marche du train. En tout cas, il nécessite une prise de mouvement sur l'essieu.

Le dromomètre Le Boulengé est un tachymètre de poche; il consiste en un tube de verre plein de liquide que l'on tient verticalement, et dans lequel descend d'un mouvement uniforme une petite masse métallique en forme de bobine, dont le diamètre est très peu inférieur à celui du tube. La graduation est faite pour un parcours déterminé d'avance, de 50 en 50 mètres par exemple.

Le principe du contrôleur de vitesse Stroudley est le suivant : deux tubes verticaux pleins de liquide communiquent, à leur partie supérieure, l'un à un réservoir fermé, l'autre à un tube en verre où se lit le niveau. A leur partie inférieure, ils se rendent, le premier au centre d'une roue à palettes plongée dans le liquide, le second à la périphérie de la boîte qui le renferme. Lorsque la roue à palettes est mise en mouvement, le liquide monte dans le tube et se maintient à un niveau qui dépend de la vitesse. La sensibilité des indications augmente avec celle-ci. Toutes les machines et les voitures-salons de la compagnie du London-Brighton and South-Coast sont munies de cet appareil (installation commencée en 1873), très facile à installer.

Le contrôle fourni par le chronotachygraphe de M. Ferrero, inspecteur de traction aux chemins de fer romains, prend son origine sur la roue du wagon où il est placé; un mouvement d'horlogerie actionne une bande de papier divisée en minutes; le style, solidaire du mouvement de l'essieu, décrit une oscillation pendant le parcours d'un kilomètre. Le nombre de traits compris entre deux sommets consécutifs de la sinusoïde permet de déduire la vitesse du train.

Un dispositif ingénieux compense l'usure du diamètre des roues du wagon et rend l'inscription du kilomètre toujours semblable.

Le reproche que l'on peut faire à cet appareil est l'impossibilité de l'employer d'une façon courante en service, sans préparer d'avance le véhicule où il sera placé.

Quelques-uns de ces appareils fonctionnent entre Florence et Rome.

Le kinopansigraphe Graftiaux est un appareil assez volumineux, qui fournit l'enregistrement de la marche d'un train par deux styles, l'un donnant la courbe des espaces en fonction du temps, l'autre, la courbe des vitesses en fonction des espaces. En outre, les coordonnées (curvilignes) des espaces étant communes aux deux figures, on peut d'un seul coup trouver l'heure du passage d'un train à un point donné de la voie et connaître à ce moment sa vitesse.

Cet appareil emprunte à celui de Deniel le mouvement d'un régulateur à force centrifuge équilibré par un ressort et mis en action par une courroie tournant sur l'essieu du wagon; mais il en diffère par tous les autres points.

Le disque en papier enregistreur dépend de ce mouvement et non d'un mouvement d'horlogerie, et le style qui enregistre les vitesses reçoit une correction continue permettant d'obtenir des déplacements proportionnels aux vitesses.

Quant au style qui dépend du mouvement d'horlogerie, il offre ceci de particulier qu'il se meut sur le même arc de cercle que le style des vitesses, arc qui passe constamment par le centre du disque de papier.

La solution est ingénieuse et élégante au point de vue du mécanisme enregistreur; mais on ne peut s'empêcher de craindre les glissements des deux courroies qui actionnent le mouvement. Malheureusement, l'appareil est coûteux, lourd, difficile à installer et, par suite, peu pratique en service courant.

Dans le contrôleur Krœmer-Hipp, un mouvement d'horlogerie déroule une bande de papier divisée par des traits de 10 en 10 minutes; un style, actionné par une prise de mouvement par poulies et courroies sur l'essieu, marque un point par nombre calculé d'avance de tours de roues. Les rapports des poulies sont tels que le nombre qui exprime la vitesse en kilomètres à l'heure est le double du nombre de points obtenus dans l'intervalle de 10 minutes.

Les objections à ce système sont le glissement des courroies et l'installation préalable à exécuter dans les véhicules. Il est pourtant en service sur le chemin de fer du Nord-Ouest suisse depuis 1873, où 41 appareils fonctionnent continuellement, et, d'après le constructeur, sur les chemins allemands de la Bavière, Grand-Duché de Bade, Berlin-Hambourg et Magdebourg-Halberstadt.

### II. — APPAREILS DE CONTRÔLE DE LA MARCHE DES TRAINS PLACÉS À POSTE FIXE SUR LA VOIE.

Le principe du tachymètre Delebecque et Banderali consiste à enregistrer électriquement le passage sur des contacts métalliques isolés, posés sur la voie. La machine locomotive, munie d'une brosse métallique, établit le courant lorsqu'elle franchit ces contacts, et ce courant vient forcer un style à marquer un point sur un cylindre enregistreur, qui est animé par un mouvement d'horlogerie circulant avec le train. Un second style enregistre le temps en minutes.

L'application de cet appareil complète l'ensemble des dispositions de protection des trains par l'électricité, en essai au chemin de fer du Nord.

Dans le dromoscope Le Boulengé, un disque de bronze vertical est sollicité par un poids à tourner, lorsque rien ne s'oppose au mouvement : deux pédales à 50 mètres de distance, placées contre le rail, sont successivement abaissées par le passage du train; la première rend libre le disque, la seconde l'arrête. On conçoit que l'arc décrit dépend du temps employé à parcourir 50 mètres et, par suite, de la vitesse. Gr. VI. — Cl. 64.

L'appareil est extrêmement simple, parfaitement pratique, en ce sens que le disque montre la vitesse en gros chiffres au mécanicien du train comme à l'agent de la voie, qui, après le passage du train, remet les choses en l'état. Cet appareil est installé sur les lignes de l'État belge à Laecken et à Angleur, et sur la ligne du Grand-Central, à Lodelinsart.

Une autre forme de dromoscope, également exposée par M. Le Boulengé, est la suivante :

Une pédale retient un pendule susceptible de battre la seconde; à une distance calculée d'après la vitesse limite que le mécanicien est tenu d'observer de par les règlements, par exemple 8$^{m}$,33 pour 30 kilomètres à l'heure, se trouve un pétard, retenu par un second déclic situé à l'autre bout de la course du pendule. Lorsque le train passe sur la pédale, le pendule est lâché et vient, au bout de la seconde, lâcher le second déclic, qui retire le pétard. Si le train a marché plus vite qu'à 30 kilomètres à l'heure, le pétard est écrasé avant d'être retiré.

Le railway protecteur de M. Hackon Brunius fournit l'indication télégraphique des positions successives d'un train sur la voie et les enregistre, à la station de départ, sur une bande de papier mue par un mouvement d'horlogerie. Il établit une communication constante entre le mécanicien et ce poste fixe, de telle sorte qu'il peut en recevoir des avis pendant la marche. En outre, il permet d'enregistrer l'heure de départ ou d'arrivée des trains et d'indiquer au mécanicien la distance parcourue depuis le départ.

Le principe consiste en un frotteur électrique porté par le train

Gr. VI. — Cl. 64.

et fermant le circuit au passage des poteaux télégraphiques portant le fil conducteur et munis de brosses électriques.

L'inventeur a fait des essais sur le chemin de fer Nassjö-Oscarhamm, en Suède, en 1876.

III. — APPAREILS MESURANT LE TRAVAIL DU TRAIN.

Le chemin de fer Archiduc-Albert expose l'appareil Killiches, pour mesurer le travail moteur des locomotives, appareil ingénieux et aussi simple que le comporte la complexité du problème.

Le crochet d'attelage porte une boîte dans laquelle l'effort de traction est mesuré par un ressort à boudin, à course réduite par des leviers; ce ressort avance ou recule une molette appuyée sur un plateau circulaire mis en mouvement par une prise sur l'essieu du tender. Cette dernière consiste en une vis sans fin, que l'on place facilement sur l'essieu au moyen de brides. La molette agit sur un compteur à chiffres apparents à l'extérieur.

L'appareil est parfaitement pratique et peut rendre d'excellents services, si l'on ne recherche pas la précision scientifique.

En résumé, les divers appareils dont nous venons de donner la description témoignent d'efforts considérables, mais il ne nous semble pas que le problème général soit résolu par un instrument vraiment pratique. Les appareils les plus complets exigent une installation préalable dans le véhicule et peuvent donner des résultats erronés par suite du glissement des courroies. Nous doutons qu'aucun chef de service d'un chemin de fer consente à rendre ses agents responsables de faits qui peuvent n'être que la conséquence d'indications erronées des appareils de contrôle.

Les appareils destinés à indiquer la pression de la vapeur dans les chaudières ne nous ont pas paru révéler des faits nouveaux. Nous citerons pour mémoire le manomètre Casse, connu depuis longtemps des ingénieurs.

Ce manomètre est basé sur le même principe que celui de Bourdon, c'est-à-dire sur la déformation d'un tube à l'intérieur duquel agit la pression de la vapeur; mais le tube Bourdon fait à peu près un tour complet, tandis que le tube Casse ne fait qu'un demi-cercle, de sorte que l'eau condensée dans ce dernier peut retomber dans la chaudière. D'autre part, le manomètre Casse présente un renvoi de leviers que n'a pas le manomètre Bourdon.

### Sismographe ou appareil enregistreur des mouvements relatifs des véhicules en marche.

Cet appareil est destiné à enregistrer les mouvements relatifs divers, tels que lacets, tangage, galop, qui affectent les véhicules en marche, et, par suite, à fournir des éléments de comparaison entre l'allure de différents véhicules dans les mêmes conditions de charge, de vitesse, d'état de la voie, etc., ou d'un seul et même véhicule dans différentes conditions.

Trois pendules sont assujettis à osciller, le premier dans un plan parallèle, le second et le troisième dans des plans perpendiculaires à la voie. Les deux premiers pendules sont verticaux dans la position de repos, tandis que le troisième est horizontal et maintenu dans cette position au moyen d'un ressort en hélice.

Le mouvement oscillatoire de chacun des pendules est transmis, par un système de leviers convenables, à un chariot très léger, portant un crayon qui se déplace perpendiculairement à une bande de papier. Cette bande se déroule horizontalement à une vitesse uniforme, en passant sur des cylindres actionnés par un mouvement d'horlogerie. Par suite des oscillations des pendules, les chariots sont animés respectivement d'un mouvement rectiligne alternatif, qui se traduit sur la bande de papier par une courbe sinueuse, dont les ordonnées dépendent à chaque instant de l'amplitude des oscillations du véhicule.

### Appareil à relever le profil des bandages (système Napoli).

Cet appareil repose sur le principe suivant :

Si l'on considère une droite de longueur variable qui oscille dans un même plan autour de son point milieu, supposé fixe, les extrémités de cette droite décrivent des figures égales et symétriques.

Mécaniquement, cette idée est réalisée au moyen d'une roue

Gr. VI. — Cl. 64.

d'engrenage tournant sur un axe et qui engrène avec deux crémaillères parallèles. Un déplacement de l'une des crémaillères fait tourner la roue d'engrenage et amène un déplacement égal, en sens inverse, de la seconde crémaillère. Si l'on dispose un crayon sur l'une des crémaillères et une pointe sur l'autre, de telle sorte que le crayon et la pointe soient dans un plan vertical passant par l'axe de la roue d'engrenage et, de plus, à une même distance de cet axe, le crayon tracera, sur une bande de papier placée en dessous, une ligne reproduisant exactement le chemin parcouru par la pointe, et, par suite, le contour de la section plane d'un solide quelconque, si l'on assujettit la pointe à se mouvoir à la surface de ce solide.

### § 4. — RECHERCHES SCIENTIFIQUES. — LABORATOIRES. — WAGON D'EXPÉRIENCES DE LA COMPAGNIE DE L'EST.

Nous venons de donner plutôt la nomenclature que la description d'un nombre déjà important d'appareils de précision en service sur les chemins de fer. Il nous reste, pour terminer cette longue étude, à signaler un progrès considérable et d'un ordre nouveau : nous voulons parler de la vulgarisation des procédés d'expérimentation, de recherches et d'analyses.

Pour la résistance des métaux, on s'est pendant longtemps contenté de procédés véritablement empiriques : l'aspect de la cassure, quelques essais au choc, et c'était tout. Aujourd'hui, on pousse à la dernière limite les épreuves sur la résistance, sur l'allongement progressif sous des charges croissantes. Aussi, les appareils destinés à l'essai méthodique des métaux se répandent-ils de plus en plus. Nous n'avons pas à les décrire; il nous suffit d'en indiquer l'emploi.

Tout le monde sait aujourd'hui l'importance de la qualité de l'eau à employer dans les machines et les dangers qui résultent des incrustations dans les chaudières. La construction des lignes nouvelles qui suivent des vallées secondaires coupent fréquemment des faîtes séparatifs de ces vallées et se tiennent sur des plateaux relativement élevés, cette construction, disons-nous, exige des recherches longues et difficiles sur la nature et l'abondance des eaux qui peuvent être utilisées pour le service régulier de la traction.

Enfin les chemins de fer sont, pour un grand nombre d'industries, des consommateurs de la plus haute importance. Ils demandent chaque année des quantités énormes de combustibles, de fers et fontes, de matières grasses, d'essences, de tissus, draps et bâches, etc.

Les compagnies ont un intérêt de premier ordre à savoir ce qu'elles achètent, et, comme la presque totalité des marchés qu'elles passent ont pour base l'adjudication, il faut, avant le marché, présenter au commerce des cahiers des charges bien définis, et, après le marché, savoir si ces conditions sont scrupuleusement remplies par les fournisseurs.

A tous égards, les laboratoires s'imposent, et ils prennent chaque jour de nouveaux développements.

### Laboratoires des compagnies françaises.

Les premiers laboratoires des compagnies de chemins de fer ont été créés par celles de Lyon et d'Orléans. Les autres n'ont pas tardé à suivre cet exemple, et comme l'existence de ces laboratoires a paru causer un certain étonnement, nous donnerons quelques détails sur les services rendus par celui de la compagnie de l'Est[1].

Le laboratoire, dès le principe, ne faisait que des incinérations de combustibles et des essais hydrotimétriques. A partir de 1874, il a été chargé d'études et de recherches très diverses, qui se rapportent à trois ordres d'idées très distincts :

1° Recherches, en quelque sorte théoriques, ayant pour but, soit de guider les ateliers pour la forme à donner à divers organes, soit d'éclairer le service sur la valeur de procédés ou de produits nouveaux;

2° Rédaction des conditions à imposer aux fournisseurs pour la

[1] Les travaux du laboratoire de l'Est ont été indiqués avec détail dans un volume publié par M. Jules Gaudry, ingénieur civil, chef de ce laboratoire, et intitulé : *Guide pratique pour l'essai des matières industrielles.*

Gr. VI. — Cl. 64.

livraison d'un nombre chaque jour croissant des matières entrant dans la consommation des divers services de la compagnie: constatations de la valeur des produits offerts avant l'ouverture des soumissions et conservation d'échantillons définissant la qualité des objets à livrer ;

3° Constatation régulière et courante des produits livrés; incinérations pour les combustibles, analyses pour d'autres substances, etc.

Dans les quatre années qui viennent de s'écouler, nous citerons, en premier lieu, des recherches considérables sur les lois d'échauffement des liquides et leur circulation dans les tubes à employer pour chauffer les voitures à voyageurs; sur la production des vapeurs dans des bouillottes en service pendant des mois, et constamment réchauffées sans être jamais ouvertes et, par conséquent, sans renouvellement d'eau. Tous les systèmes connus pour résoudre le problème du chauffage des voitures ont été étudiés, et des expériences nombreuses ont été faites, d'abord dans le laboratoire, puis sur des voitures munies d'appareils d'essai. Nous estimons que ces essais ont eu les plus heureux résultats et que l'on est arrivé à des solutions satisfaisantes.

En même temps, d'autres études étaient faites sur les substances proposées pour la désincrustation des chaudières, l'extinction des incendies, les alliages nouveaux, antifriction, etc., les enduits, les couleurs, les essences, les huiles diverses.

Enfin le laboratoire a eu à répondre à de nombreuses demandes faites par les divers services de la compagnie, telles que :

Analyses hydrotimétriques; il en a été fait 379 en trois ans;

Analyses de substances proposées pour pétards et signaux détonants, feux et fusées;

Analyses de substances ayant été l'objet de fausses déclarations en vue de la taxe du transport.

Les conditions à imposer aux fournisseurs et les constatations faites sur les livraisons ont porté sur les objets ci-après :

*Draps et feutres. — Galons de voiture.* — Qualité, teinture, tissage et résistance.

*Toiles écrues, enduites pour bâches et couvertures des wagons.* — *Toiles cirées.* — Nature des fils employés, présence du jute, nature de l'apprêt, des enduits, résistance.

*Alcools.* — Degré, mode de dénaturation pour emplois industriels.

*Alcalis.* — Degré, recherche de matières étrangères.

*Caoutchouc.* — Densité, recherches de matières étrangères.

*Couleurs.* — *Essences.* — Composition, recherches du carbonate de plomb, des résines.

*Huiles et pétroles.* — Recherches sur le pouvoir éclairant, composition.

*Graisses, savons, suifs, mastic.* — Composition, présence de l'eau, matières étrangères.

Toutes les analyses sont faites par le laboratoire sur des échantillons prélevés en dehors de lui et marqués de signes conventionnels, de façon que le nom du fournisseur demeure inconnu.

Quant aux combustibles, il est inutile d'insister sur la valeur des analyses. La question de la teneur en cendres a une importance capitale : au point de vue du prix, il n'est nullement indifférent d'acheter pour du combustible des schistes et des pierres; mais, au point de vue du service, la chose est bien autrement grave. Introduites dans les foyers, ces matières étrangères deviennent des mâchefers, qui couvrent et brûlent les grilles, retardent la combustion de ce qui peut brûler. Avec de la mauvaise eau, avec de mauvais charbon, il n'y a pas de service d'exploitation possible.

Le nombre des incinérations faites chaque mois au laboratoire de la compagnie de l'Est varie entre 700 et 800, environ 30 par jour.

Nous n'insisterons pas davantage, mais nous pouvons conclure qu'un bon laboratoire, outillé au point de vue industriel et pratique, doit être aujourd'hui considéré comme un des organes les plus importants d'un service de traction.

**Wagon et appareils d'expériences de la compagnie de l'Est.**

Nous terminerons cette trop longue étude du matériel des chemins de fer, en décrivant sommairement un wagon d'expériences construit par la compagnie des chemins de fer de l'Est. Placé sur une voie intérieure et en quelque sorte caché par les machines

Gr. VI. — Cl. 64.

locomotives, ce wagon n'a été aperçu que par un petit nombre de personnes; mais nous pensons pouvoir dire qu'il a été, de la part du jury, l'objet du plus sympathique examen. Il a été conçu et établi dans le double but de déterminer simultanément les efforts variables d'une machine locomotive en marche et le travail de la vapeur dans les cylindres, c'est-à-dire de faire connaître, à tout instant, le travail moteur et le travail recueilli.

En dehors de quelques dispositions de détail destinées à éviter des flexions et frottements susceptibles d'altérer les résultats, *l'appareil dynamométrique proprement dit* ne se distingue de ceux déjà connus que parce que le mouvement de déroulement du papier est commandé par le mouvement même de l'essieu du wagon. Les courbes recueillies ont donc pour abscisses les espaces parcourus et pour ordonnées les efforts, de sorte que la quadrature de ces courbes donne immédiatement l'expression du travail recueilli.

Ce même essieu est chargé de donner le mouvement à des appareils divers, enregistreurs et indicateurs de vitesse, totaliseur des travaux, etc., qui fournissent, par des points de repère tracés sur la bande de papier ou par des nombres lus sur les cadrans, tous les éléments qui constituent, par leur ensemble, le phénomène complexe de la traction des trains.

Les temps sont d'ailleurs donnés par un enregistreur électrique dépendant d'une horloge à remontoir, également électrique, qui trace, toutes les dix secondes, un point sur la bande de papier qui se déroule. On a donc ainsi tout ce qu'il faut pour évaluer la résistance. Reste à mesurer la puissance.

Le travail de la vapeur sur les pistons de la locomotive a été évalué, jusqu'à ce jour, au moyen des diagrammes relevés avec un indicateur de Watt, placé immédiatement au-dessus du cylindre de la machine en expérience, ce qui, aux grandes vitesses, n'était pas sans présenter de grandes difficultés, un certain danger même et des causes d'erreur provenant de l'inertie des pièces.

Le but que l'on s'est proposé dans les appareils destinés à relever le travail de la vapeur a été : 1° de faire ce relevé à distance dans le wagon même; 2° de s'affranchir des chances d'erreurs provenant de l'inertie des organes de l'indicateur; 3° de relever le travail de la vapeur, non plus sur une seule face du piston, mais simultanément sur les quatre faces. Gr. VI. — Cl. 64.

Les appareils employés dans ce but sont basés sur l'emploi de l'air comprimé et de l'électricité. Voici en quoi ils consistent :

Deux tableaux destinés à recevoir le tracé des courbes manométriques, dont la surface représente le travail de la vapeur sur les quatre faces du piston, reçoivent un mouvement alternatif, qui doit être la reproduction exacte et synchrone de celui du piston de la machine sur laquelle on opère. Ces tableaux empruntent leur mouvement, ainsi que l'appareil enregistreur des efforts, à l'essieu du wagon, par l'intermédiaire de mécanismes spéciaux, munis d'appareils correcteurs permettant d'assurer le synchronisme rigoureux entre le mouvement des pistons et celui des tableaux.

La combinaison d'une lampe, d'un miroir, de prismes, de lentilles et d'un écran, qui disparaît sous l'action d'une commande électrique à l'instant précis où le piston arrive en un point déterminé de sa course, permet de produire une étincelle lumineuse qui indique que le synchronisme existe.

L'air comprimé à une pression supérieure à la plus forte pression de vapeur que l'on ait à mesurer est obtenu au moyen d'une pompe à air, commandée par un excentrique calé sur l'un des essieux du wagon, et accumulé dans un réservoir où on le prend pour le fonctionnement des appareils.

Cet air est amené dans un espace avec lequel communiquent, par une série de tuyaux, d'une part l'indicateur manométrique, d'autre part les explorateurs à membranes. Ces appareils sont donc au même instant soumis à la même pression d'air, que l'on peut maintenir constante, ou que l'on fait décroître d'une manière continue jusqu'à la pression atmosphérique, en agissant sur le ressort de l'indicateur et en faisant échapper l'air.

Des enregistreurs électriques reliés au ressort de l'indicateur occupent successivement, devant les tableaux, une hauteur qui dépend de la tension de l'air comprimé.

En lançant un courant électrique dans les électro-aimants de ces enregistreurs, au moment précis où la pression dans les cylindres est égale à celle de l'air comprimé dans l'indicateur, on obtient sur

le tableau une série de points qui indiquent, par leur position, la pression dans le cylindre à un instant déterminé de la course du piston.

On comprend qu'en employant autant d'explorateurs et d'enregistreurs qu'il y a de courbes à tracer, on peut, simultanément, relever le diagramme sur les quatre faces des pistons, tracer la pression de la vapeur dans la chaudière et dans les différents points de son parcours, depuis la chaudière jusqu'aux cylindres, et des cylindres eux-mêmes jusqu'à l'orifice de l'échappement.

Cet appareil a été étudié et exécuté par le service du Matériel et de la Traction de la compagnie de l'Est, sur des données théoriques fournies par M. Marcel Deprez. Terminé quelques semaines avant l'ouverture de l'Exposition, ce wagon n'a pu faire que des voyages d'essai, qui ont montré déjà qu'on pouvait compter sur le fonctionnement régulier des organes délicats qu'il renferme. Aussitôt après l'Exposition, les ingénieurs de la compagnie de l'Est poursuivront une série d'expériences qui éclaireront, ils en ont l'espoir, les problèmes si complexes de la traction des trains et du travail de la vapeur dans l'intérieur de la machine locomotive.

# TABLEAUX STATISTIQUES

DONNANT, AU 1er JANVIER 1866 ET AU 1er JANVIER 1878, LES NOMBRES DE KILOMÈTRES CONCÉDÉS ET DE KILOMÈTRES EXPLOITÉS, MACHINES LOCOMOTIVES, VOITURES ET WAGONS.

Pour divers États, nous avons dû prendre des dates autres que le 1er janvier 1878, et nous contenter des dates de 1875 pour la Russie, de 1876 pour l'Allemagne, de 1877 pour l'Autriche-Hongrie et la Suisse.

Nous avons dû aussi, pour quelques États, admettre une date un peu moins éloignée que celle de 1866; nous avons tenu, avant tout, à ne donner que des chiffres puisés à des sources authentiques.

En nous transmettant les chiffres relatifs aux chemins de fer des États-Unis d'Amérique, notre collègue du jury, M. Delaplain, a bien voulu y joindre plusieurs tableaux d'un très grand intérêt. Nous publions ici les deux derniers; ils paraissent absolument à leur place dans un travail relatif aux chemins de fer au moment de la grande Exposition de 1878. Le premier de ces tableaux résume l'accroissement annuel des chemins de fer aux États-Unis de 1830 à 1877; le second donne les progrès des chemins de fer du monde entier de cinq en cinq années, de 1825 à 1875; on a pu y joindre les chiffres de 1876. Nous avons seulement traduit en kilomètres toutes les indications données en milles.

En 1830, il y avait aux États-Unis 37 kilomètres; en 1877, il y en avait 127,447.

De 1830 à 1840, la moyenne annuelle est de 367 kilomètres seulement; la construction des chemins de fer ne commence véritablement qu'à partir de 1836, et se poursuit pendant quatorze ans à raison d'environ 3,500 kilomètres par an.

De 1840 à 1850, on traverse une crise, et la moyenne de cette

Gr. VI. — Cl. 64.

période décennale s'abaisse à 815 kilomètres. La crise continue jusque vers 1864, pendant laquelle on n'en construit que 1,187; mais, à partir de ce moment, éclate une véritable fièvre : la moyenne des huit dernières années est de 6,436 kilomètres. Mais ces moyennes ne suffisent pas pour apprécier le degré de la fièvre américaine.

En 1869, on livre à l'exploitation 7,970 kilomètres; 9,156 en 1870; 12,340 en 1871; 8,923 en 1872; 7,514 en 1873.

Dans ces cinq années, les Américains ont construit 45,903 kilomètres, c'est-à-dire un réseau représentant, à 2,000 kilomètres près, les réseaux totaux de l'Angleterre et de la France réunies.

Mais on sait les désastres financiers qui ont suivi cette agitation; on est revenu à une situation plus calme, et l'année 1877 n'a vu que 2,798 kilomètres de lignes nouvelles.

Le réseau américain de 127,447 kilomètres appartient exclusivement à des compagnies, dont le nombre dépasse *douze cents*. Quelques-unes exploitent un très petit nombre de kilomètres, mais le réseau de la Pensylvanie-Railway en a plus de 8,000.

Dans les régions qui bordent l'océan Atlantique, les chemins de fer américains ont la plus grande analogie avec les chemins de fer de l'Europe. Mais si on se dirige vers l'Ouest, les choses changent. Le chemin de fer n'est plus un instrument destiné à améliorer, à développer des relations commerciales et industrielles déjà existantes; c'est un instrument destiné à les créer; le chemin de fer suit de très près la hache des pionniers et les chariots des émigrants; on construira les villes quand il y aura un chemin de fer.

Le chemin de fer du Pacifique a traversé des déserts immenses; il a franchi trois chaînes de hautes montagnes : les Alleghanys, les montagnes Rocheuses et la Sierra-Nevada. On poursuit en ce moment la construction de deux autres lignes interocéaniques.

Si maintenant nous examinons le dernier tableau, relatif à la construction des chemins de fer dans le monde entier pendant le demi-siècle qui vient de s'écouler, on trouve des résultats dont peut s'enorgueillir le génie de l'homme. A la fin de 1876, il y avait 313,500 kilomètres, et la vieille Europe en possédait environ la moitié.

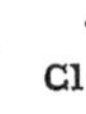
Gr. VI. — Cl. 64.

On a beaucoup critiqué notre pays : on a dit que nous étions en retard sur les autres nations, et on fait des comparaisons basées sur l'étendue des territoires. Il est impossible de prendre, pour mesurer l'activité industrielle d'un pays, une base plus inexacte. Nous venons de dire ce qui a été fait en Amérique; si l'on prenait pour terme de comparaison l'étendue des territoires, l'Amérique serait bien mal placée sur la liste, tandis que, par son activité, elle mérite d'occuper le premier rang. Rien n'est plus difficile que de faire des comparaisons de cette nature. On peut se demander si la région industrielle et minière du nord de la France a autant de chemins de fer que la Belgique; mais il serait déraisonnable de demander la même chose pour la Lozère et les Hautes-Alpes.

Dans les quinze années qui viennent de s'écouler, de 1860 à 1876, les réseaux se sont augmentés : en Angleterre, de 16,787 à 27,776 kilomètres; en France, de 9,444 à 20,470 kilomètres; soit, en moyenne, pour l'Angleterre, de 732 kilomètres, pour la France, de 735, et, dans cette période, notre pays a subi d'immenses malheurs.

Pendant quelques années, notre accroissement annuel sera probablement supérieur à celui de l'Angleterre, et nous arriverons, non pas à l'immobilité absolue, mais à un moment où le réseau répondra à tous les besoins du pays. Ce n'est qu'à la condition d'avoir devant soi de vastes territoires qu'on peut, comme les Américains, marcher sans cesse en avant. Mais ce que nous ne pouvons faire en Europe, nous pouvons le faire en Afrique. Tandis que l'Australie a déjà 4,000 kilomètres de chemins de fer, l'Algérie n'en possède que 645. Un continent tout entier s'offre à notre activité. Espérons que nous n'y serons pas devancés par d'autres peuples.

## STATISTIQUE DES CHEMINS DE FER

AU 1er JANVIER 1866 ET AU 1er JANVIER 1878.

Nota. — Tous les chiffres de ces tableaux sont extraits des documents officiels publiés par le Ministère des Travaux publics.

| NOMS DES DIRECTIONS ou Compagnies. | KILOMÈTRES CONCÉDÉS. | | KILOMÈTRES EXPLOITÉS. | | LOCOMOTIVES. | | VOITURES. | | FOURGONS et WAGONS. | |
|---|---|---|---|---|---|---|---|---|---|---|
| | 1866. | 1878. | 1866. | 1878. | 1866. | 1878. | 1866. | 1878. | 1866. | 1878. |
| **France.** | | | | | | | | | | |
| Compagnies d'intérêt général : | | | | | | | | | | |
| Nord | 1,613 | 2.161 | 1,197 | 1.913 | 549 | 1,111 | 1,032 | 1.715 | 13,123 | 30,918 |
| Est | 3,088 | 3.146 | 2,512 | 2,381[a] | 762 | 868 | 1.962 | 2,347 | 16,316 | 21,499 |
| Ouest | 2,520 | 3,233 | 1.857 | 2,663 | 514 | 889 | 1.770 | 2.642 | 10.160 | 15,388 |
| Orléans | 4,199 | 4,356 | 3.067 | 4.321 | 690 | 930 | 1,945 | 2,142 | 12,299 | 20,881 |
| Paris-Lyon-Méditerranée | 5.817 | 7.082 | 3,198 | 5,530 | 1,262 | 1,912 | 2,108 | 3,237 | 35.659 | 59.031 |
| Midi | 2.252 | 3,007 | 1.496 | 2.165 | 287 | 488 | 878 | 1,426 | 9,092 | 17,795 |
| Charentes | 446 | 717 | " | 500 | " | 83 | " | 292 | " | 1.869 |
| Vendée | 120 | 498 | " | 247 | " | 33 | " | 132 | " | 1.092 |
| Orléans-Châlons | 247 | 293 | " | 293 | " | 26 | " | 143 | " | 747 |
| Nord-Est | " | 294 | " | 172 | " | " [b] | " | " | " | " |
| Compagnies diverses | 698 | 1,570 | 243 | 790 | " | 95 | " | 321 | " | 2.849 |
| Totaux | 21,000 | 26,357 | 13.570 | 20.975 | 4.064 | 6,435 | 9.695 | 14,397 | 96,649 | 172.069 |
| Chemins d'intérêt local | " | 5,146 | " | 2.307 | | | | | | |
| Totaux généraux | 21,000 | 31,503 | 13,570 | 23,282 | | | | | | |

[a] Le réseau de la compagnie de l'Est a été complètement modifié par la perte des lignes d'Alsace-Lorraine.

[b] Le matériel est compté dans le matériel de la compagnie du Nord, qui exploite provisoirement cette ligne.

| NOMS DES DIRECTIONS ou Compagnies. | KILOMÈTRES CONCÉDÉS. | | KILOMÈTRES. EXPLOITÉS. | | LOCOMOTIVES. | | VOITURES. | | FOURGONS et WAGONS. | |
|---|---|---|---|---|---|---|---|---|---|---|
| | 1866. | 1878. | 1866. | 1878. | 1866. | 1878. | 1866. | 1878. | 1866. | 1878. |
| **Grande-Bretagne.** Angleterre et pays de Galles...... | " | " | 14,891 | 19,473 | 5,968 | 10,636 | 14.846 | 23.154 | 188,894 | 290,664 |
| **Grande-Bretagne.** Écosse.......... | " | " | 3,541 | 4,468 | 1.026 | 1.563 | 2,183 | 3.306 | 37.361 | 82.678 |
| **Grande-Bretagne.** Irlande......... | " | " | 2,958 | 3.546 | 420 | 568 | 968 | 1.269 | 7,005 | 12,318 |
| TOTAUX [a]....... | " | " | 21,390 | 27.487 | 7.414 | 12.767 | 17,997 | 27,729 | 233,260 | 385,660 |
| | | | 1865. | 1876. | 1865. | 1876. | 1865. | 1876. | 1865. | 1876. |
| **Allemagne.** Chemins de fer de l'État......... | " | " | 7,187,71 | 13,985,45 | 1,745 | 5,071 | 3.990 | 10,299 | 33.419 | 93.998 |
| **Allemagne.** Chemins particuliers sous la direction de l'État. | " | " | 1,485,71 | 3,069,57 | 407 | 1.399 | 508 | 1,309 | 12,193 | 33,410 |
| **Allemagne.** Chemins particuliers.......... | " | " | 5,654,20 | 11,998,12 | 1,466 | 3.824 | 3,002 | 6,603 | 27,103 | 76,915 |
| TOTAUX [b]....... | " | " | 14,327.62 | 29,053,14 | 3.618 | 10.294 | 7.500 | 18,211 | 72,715 | 204.323 |
| | | | 1875. | 1878. | | 1875. | | 1875. | | 1875. |
| **Russie** [c]....... | " | " | 18,440 | 21.000 | | 3,852 | | 5,597 | | 76.224 |
| | 1866. | 1877. | 1866. | 1877. | 1866. | 1877. | 1866. | 1877. | 1866. | 1877. |
| **Autriche et Hongrie** [d]........ | 7,504 | 18.413 | 6,230 | 17.126 | 1,335 | 3.269 | 2,694 | 7.266 | 25.551 | 76.014 |

(a) Renseignements donnés par M. Douglas Galton, Membre du Jury de la Classe 64.

(b) Renseignements donnés par M. le Ministre du Commerce, de l'Industrie et des Travaux publics de Prusse.

(c) Renseignements donnés par M. le Commissaire général de la Section russe à l'Exposition universelle.

(d) Renseignements donnés par MM. Hornbostel et de Szent Gyorgyi, Membres du Jury.

| | NOMS DES DIRECTIONS ou Compagnies. | KILOMÈTRES CONCÉDÉS. | | KILOMÈTRES EXPLOITÉS. | | LOCOMOTIVES. | | VOITURES. | | FOURGONS ET WAGONS. | |
|---|---|---|---|---|---|---|---|---|---|---|---|
| | | 1866. | 1878. | 1866. | 1878. | 1866. | 1878. | 1866. | 1878. | 1866. | 1878. |
| Belgique. | Exploitation par l'État : | | | | | | | | | | |
| | Construction par l'État.... | 589 | 1,339 | 559 | 705 | 306 | 1,066 | 1,135 | 2,158 | 9.624 | 31,437 |
| | Rachat par l'État........ | 196 | 1,452 | 196 | 1.452 | | | | | | |
| | Grand-Central belge.......... | 478 | 692 | 478 | 568 | 94 | 197 | 158 | 346 | 3.136 | 7,376 |
| | Réseau des Flandres.......... | " | 294 | " | 294 | " | 33 | " | 96 | " | 521 |
| | Nord belge................. | 202 | 175 | 202 | 175 | 116 | 152 | 106 | 127 | 3.148 | 3,283 |
| | Flandre occidentale........... | 164 | 164 | 121 | 164 | 23 | 28 | 51 | 92 | 300 | 626 |
| | Liégeois-Limbourg............ | 58 | 137 | 42 | 137 | 10 | 25 | 13 | 32 | 141 | 890 |
| | Compagnies diverses.......... | 959 | 408 [a] | 785 | 394 [a] | 158 | 60 [a] | 379 | 214 [a] | 5,225 | 1,249 [a] |
| | Totaux [b]............ | 2,646 | 4,651 | 2,383 | 3,889 | 707 | 1.561 | 1.842 | 3,065 | 21.574 | 45,382 |
| Hollande. | Compagnie chargée de l'exploitation des chemins de fer de l'État : | | | | | | | | | | |
| | Lignes de l'État.......... | " | " | 239 | 737 | 45 | 185 | 103 | 471 | 574 | 3.618 |
| | Lignes particulières....... | 52 | 52 | 52 | 52 | | | | | | |
| | Rhénan-Néerlandais........... | 163 | 232 | 163 | 200 | 53 | 86 | 177 | 230 | 1,074 | 1,856 |
| | Chemin de fer hollandais : | | | | | | | | | | |
| | Lignes appartenant à la Cie. | 85 | 275 | 85 | 224 | 24 | 73 | 174 | 348 | 142 | 1,008 |
| | Lignes appartenant à l'État. | " | " | 42 | 71 | | | | | | |
| | Compagnies diverses.......... | 111 | 164 | 111 | 164 | 17 | 32 | 95 | 161 | 276 | 540 |
| | Compagnies exploitées avec matériel belge ou allemand..... | 74 | 142 | 74 | 175 | " | " | " | " | " | " |
| | Totaux [b]............ | 485 | 865 | 766 | 1,623 | 139 | 376 | 549 | 1,210 | 1,166 | 7,022 |

[a] Une grande partie des compagnies diverses qui figuraient sous ce titre avant 1878 sont passées dans le réseau de l'État, qui les a rachetées.

[b] Renseignements donnés par M. Belpaire, Membre du Jury.

| NOMS DES DIRECTIONS ou Compagnies. | KILOMÈTRES CONCÉDÉS. | | KILOMÈTRES EXPLOITÉS. | | LOCOMOTIVES. | | VOITURES. | | FOURGONS ET WAGONS. | |
|---|---|---|---|---|---|---|---|---|---|---|
| | 1866. | 1878. | 1866. | 1878. | 1866. | 1878. | 1866. | 1878. | 1866. | 1878. |
| **Suède.** | | | | | | | | | | |
| Compagnies de l'État | " | " | 861,6 | 1618,3 | 73 | 239 | 236 | 636 | 1,147 | 6,362 |
| Compagnies particulières | " | " | 444,7 | 3230,0 | 50 | 279 (c) | 117 | 690 (c) | 1,215 | 7,150 (c) |
| Totaux (a) | " | " | 1306,3 | 4848,3 | 123 | 518 | 353 | 1,326 | 2,362 | 13,512 |
| **Norwège.** | | | | | | | | | | |
| Compagnies de l'État | " | " | 124,2 | 744,9 | 10 | 44 (c) | 34 | 213 (c) | 305 | 1,128 (c) |
| Compagnies particulières | " | " | 67,8 | 67.8 | 12 | 16 | 40 | 44 | 322 | 393 |
| Totaux (a) | " | " | 192,0 | 812,7 | 22 | 60 | 74 | 257 | 627 | 1.521 |
| **Danemark.** | | | | | | | | | | |
| Compagnies de l'État | " | " | 243,0 | 812,0 | 27 | 106 (c) | 140 | 233 (c) | 310 | 1,366 (c) |
| Compagnies particulières | " | " | 176,6 | 552,6 | 20 | 72 | 60 | 317 | 231 | 1,255 |
| Totaux (a) | " | " | 419,6 | 1364,6 | 47 | 178 | 200 | 550 | 541 | 2,621 |
| | 1869. | 1877. | 1869. | 1877. | 1869. | 1877. | 1869. | 1877. | 1869. | 1877. |
| **Suisse** (b) | 1,353 | 2,551 | 1,322 | 2,551 | 226 | 540 | 814 | 1,655 | 3.538 | 8,498 |

(a) Renseignements donnés par M. Fredrik Almgren, Membre du Jury.

(b) Renseignements extraits de la statistique fédérale.

(c) Renseignements fournis au 1er octobre 1877.

| NOMS DES ÉTATS. | KILOMÈTRES CONCÉDÉS. | | KILOMÈTRES EXPLOITÉS. | | LOCOMOTIVES. | | VOITURES. | | FOURGONS ET WAGONS. | |
|---|---|---|---|---|---|---|---|---|---|---|
| | 1866. | 1878. | 1866. | 1878. | 1866. | 1878. | 1866. | 1878. | 1866. | 1878. |
| **États-Unis.** | | | | | | | | | | |
| New-England | " | " | 6,224 | 9,368 | " | 1,611 | " | 2.216 | " | 30,403 |
| Middle | " | " | 14,724 | 24,402 | " | 5,353 | " | 4,720 | " | 185,677 |
| Southern | " | " | 15,015 | 22,270 | " | 1,796 | " | 1.104 | " | 24,842 |
| Western and South-Western | " | " | 22,619 | 64,329 | " | 6,533 | " | 3.314 | " | 142,471 |
| Pacific | " | " | 526 | 5,892 | " | 657 | " | 680 | " | 13,999 |
| Totaux (a) | " | " | 59,108 | 126,261 | " | 15,950 | " | 12,034 | " | 397,392 |

(a) Renseignements donnés par M. Delaplain, membre du Jury.

## ACCROISSEMENT ANNUEL DES CHEMINS DE FER

### AUX ÉTATS-UNIS D'AMÉRIQUE DE 1830 À 1877.

| ANNÉES. | NOMBRE DE KILOMÈTRES exploités. | ACCROISSEMENT ANNUEL en kilomètres. | ANNÉES. | NOMBRE DE KILOMÈTRES exploités. | ACCROISSEMENT ANNUEL en kilomètres. |
|---|---|---|---|---|---|
| 1830........ | 37 | " | 1850........ | 14,515 | 2,665 |
| 1831........ | 153 | 116 | 1851........ | 17,670 | 3,155 |
| 1832........ | 368 | 215 | 1852........ | 20.769 | 3,099 |
| 1833........ | 611 | 243 | 1853........ | 24,714 | 3.945 |
| 1834........ | 1.018 | 407 | 1854........ | 26.902 | 2,188 |
| 1835........ | 1.767 | 749 | 1855........ | 29.563 | 2,661 |
| 1836........ | 2.048 | 281 | 1856........ | 35,424 | 5.861 |
| 1837........ | 2,409 | 361 | 1857........ | 39,425 | 4,001 |
| 1838........ | 3,078 | 669 | 1858........ | 43,392 | 3,967 |
| 1839........ | 3,704 | 626 | 1859........ | 46,322 | 2.930 |
| Moyenne de 10 ans : 367 kilomètres. | | | Moyenne de 10 ans : 3,447 kilomètres. | | |
| 1840........ | 4.534 | 830 | 1860........ | 49.292 | 2,970 |
| 1841........ | 5,688 | 1.154 | 1861........ | 50,338 | 1,046 |
| 1842........ | 6,478 | 790 | 1862........ | 51.681 | 1,343 |
| 1843........ | 6,734 | 256 | 1863........ | 53,371 | 1,690 |
| 1844........ | 7,043 | 309 | 1864........ | 54 558 | 1,187 |
| 1845........ | 7,454 | 411 | 1865........ | 56,452 | 1,894 |
| 1846........ | 7.932 | 478 | 1866........ | 59,255 | 2.803 |
| 1847........ | 9,007 | 1,075 | 1867........ | 63.195 | 3.940 |
| 1848........ | 9,648 | 641 | 1868........ | 67.988 | 4,793 |
| 1849........ | 11.850 | 2,202 | 1869........ | 75,958 | 7.970 |
| Moyenne de 10 ans : 815 kilomètres. | | | Moyenne de 10 ans : 2,963 kilomètres. | | |

| ANNÉES. | NOMBRE DE KILOMÈTRES exploités. | ACCROISSEMENT ANNUEL en kilomètres. | ANNÉES. | NOMBRE DE KILOMÈTRES exploités. | ACCROISSEMENT ANNUEL en kilomètres. |
|---|---|---|---|---|---|
| 1870 | 85,114 | 9,156 | 1874 | 116,966 | 3,075 |
| 1871 | 97.454 | 12.340 | 1875 | 120.054 | 3,088 |
| 1872 | 106,377 | 8,923 | 1876 | 124,649 | 4,595 |
| 1873 | 113.891 | 7,514 | 1877 | 127,447 | 2,798 |

Moyenne de 8 ans : 6,436 kilomètres.

## RÉSUMÉ GÉNÉRAL.

| | Moyennes en kilomètres. |
|---|---|
| De 1830 à 1839 | 367 |
| De 1840 à 1849 | 815 |
| De 1850 à 1859 | 3,447 |
| De 1860 à 1869 | 2,963 |
| De 1870 à 1877 | 6,436 |

## PROGRÈS DES CHEMINS DE FER DU MONDE ENTIER,

DE 5 EN 5 ANS, DE 1825 À 1876.

| NOMS DES ÉTATS. | 1825. | 1830. | 1835. | 1840. | 1845. | 1850. | 1855. | 1860. | 1865. | 1870. | 1875. | 1876. |
|---|---|---|---|---|---|---|---|---|---|---|---|---|
| | kil. | kil. | kil. | kil. | kil. | kil. | kil. | kil. | kil. | kil. | kil. | kil. |
| **Europe.** | | | | | | | | | | | | |
| Angleterre | 40 | 91 | 263 | 1,348 | 4.086 | 10,653 | 13.322 | 16,787 | 21.382 | 23.507 | 27,190 | 27.776 |
| France | " | 30 | 141 | 426 | 875 | 3.000 | 5.526 | 9.444 | 13.590 | 17,762 | 19,913 | 20.470 |
| Espagne | " | " | " | " | " | 27 | 444 | 1.649 | 4,759 | 5.293 | 6.143 | 6,616 |
| Portugal | " | " | " | " | " | " | 35 | 68 | 700 | 719 | 1,034 | 1,451 |
| Italie | " | " | " | " | 127 | 425 | 909 | 2.000 | 4.034 | 6,173 | 7.702 | 8.090 |
| Suisse | " | " | " | " | 5 | 27 | 212 | 1,097 | 1,340 | 1.463 | 1,767 | 1,948 |
| Autriche | " | " | 13 | 143 | 898 | 1.290 | 1.443 | 2.876 | 3.582 | 5,992 | 10,234 | 11.152 |
| Hongrie | " | " | " | " | 34 | 219 | 550 | 1,599 | 2.114 | 3.461 | 6,384 | 6.473 |
| Allemagne | " | " | 6 | 468 | 2,127 | 5.855 | 7.824 | 11,087 | 13,899 | 18,664 | 27.951 | 29,330 |
| Belgique | " | " | 19 | 333 | 576 | 854 | 1.332 | 1.706 | 2,249 | 2,996 | 3,619 | 3,665 |
| Hollande | " | " | " | 17 | 156 | 179 | 314 | 388 | 862 | 1.316 | 1.709 | 1.756 |
| Luxembourg | " | " | " | " | " | " | " | " | " | 272 | 272 | 272 |
| Danemark | " | " | " | " | 31 | 31 | 31 | 111 | 418 | 764 | 1.270 | 1,437 |
| Suède | " | " | " | " | " | " | 41 | 530 | 1,302 | 1.733 | 3.987 | 4,179 |
| Norwège | " | " | " | " | " | " | 68 | 68 | 278 | 368 | 523 | 594 |
| Russie | " | " | " | 27 | 143 | 500 | 1.044 | 1.590 | 3.926 | 11.240 | 19.427 | 22,047 |
| Roumanie | " | " | " | " | " | " | " | " | 37 | 436 | 1,250 | 1,433 |
| Turquie | " | " | " | " | " | " | " | 66 | 66 | 634 | 1,604 | 1.604 |
| Grèce | " | " | " | " | " | " | " | " | " | 11 | 11 | 11 |
| TOTAUX | 40 | 121 | 432 | 2,762 | 9,052 | 23.060 | 33,097 | 51,066 | 74.538 | 102.804 | 141.990 | 150,304 |

| NOMS DES ÉTATS. | 1825. | 1830. | 1835. | 1840. | 1845. | 1850. | 1855. | 1860. | 1865. | 1870. | 1875. | 1876. |
|---|---|---|---|---|---|---|---|---|---|---|---|---|
| | kil. | kil. | kil. | kil. | kil. | kil. | kil. | kil. | kil. | kil. | kil. | kil. |
| **Amérique.** | | | | | | | | | | | | |
| AMÉRIQUE DU NORD. | | | | | | | | | | | | |
| États-Unis | " | 66 | 1,767 | 4.534 | 7.455 | 14,515 | 29,563 | 49.292 | 56,452 | 85,113 | 120.124 | 124,649 |
| Canada | " | " | " | " | " | 61 | 1,960 | 3,496 | 3,590 | 4,311 | 7.882 | 8,397 |
| Mexique | " | " | " | " | " | 11 | 16 | 32 | 142 | 280 | 608 | 608 |
| TOTAUX | " | 66 | 1.767 | 4.534 | 7.455 | 14.587 | 31.539 | 52,820 | 60,184 | 89.704 | 128.614 | 133,654 |
| AMÉRIQUE CENTRALE. | | | | | | | | | | | | |
| Honduras | " | " | " | " | " | " | " | " | " | 90 | 106 | 106 |
| Costa-Rica | " | " | " | " | " | " | " | " | " | " | 47 | 47 |
| Panama | " | " | " | " | " | " | 79 | 79 | 79 | 79 | 79 | 79 |
| Cuba | " | " | " | 211 | 399 | 399 | 603 | 637 | 637 | 655 | 698 | 737 |
| Porto-Rico | " | " | " | " | " | " | " | " | " | " | 33 | 33 |
| Jamaïque | " | " | " | " | 19 | 19 | 26 | 26 | 26 | 44 | 55 | 55 |
| Barbades | " | " | " | " | " | " | " | " | " | " | 10 | 10 |
| TOTAUX | " | " | " | 211 | 418 | 418 | 708 | 742 | 742 | 868 | 1,028 | 1,067 |
| AMÉRIQUE DU SUD. | | | | | | | | | | | | |
| Colombie | " | " | " | " | " | " | " | " | " | 31 | 69 | 69 |
| Vénézuéla | " | " | " | " | " | " | " | " | " | 13 | 63 | 63 |
| Guyane | " | " | " | " | " | " | " | " | 34 | 95 | 109 | 109 |
| Brésil | " | " | " | " | " | " | 18 | 127 | 451 | 787 | 1,427 | 2,183 |
| Paraguay | " | " | " | " | " | " | " | " | 76 | 76 | 76 | 76 |
| Uruguay | " | " | " | " | " | " | " | " | " | 98 | 317 | 372 |
| République Argentine | " | " | " | " | " | " | " | " | 299 | 1,035 | 2.047 | 2.359 |
| Pérou | " | " | " | " | " | " | 76 | 88 | 265 | 732 | 1.564 | 1,992 |
| Bolivie | " | " | " | " | " | " | " | " | " | " | 61 | 61 |
| Chili | " | " | " | " | " | " | 89 | 195 | 439 | 732 | 1.012 | 1.112 |
| TOTAUX | " | " | " | " | " | " | 183 | 410 | 1.564 | 3,599 | 6.745 | 8,396 |

| | NOMS DES ÉTATS. | 1825. | 1830. | 1835. | 1840. | 1845. | 1850. | 1855. | 1860. | 1865. | 1870. | 1875. | 1876. |
|---|---|---|---|---|---|---|---|---|---|---|---|---|---|
| | | kil. | kil. | kil. | kil. | kil. | kil. | kil. | kil. | kil. | kil. | kil. | kil. |
| Asie. | Turquie d'Asie.... | » | » | » | » | » | » | » | 43 | 148 | 235 | 415 | 449 |
| | Indes anglaises.... | » | » | » | » | » | » | 251 | 1,353 | 5,419 | 7.788 | 10,605 | 11,508 |
| | Ceyland......... | » | » | » | » | » | » | » | » | 58 | 58 | 179 | 336 |
| | Îles Philippines.... | » | » | » | » | » | » | » | » | » | 101 | 449 | 449 |
| | Java............. | » | » | » | » | » | » | » | » | » | 109 | 288 | 476 |
| | Chine.......... | » | » | » | » | » | » | » | » | » | » | 8 | 16 |
| | Japon.......... | » | » | » | » | » | » | » | » | » | » | 66 | 66 |
| | Totaux......... | » | » | » | » | » | » | 251 | 1,396 | 5.625 | 8.291 | 12.010 | 13.301 |
| Afrique. | Égypte.......... | » | » | » | » | » | » | 146 | 442 | 574 | 1,055 | 1,630 | 1.630 |
| | Tunisie.......... | » | » | » | » | » | » | » | » | » | » | 60 | 148 |
| | Algérie.......... | » | » | » | » | » | » | » | » | 51 | 516 | 536 | 645 |
| | Le Cap.......... | » | » | » | » | » | » | » | 3 | 105 | 105 | 143 | 219 |
| | Île Maurice....... | » | » | » | » | » | » | » | » | 106 | 106 | 106 | 106 |
| | Totaux......... | » | » | » | » | » | » | 146 | 445 | 836 | 1,782 | 2,475 | 2,748 |
| Australie. | Victoria.......... | » | » | » | » | » | » | 10 | 151 | 227 | 534 | 1,084 | 1,121 |
| | Nouvelle-Galles du Sud.......... | » | » | » | » | » | » | 24 | 24 | 364 | 552 | 739 | 806 |
| | Queensland...... | » | » | » | » | » | » | » | 98 | 164 | 356 | 592 | 727 |
| | Australie du Sud... | » | » | » | » | » | » | 21 | 90 | 90 | 303 | 441 | 484 |
| | Australie occidentale | » | » | » | » | » | » | » | » | » | » | 61 | 111 |
| | Tasmanie......... | » | » | » | » | » | » | » | » | » | 72 | 72 | 72 |
| | Nouvelle-Zélande.. | » | » | » | » | » | » | » | » | 2 | 45 | 414 | 663 |
| | Taïti............ | » | » | » | » | » | » | » | » | » | » | 34 | 34 |
| | Totaux......... | » | » | » | » | » | » | 55 | 363 | 847 | 1.882 | 3,437 | 4.018 |

## RÉCAPITULATION.

| NOMS DES ÉTATS. | | 1825. | 1830. | 1835. | 1840. | 1845. | 1850. | 1855. | 1860. | 1865. | 1870. | 1875. | 1876. |
|---|---|---|---|---|---|---|---|---|---|---|---|---|---|
| | | kil. | kil. | kil. | kil. | kil. | kil. | kil. | kil. | kil. | kil. | kil. | kil. |
| Europe | | 40 | 121 | 432 | 2.762 | 9,052 | 23.060 | 33.097 | 51.066 | 74.538 | 102.804 | 141.990 | 150.304 |
| Amérique | du Nord | " | 66 | 1,767 | 4.534 | 7,455 | 14.587 | 31.539 | 52.820 | 60,184 | 89.704 | 128.614 | 133,654 |
| | Centrale | " | " | " | 211 | 418 | 418 | 708 | 742 | 742 | 868 | 1.028 | 1,067 |
| | du Sud | " | " | " | " | " | " | 183 | 410 | 1.564 | 3,599 | 6.745 | 8.396 |
| Totaux | | " | 66 | 1,767 | 4,745 | 7.873 | 15.005 | 32,430 | 52.972 | 62.490 | 94.171 | 136.387 | 143,117 |
| Asie | | " | " | " | " | " | " | 251 | 1,396 | 5,625 | 8,291 | 12,010 | 13,300 |
| Afrique | | " | " | " | " | " | " | 146 | 445 | 836 | 1.782 | 2.475 | 2,748 |
| Australie | | " | " | " | " | " | " | 55 | 363 | 847 | 1,882 | 3,437 | 4,018 |
| Totaux généraux | | 40 | 187 | 2,199 | 7,507 | 16.925 | 38,065 | 65.979 | 117,242 | 144,336 | 208.930 | 296,299 | 313,487 |

F. Jacomin,
Ingénieur en chef des ponts et chaussées,
Directeur de la Compagnie
des chemins de fer de l'Est.

# TABLE DES MATIÈRES.

## PREMIÈRE PARTIE.

### CHEMINS DE FER À VOIE NORMALE.

## CHAPITRE PREMIER.

### CHEMINS DE FER À VOIE NORMALE. — VOIE ET MATÉRIEL FIXE. — SIGNAUX.

## CHAPITRE II.

### MACHINES LOCOMOTIVES POUR CHEMINS DE FER À VOIE NORMALE.

## CHAPITRE III.

### VOITURES ET WAGONS POUR CHEMINS DE FER À VOIE NORMALE.

# SECONDE PARTIE.

CHEMINS DE FER À VOIE ÉTROITE, TRAMWAYS, MACHINES ROUTIÈRES ET OBJETS DIVERS.

---

## CHAPITRE IV.

CHEMINS DE FER À VOIE ÉTROITE : VOIES ET MATÉRIEL ROULANT.

## CHAPITRE V.

### TRAMWAYS.

## CHAPITRE VI.

### OBJETS DIVERS.

www.ingramcontent.com/pod-product-compliance
Lightning Source LLC
LaVergne TN
LVHW021513170726
843501LV00004B/839

*9782329446967*